国际文化版图研究文库

颜子悦　主编

智　　能

互联网时代的文化疆域

〔法〕弗雷德里克·马特尔　著

君瑞图　左玉冰　译

2015年·北京

Frédéric Martel

Smart: Enquête sur les internets

国际文化版图研究文库总序

人类创造的不同文明及其相互之间的对话与沟通、冲突与融合、传播与影响乃至演变与整合，体现了人类文明发展的多样性统一。古往今来，各国家各民族秉承各自的历史和传统、凭借各自的智慧和力量参与各个历史时期文化版图的建构，同时又在总体上构成了人类文明发展的辉煌而璀璨的历史。

中华民族拥有悠久的历史和灿烂的文化，已经在人类文明史上谱写了无数雄伟而壮丽的永恒篇章。在新的历史时期，随着中国经济的发展和综合国力的提升，世人对中国文化的发展也同样充满着更为高远的期待、抱持着更为美好的愿景，如何进一步增强文化软实力便成为摆在我们面前的最为重要的时代课题之一。

为此，《国际文化版图研究文库》以“全球视野、国家战略和文化自觉”为基本理念，力图全面而系统地译介人类历史进程中各文化大国的兴衰以及诸多相关重大文化论题的著述，旨在以更为宏阔的视野，详尽而深入地考察世界主要国家在国际文化版图中的地位以及这些国家制定与实施的相关的文化战略与战术。

烛照着我们前行的依然是鲁迅先生所倡导的中国文化发展的基本思想——“明哲之士，必洞达世界之大势，权衡较量，去其偏颇，得其神明，施之国中，翕合无间。外之既不后于世界之思潮，内之仍弗失固有之血脉，取今复古，别立新宗。”

在这一思想的引领下，我们秉持科学而辩证的历史观，既通过国际版图来探讨文化，又通过文化来研究国际版图，如此循环往复，沉潜凌空，在跨文化的语境下观照与洞悉、比较与辨析不同历史时期文化版图中不同文明体系的文化特性，归纳与总结世界各国家各民族的优秀文化成果以及建设与发展文化的有益经验，并在此基础上更为确切地把握与体察中国文化的特性，进而激发并强化对中国文化的自醒、自觉与自信。

我们希冀文库能够为当今中国文化的创新与发展提供有益的镜鉴，能够启迪国人自觉地成为中华文化的坚守者和创造者。唯其如此，中国才能走出一条符合自己民族特色的文化复兴之路，才能使中华文化与世界其他民族的文化相融共生、各领风骚，从而更进一步地推进人类文明的发展。

中华文化传承与创新的伟大实践乃是我们每一位中国人神圣而崇高的使命。

是为序。

颜子悦

2011 年 5 月 8 日于北京

目　录

序　言

“在这里，网吧已经不再流行。它们随时有被其他新鲜事物所取代的趋势。今天，所有人都在家里上网，人们也可以去能用无线宽带（wifi）免费上网的咖啡馆。”巴沙尔（Bashar）告诉我。登录咖啡馆位于市中心一处有树有花的幽静地方，咖啡馆的标志是四个小小的“@”，象征着互联网。在这家窄小的两层楼的咖啡馆，菜单上用红色的英文写着：“请在脸书上为我们点赞。”圆形的啤酒杯底写着：“登录你的好心情”，这样一条网络性质的标语，象征着咖啡馆的乐观主义，这里看起来很受当地年轻人喜爱。人们经常为了来这儿上网而点一个奶酪汉堡、一个苹果卷点心，喝一杯奥利奥饼干奶昔或番石榴汁。这里既是网吧又是简易咖啡馆，不向顾客提供任何酒类饮品。

尽管网络不能给咖啡馆带来更多收入，但食品饮料的消费依然不失为一个好营生——这和其他消费场所一样。巴沙尔说：“有时候，顾客会将他们在登录咖啡馆消费的菜拍照上传到脸书或因斯特格拉姆（Instagram，一家基于照片分享的美国社交网站）。”这位咖啡馆老板自己也沉迷于这种难以解释的全球化现象。

巴沙尔表示，社交网络正在慢慢取代博客。“一些博主依旧每天早上过来，点一小杯意式浓缩咖啡，连上网，在他们的博客上传文章，但是人数已经少多了。”巴沙尔补充道：“这里的无线宽带密码是‘logincafe’，中间没有空格。”他挥舞着手中的 HTC 智能手机和一个安卓系统的平板电脑，告诉我已经成功连接上了。一层的大屏幕也是联网的，正在播放嘎嘎小姐（Lady Gaga）和麦当娜的串烧歌曲视频，过了一会儿，又开始播放美国大片的片段。又有一天，我看到上面在播放互联网转播的国家地理频道。

和其他地方一样，这里所有人都知道谷歌、苹果、脸书和亚马逊，我们可以简称它们为“GAFA”（即 Google、Apple、Facebook 和 Amazon 的首字母缩写）。这里每家商店都在谷歌上拥有自己的网站，在脸书上拥有自己的账号，我还注意到很多人正在使用苹果手机或苹果平板电脑上的应用程序（俗称“App”），使用苹果音乐播放应用程序（iTunes）的人也不在少数；但亚马逊却没人在用。在这里，没有文化产品的送货上门。人们更倾向于非法下载电影，在优图播（Youtube，谷歌旗下的在线视频网站）上观看时下流行的最新一期的《美国偶像》或使用威伯（Viber，一款定位软件）免费通话。

登录咖啡馆入口处悬挂着一副巨大的肖像画。它是由许多马赛克拼贴起来的，看上去像是一张美国饶舌歌手的脸。巴沙尔确信地说这是痞子阿姆，但在这里工作的 11 名服务生中的一位打断他说，画上的人是 Jay－Z。于是，关于画上的人到底是谁的争论在咖啡馆门口展开了。他到底是黑人还是白人说唱歌手？他是图派克·沙科尔（Tupac Shakur）？还是坎耶·维斯特（Kanya West）？事实上，这很难说，艺术品总是有自己的风格。之后他们给这幅画拍了照片，并承诺我会在讯佳普（skype）上告诉我答案。

登录咖啡馆几米开外有一家“3D商店”，这里曾经一直是一家网吧。但它需要顺应当下的理念。现如今这里是一家电子游戏厅，有二十多个男生正在玩《战地3》、《使命召唤》和《侠盗猎车手4》消磨时间——这里一个女生都没有。每个玩家每小时收费1欧元。有两个男生经常来这里踢《实况足球2013》，其中一个男生告诉我：“我们选择的是皇家马德里队！”这两个年轻人手上都有智能手机：一部三星Galaxy SⅢ和一部iPhone 4。其中一个男孩说：“在这里，上网是一件很容易的事，所有人都有网络，很便宜。我们在家里，在智能手机上都可以登录脸书、推特和因斯特格拉姆。我们和朋友之间用手机通信应用程序（WhatsApp）互相发送信息，用威伯和远在国外的朋友通话——所有这些几乎都是免费的。”另一个男孩补充说：“我超级喜欢用推特。”

稍远一点的烈士街上有一家手机店，名叫“Jawwal Shop”。在这里可以找到所有的手机型号，包括诺基亚、三星、HTC、黑莓和苹果，甚至还能见到在这座没有3G网络覆盖的城市里比较罕见的新款苹果手机。基本款手机的价格不高，人们把这类手机称作“预安卓系统手机”，英语里称之为“功能手机”。而智能手机的价格居高不下，一部手机的价格平均在400欧元左右。这家商店覆盖无线宽带，因此这附近街区的许多年轻人会到这家店来上网或给手机充电。“我们免费让他们使用，这让一个街区的人彼此相识。”店员穆罕默德说。我从他那里了解到，这里的年轻人尤其钟爱那些免费的应用软件和免费网站，如莫兹拉（Mozilla）基金会的火狐浏览器、维基百科和里纳克斯（Linux，一种电脑操作系统）。穆罕默德还说：“他们总抱怨车库乐队

（Garage Band）和照片店（Photoshop）这些软件越来越难以盗用，他们认为这太不正常了。”我对这家店里顾客的信息技术水平很吃惊，他们知道很多软件，知道怎样免费使用这些软件的诀窍，懂得基本的编程技术，甚至还知道“云服务”，即存储在云端服务器的数据和内容。

离开的时候，我注意到这家店门口摆放着一台发电机。穆罕默德对我说：“这是一台发电机，”“绿田牌的，是中国制造的，我更喜欢以色列产的沙特尔（Shatal）牌发电机，它们的质量特别棒，但是也更贵一些。”我们面前，站着三名身穿黑色制服、手持武器的哈马斯士兵，静静地看守着无名战士广场区（Jundi Al Majhoul）。就在前一天，以色列武装部队刚刚轰炸过这座城市的周边。

在加沙地带，在这样一个出入不自由的巴勒斯坦领地，这些网吧、智能手机售货员和网络供应商，与世界其他地方的人没有任何不同。互联网和数据技术是全球化的，可以说，是去地域化的。在世界各地，数字领域的行为是相近的，人们访问的网站和使用的应用程序是一样的，使用习惯也很相近。一切的一切都是连接的。The world is flat，世界是平的。

卡米洛这个名字取自于切·格瓦拉著名的革命伙伴卡米洛·西恩富戈斯的名字，但他讨厌“切”这个字。卡米洛是黑人，古巴人，他梦想去迈阿密生活。离我们所在的古巴首都哈瓦那，不到150公里的地方，有美国、佛罗里达、基韦斯特，更远些，是迈阿密和南海滩。我们在奥比斯波街一家网吧门口排队，这条街是中央公园旁边的商业步行街。排队等待的队伍无休无止，看上去起码要等一个多小时才能进入网吧。网吧开在一幢古巴贵族遗留下的洛可可式建筑的一层，这座建筑负盛名但破败不堪，修复工程已经持续了十年。20 世纪 50 年代的豪华建筑现如今却成为 21 世纪的苦难。

“这里必须用可兑换的比索消费，物价都特别贵。”卡米洛恼火地说。在古巴，人们用当地货币购买生活必需品：门头店供应着不起泡的洗发水和散装的饼干。如果要买进口产品，就要使用比当地货币贵 25 倍的另一种货币：可兑换的比索。在古巴，牙膏、肥皂、剃须泡沫、卫生纸，当然还有手机和上网，这些都属于奢侈品。

古巴政府几乎是凭经验推测互联网将会成为扰乱社会秩序的因素、激发叛乱的源头和一本通向国际信息入口的护照——可能更像是签证。因此，政府根据危险等级对网络进行了分类，“estado peligroso”级别是刑事法规的官方用语，可以翻译成“危险状态”。

我和卡米洛终于进入了这家网吧。这里环境十分艰苦，墙裂了缝，风扇转动着，带不来一丝风。顶多二十几个人正在查看电子邮件或是来自家人的消息，没有人在游戏网站或者在线游戏上浪费时间——这和加沙地区的情况一样。为了能够更快一些，一些人甚至在纸上打好底稿再发送信息。上网的价格非常昂贵，经不起耽搁（1 欧元十分钟，差不多相当于这里一天的工资）。“此外，网速还非常慢。”卡米洛悲哀地说。古巴在全球网速的排名仅比最末位的（科摩罗）马约特岛靠前一点。我还注意到，这里的上网手续实在繁琐，人们必须提供个人身份证，登记个人地址，签署一份允许被监控的授权书，并注明将要浏览什么内容的网站，以避免有人登录“颠覆性网站”。比如，脸书是被禁的，古巴反对派的博客也是。

我尝试登录 Generacion Y，著名异见分子桑切斯（Yoani Sánchez）的网页，页面显示为错误消息。我知道桑切斯处于古巴严密的监视范围内，通常用短信将她编写的信息和推文发给一个可以信任的联络点，这个联络点大概位于佛罗里达，在那里他们可以将这些内容传到网站上。她的博客以一位昆虫学家有学识而单调无味的笔调描述古巴的日常生活。这不是反卡斯特罗的宣传工具，这是一个贴近现实的媒介。当然，这家每个月拥有1,400万固定访问者的网站，在小哈瓦那——迈阿密的古巴区和古巴反革命总部比在哈瓦那拥有更多访问者。无法登录这个网页的卡米洛知道这个博客的存在，他满是微笑地对我说："对我的一天来说这就够了。"卡米洛的话既实际又平和，不像卡斯特罗一样总使用押韵。

互联网渗透到古巴并不多见的网吧，渗透到大学和企业。"这种网吧属于国有公司。制度不允许这类传播媒介私有化。"卡米洛宿命地说。古巴的公司、餐馆和农场在1968年已经全部国有化，近些年来，劳尔·卡斯特罗（菲德尔·卡斯特罗的弟弟）总统谨慎地准许小作坊、微型企业、小饭店以及一些手工业者和农业生产者实行私有制。在哈瓦那大街的墙上，几乎随处可见卡斯特罗和切·格瓦拉的巨幅肖像，旁边贴着标语："革命万岁"，"菲德尔万岁"，"无祖国，毋宁死"，"今天、明天、永远的社会主义！"

想要获得更好的网络连接服务，可以去国际大酒店，比如自由哈瓦那大酒店——酒店名字不怎么名副其实。它位于第23街，是一家豪华酒店，这里曾是一家希尔顿酒店，后被卡斯特罗政权征用并收归国有。这里的网速比其他地方稍微快一些，但前提是必须购买一张有时间限制的上网卡，这种卡专为外国人准备，平均每小时6欧元，这对于大部分古巴人来说还是无法上网的。

"'.cu'这个后缀像是一个幻影，从来没人见过它。"玛德琳

（化名）讪讽地说道。这位四十多岁的退休教师之前担任教职时月收入为20欧元。今天，她仅仅把自己位于哈瓦那海滨大道附近住宅的三间卧室在黑市出租，便获得比之前高出将近100倍的收入。我住在这个“私人旅馆”里，它提供食宿，人们可以通过电话预订，如果是在国外，则可以登陆revolico.com预订，这是一家古巴网站，类似于克莱歌斯李斯特（Craigslist，美国一家大型免费分类广告网站）或者空中食宿（Airbnb，一家联系旅游人士和家有空房出租的房主的服务型网站）。“.cu”是古巴的国家域名后缀。带着一点疯狂的乐观，这种乐观主义有时体现了古巴人的特征，玛德琳补充道：“至少古巴政府采取了一些措施来获得这个后缀。朝鲜甚至都不要求拥有自己的后缀！”说得没错：“.kp”这个后缀也是最近才提出申请，这一点证实了平壤对于网络一贯的冷漠。朝鲜政府几乎很少存在于网络，这一点与古巴相反。

待在像玛德琳这样的私人寓所里，是无法上网的。在古巴，在家里几乎是不可能有网的：古巴的家庭入网率只有0.5%，最好的情况，也是通过铜质的电话线拨号上网，伴随着特有的刺耳的噪声，这种方式很难产生高网速。电脑也很稀有，大约只有3.5%的家庭拥有。调制解调器更是没有，它们一直被政府明令禁用。只有U盘很常见，我在哈瓦那随处可见。这种众所周知的“随身存储器”允许交流音乐、电影和电视剧，所有这些在古巴都无法通过网络传输。

“布兰奇塔妈妈家”是一家稀有的“私人”餐馆，位于哈瓦那兰布拉大街，品味糟糕的殖民地风格豪华酒店的二层——这是一间家庭式饭店，供应黑豆汤、车前草和咖啡。我们在这家餐厅吃晚饭的时候，眼前的街景仿佛是上个世纪：美国产的破车摇摇晃晃地开过，其中一辆雪佛兰贝莱尔像是没了减震器似的跳跃着。古巴凝固在1959年革命的那一天。和我遇到的很多古巴人一样，玛德琳梦想自己能生活在佛罗里达："那里可以自由上网，那里还有3G"。她又开玩笑地说起这里流行的一个笑话："迈阿密最棒的地方就是它离美国非常近！"

2011年，为提高古巴的网速，在欧洲的援助下，1,600千米的海底光纤电缆在委内瑞拉和古巴之间铺开。经过两年的时间，卡斯特罗政府最终准许在2013年夏开放上百个上网点（一些有网络的场所），向所有人开放。但是它们昂贵的费用还是限制了上网人数。"很大一部分民众依旧无法上网。"我在岛上认识的古巴—美国混血的情报专家伯特·梅迪纳（Bert Medina）指出。

在古巴，手机将越来越常见，大概有12%的民众拥有自己的手机。我和卡米洛一起去了一家位于老哈瓦那街区的手机店，这里依旧是一家国营店，门口依旧排着长长的队。严苛的制度、高昂的价格和持续的匮乏抑制了销量。这些手机没有3G甚至无法联网。它们还不是智能机。

在这个几乎所有地方都允许个人上网的世界，古巴作为最后几个国家之一，展现了这样一幅罕见的景象。今天的古巴，停滞在了人造卫星之前的时代。卡米洛总结道："互联网是一个奇特的东西，这太21世纪了。"

辛芬·德拉德拉（Sipho Dladla）的蓝色鸭舌帽上印着这样一句标语："青春无极限"。不到30岁，匡威鞋加黑莓智能机，辛芬是"拒绝界限"的活跃青年的最好体现。他正在石头城，南非索韦托边缘的贫困地区，主管一个数字教育项目。“我们和400名年轻人一起在这里工作，对于他们，一切都是免费的。我们教他们使用电脑，教他们上网。但是令人意外的是，关于信息技术，他们已经懂得比我们多了，”辛芬接着说，“晚上，他们把笔记本电脑带回家，教他们的父母如何使用。”这在非洲历史上是第一次，不是前人将知识传给年轻人，而是孩子们教育他们的父母。辛芬认识到“这是文明的成熟转变”。不过他还是强调说：“这些孩子来这里学习也是为了能填饱肚子，因为我们的培训提供一份免费的食物。”我看见一口巨大的锅里正在热着米饭和鸡肉，饭马上就好了。

石头城青年项目位于索韦托的中心。约翰内斯堡西南的这个贫民区里生活着将近100万人口（另一项包括入境移民在内的人口评估比现在还要高两倍）。尽管索韦托一部分地区今天已经实现振兴，贫困依然存在于十几个小镇。石头城，这个国家最贫苦的贫民窟之一的处境是这样的：没有沥青公路，土路裂着大口子，下水道的污水到处流淌，没有饮用水也没有电，到处都是波纹钢板。艾滋病是这里致死的首要原因：感染艾滋病的人口比率极高，占全国人口的11.5%，在这个地区，比率可能是这个数字的三倍。

在如此艰难的环境下，我们惊讶于科技和互联网竟然无处不在。“这里所有人都有手机。我们听广播，看天气预报，阅读星座运势，都是通过一台甚至还不是智能手机的普通手机实现的。手机内置的手电是最流行的应用之一。索韦托正在发生数字变革。”辛芬说。他补充道：“这里的问题不再是数字技术匮乏，因为所有人都可以上网，问题是网络教育。人们已经很清楚，他们应该具备‘数字素质’，免得落后于时代。”辛芬多次重复“数字素质”，他认为这是互联网的未来。(“数字素质”这一表达方式，指数字扫盲或利用电脑阅读网站和登录网络的能力，这被认为是当今国际层面经济发展的一个因素。)

简直太会想办法了！太聪明了！没有电，就用卡车电池或者小型太阳能电板给手机充电。网络连接通常通过3G上网卡。在石头城青年项目的平房里，几个衣衫褴褛的年轻人在台式电脑上刷着脸书。他们的电脑通过一条条很粗的网络电缆联网。另外几个人在使用一种在南非十分流行的应用程序，叫作Mxit，朋友之间可以从任何手机上相互免费发送即时信息。我还看到有些孩子坐在地上，在果绿色塑料壳的“100美元笔记本电脑”上玩电子游戏消磨时间。这种著名的名为“XO”的笔记本电脑是由美国非政府组织——“每个孩子一台笔记本电脑”项目提供的。我听着这些年轻人之间的交谈，他们使用英语、塞索托语和祖鲁语——南非11种官方语言。他们开心地笑着。

小镇上的成年人无法使用石头城青年项目的设备。因此，为了能够上网，他们只能从一条狭窄的天桥横穿贫民区外沿的高速公路，到最近的一家网吧上网。每小时收费大约15兰特，约合1.2欧元。“但是大部分时间不需要去网吧上网，仅登录网页的话用手机就可以。”科波特索·波迪拜（Khopotso Bodibé）强调说。波迪拜在索韦托接受了采访，这位作家兼网站记者补充道：“我90%的知识都是从网上获得的。互联网教育了我。”他告诉我，每天晚上索韦托公共图书馆闭馆后，他就去麦当劳工作，这家快餐店是这个地区少有的仍然开门营业并且能免费上网的地方。至于辛芬，他非常希望拥有数据风公司(Datawind)新出的售价30美元的安卓平板电脑，和向外公布售价50

多美元的智能手机。他希望这些能改变小镇的命运。辛芬浑身充满能量和乐观精神，他出生在索韦托并且一直生活在这个没水没电的小镇上，他炽热地、近乎狂热地相信，互联网能够改变时代。一些缺乏机会并忍受痛苦的人们，除了加倍宽容和温和，别无他法。辛芬将互联网视为最后的救命稻草，他想将“这道滋养黑暗大地”的白光传递给其他人。天哪！这位互联网传道士看出了我的怀疑。为了让我明白科技的魅力，他颇具洞察力地补充道：“互联网改变了我的人生。当班图斯坦学校还不允许我使用互联网的时候，我通过网络进行自学。我不仅学习了地理、历史，还学了一点法律。如果没有互联网，我现在甚至无法用英语与你交谈。互联网是我遇见的最美好的事物，而且现在仅仅是个开始。”

本书是一项关于数字全球化的田野调查，共涉及五十多个国家和地区，包括加沙地带、哈瓦那和索韦托。本书试图描述当今的数字化变革和将要来临的数字世界。表面看来，这场科技全球化像是一种统一。加沙地带的巴勒斯坦人联网人数很多，他们使用与世界其他地方一样的社交网络和应用程序，虽然他们被限制自由离开他们的国家。古巴民众渴望互联网，因为他们想要连接互联网，以脱离隔绝。南非小镇的人们相信互联网可以让他们获得个人自由，并希望通过经济发展和数字发展摆脱困境。我们观察到，在世界各地，数字化实践的行为是类似的。脸书拥有10亿用户，相当于七分之一的地球人口都在使用它，其中一半人是通过手机操作，而且“这是免费的”。然而，在这三座城市里却存在三种不同的互联网：斗争和解放的互联网、被审查的互联网、为了生存的互联网。互联网尽管拥有全球化的同一形象，但在各地都有所不同。这就是本书的论点。

本书的基本观点很简单：与我们认为的和我们想象的加沙地带、古巴和索韦托相反，互联网和数字化问题并不是完全的全球化现象。它们在某片土地生根，具有地域特征。男人女人们、信息、电子商务、应用程序、智能卡、社交网络，它们之间被有形的、物质的和现实的联系连接在一起。这既是一个“智能的世界”，又是一个“小世界”，但是不管出于什么原因，这个世界既不是平坦的也不是平面的。

人们直觉地认为世界正在变大，并向一个唯一的网络演变发展，而文化和语言的不和谐正在逐渐消失，与这种观点相反，本书站在反直觉的立场，带来一种不同的视角。它打破了被普遍接受的理念，即数字全球化超出空间和边界而存在，而是意外地提出互联网并没有革除传统的地理限制，也没有消解不同的文化特性和语言，相反，互联网更强化了它们的不同之处。

随着上网和智能手机的普及，互联网的疆域化甚至会在未来几年得到增强。互联网的未来不会是全球性的，它会在某片土地上扎根。它也不会被全球化，而是本土化。此外，应该停止使用大写的“Internet”，而更应该使用小写的复数形式的“internets”——笔者在本书中即是以小写的复数形式来表述的。我的题目是：互联网（internets）的多样性。

这种新的思考互联网的方式带来了我们此前从未想象过的更“智能”的世界。互联网的多样性、国家的特殊性、不同的语言、不同的文化在数字化的世界均占有一席之地。互联网不反对身份的不同、地域的不同和语言的不同，更不反对“文化例外”和多样性。

这是本书获得的好消息和主要的发现。数字化变革不是一种加强统一化的现象，它不会通向唯一的“主流”——不会比文化全球化更为盛行。最终，这是一种人人参与其中的更复杂的全球化现象，它所带来的忧虑，从这种观点来看，值得被探讨，或者被比较。对于那些生活在恐慌中，认为全球化和科技变革将会使他们失去身份特性的人——这种焦虑是合理的，本书也展示出不应该如此悲观，这不是最有可能发生的局面。

互联网比我们认为的更加智能，这就是本书取名为“智能”的原因。“智能”一词有不同的用法：智能手机、智能城市、智能电网、智能经济、智能手表、智能电视以及更加智能的世界。我们想通过这些说明什么？“智能”这个词正在变为互联网的同义词，并将其扩大为整个数字领域，包括联网的手机、应用程序以及数字化。纽约市警察局宣布他们成立了“智能小组”，就是说新型巡逻车配备有电视监视系统、探测器、能够记录汽车号牌的检测器，实时与犯罪数据库进行比对。

当然，“智能”这个词比上述在安保方面的使用内容更加丰富。它象征着互联网根本的转变：从信息到通信，再到现在的知识传播。人们不再满足于接收内容，而是开始用升级版互联网来生产内容，成为今后人类发展的工具，就像索韦托的年轻人表现的那样。“智能”是一个重要词汇，其意义预示着互联网的未来，即认知的互联网和疆域化的互联网。

我所观察到的这种互联网的疆域化不排除全球化现象，也不排除加速现象。当然，互联网的全球性维度是存在的，就如同主流文化是存在的一样，但这些都不是占主导性的。让通讯发展，让我们的生活节奏加快吧，有谁会反对呢？对于未来的预测依然是马不停蹄的：摩尔定律预测，当价格不变时，集成电路上可容纳的晶体管数目约每隔18个月便会增加一倍，性能也将提升一倍（这实际上是摩尔推测的不可靠版本）。超摩尔定律即光子定律预测，光纤传输的数据总量每9个月翻一番。2013年，流量达到天文数字，每秒31兆兆位：以这个速度，传输世界上最大的美国国会图书馆的藏书只需不到一分钟。尽管这个定律不可避免地受到物理限制和经济限制，但数字领域持续快速而且无止境的增长是一定的。谷歌总裁最近计算出，“我们48小时在线创造出来的内容和我们从人类诞生到2003年这期间创造的内容一样多”。并且，根据他的说法，2025年我们的电脑将比现在的速度快64倍。一场革命将向历史规律和地理规律发起挑战。我们现在还只是处在数字化转型的初级阶段。

本书是我此前有关文化全球化的作品《主流——谁将打赢全球文化战争》一书的后续。在全球化和美国化的时代，《主流》讨论的是创意产业的形势，并有意将数字化问题搁置一边，本书则集中探讨了互联网和数字化领域。像在《主流》一书中那样，我侧重了第一手信息，继续进行了调查研究，大部分谈话都是全新的而且未发表的。

最后，本书是一部认清真相的作品，它指出我们可能夺回对数字化和对我们生活的控制，只要懂得互联网现象不是脱离现实的也不是国际化的，而是深深根植于一片土地和一个群体，并梦想拉近彼此的距离。这样一个结论不是建立于意识形态之上的论证，而是调查研究的结论。

当研究者和新闻工作者谈论数字化问题时，应该懂得保持一定的谦逊。互联网的变化如此之快，我们掌握的情况都是不可靠的。如果本书写于四年前，它一定不会提及平板电脑和苹果平板电脑（于2010年4月上市），而它们引发了文化领域各方面的数字变革。大约六年前，还没有智能手机和应用软件，尽管它们是我们今天生活的中心（第一台苹果手机上市于2007年，第一家应用软件商店，苹果的App store，创立于2008年）。八年前，甚至还没人谈论推特（于2006年创建），而它在后来起到了决定性作用。至于脸书和优图播，它们才刚刚庆祝第十个生日。如果本书写于大约12年前，它几乎不可能寻到维基百科（于2001年创建）的踪迹，甚至也不可能提到谷歌，1998年的谷歌还处于起步阶段。人们还记得一些原型企业，比如芬兰的诺基亚和加拿大的黑莓，它们没赶上智能手机的转变，只能活在自己的阴影下。还有数字领域的巨头，比如微软、戴尔、美国在线服务公司（AOL）和雅虎，就在昨天还是所向无敌，今天就需要再次创新了。标志性的新兴企业硅谷图形公司破产了，聚友网没能在其转变期获得成功，聊天轮盘（Chatroulette）没有搞好经济模式。谷歌读者（Google Reader）也停止运营了。这些产品犹如幻想中的城市，现代庞贝，荒无人烟，如同网络游戏《第二人生》中的世界，没有人再来造访。科技惊人的发展速度和我们正在经历的革命会打破所有未来的展望。

与《主流——谁将打赢全球文化战争》一脉相承，本书有必要破译已经到来的这个世界和“之后的”世界，并想象将要来临的“下一个潮流”的世界。如何做？硅谷的领袖们谈到“全球化互联网”的时候，他们只关心数量，一些顾问和专家以为坐在办公室里用一台电脑就能进行技术领域的调查，本书采用的是不同的研究方法。我们假设互联网在此处和别处都不同。它侧重既宽广又深入的互联网研究角度。

数字领域的交流在任何地方都是不同的。只在网上不足以认识它们，必须通过现实生活的观察，就像人们说的，in real life。必须到现场去，穿越全世界，沿着道路观察，抛开网络浏览器，真正地探索互联网。只有通过实地调查，在五大洲进行数百个访谈，才有可能一点点地理解现实，理解目前数字变革的规模之大。

第一章　硅谷

我遇到腌黄瓜的时候是个万圣节。腌黄瓜在英语里叫“pickles”，我们能在开在街角的熟食店和小食品店里看到这些巨大无比的腌黄瓜——这些店通常都是24小时营业的。2013年10月底，在旧金山的卡斯特罗区，数以千计的美国人乔装打扮，在这样一个狂欢的夜晚出动。巴特尔梅·米尼亚斯（Barthelemy Menayas），自称巴特，为了给新创立的公司做广告，他选择了这种巨大的腌黄瓜造型的服装，他公司的名字就叫“腌黄瓜”（Pickle）。这是一种可以迅速组织好友聚会的地理定位社交软件，不用挨个儿发短信给十来个朋友问谁晚上有空，无论是去晚餐还是看电影，智能手机应用软件“Pickle”会挑选出当晚有空和地理位置较近的人。这种新兴软件重质不重量，它限制朋友的人数，打破了好友与粉丝互加关注的模式——这种模式总是促使用户拥有更多的联系人，比如脸书、推特、拼趣（Pinterest，一家美国视觉社交网站）、因斯特格拉姆（属于脸书公司）和葡萄树（Vine，属于推特公司）。这个应用程序也许会成功，也许不会，但它对于巴特而言是整个经历的结果。

三十多岁的巴特是一名“致告别辞的”工程师，也就是在毕业典礼上致辞的优秀院校的优秀毕业生。拿到斯坦福大学工商管理硕士学位之后，他在美国艺电公司开始了职业生涯。这家做电子游戏的跨国公司出品了系列游戏《战地》、《FIFA》、《星战》、《哈利波特》，以及《模拟人生》。为什么要在旧金山定居？“因为这里的人都很乐观并且充满勇气。当你向他们谈起你的项目，他们默认的态度是‘为什么不呢？’。他们愿意相信你的新创项目能够改变世界。”他说。下一步，就是自己干。于是在万圣节那晚，巴特将自己装扮成一根巨大的腌黄瓜，在旧金山大街小巷分发广告单，让人们知道腌黄瓜软件——就在前一天，巴特刚刚与合伙人推出这个软件。

“我们知道，所有在旧金山或者硅谷诞生的技术革新将在世界各地被使用。我们是从测试和试验开始的。SFBA 是一种巨大的实验室，在这里我们首先要论证一个新项目是否有潜力或者一个应用程序是否能够运行。因此，我们首先在朋友之间测试，然后推广到一个街区，一个城市内，很快便是整个湾区。这里有关键性的用户群，人们都是非常主动的志愿者，自发地测试所有新的应用程序。”在阿美西亚餐厅吃晚餐时，巴特解释道。这是一家寿司店，位于诺伊街和亨利街拐角，城里的技术工作者时常光顾。这里的居民将旧金山湾区称为“山谷”或者“SFBA”（即 San Francisco Bay Area，“旧金山湾区”的首字母缩写）。在世界其他地方，人们更愿意将其称为：硅谷。

在旧金山，人们不再像以前一样找工作或查找某个专业人士的联系方式，而是通过领英，这是一家职业市场网站，一个超级地址通讯录，今后也是一个专业信息的博客。人们停放车辆时，会使用“智能”停车计时器，它根据的是电子政务系统实时发布的费率和时间收费。自从分享经济发展起来后，人们可以借车，借自行车，甚至借房子。此外，当人们要在某地居住一段时间，不用非得住酒店，可以使用空中食宿选择住在当地居民家里。空中食宿是一家当地的新兴企业，已在全球获得成功。也不再需要更多的出租车：人们可以通过利夫特（Lyft，一种打车应用软件）联系司机——“拥有一辆车的朋友”。对于那些更有钱的人，可以用优步（Uber）。不再需要纸张或是 U 盘，也不再需要带上电脑：在任何智能手机上都可以使用。普遍性、直接性和数据的移动性因云端服务器而得到推广。唱片商早就消失了，DVD 和电子游戏销售商已经关门大吉，书商受到威胁，邮局丧失了主要用户，电话亭消失在街头，复印店也几近凋敝。数字化的“瓦解”（破裂、干扰）功能一下子体现在旧金山的大街小巷。

大部分咖啡馆和餐馆都有无线宽带，“一家没有免费无线宽带的咖啡馆是难以想象的。”凯尔·盖布勒（Kyle Gabler）强调说。领英、空中食宿、利夫特、卓普盒子（Dropbox，一种云存储软件）、谷歌、脸书、苹果和推特等企业在旧金山或者湾区都有自己的总部。硅谷不是一个地点、一个地方、一个地理位置，而是一种精神状态。

“我推出我的第一款电子游戏时，我们的故事卖点是‘两个身无分文的男人在旧金山一家简陋的咖啡馆靠免费无线宽带创造了他们的游戏’。媒体非常喜欢这个故事。这款游戏瞬间卖出了几百万。”凯尔说。我们坐在一家名叫“研磨”的咖啡馆里，这里就在市场街旁边，可以上网。“我就是在这家咖啡开始了我的第一款游戏的构思，也是在这里，我创办了新兴公司，并使其盈利。”凯尔是一位音乐人、信息技术开发者和系列游戏企业家。“更是旧金山电子游戏设计界的一颗明星”，他的朋友巴特评论道。凯尔·盖布勒拥有这个城市和环境赋予的智慧。他知道互联网的未来不再仅仅由工程师掌控，必须对设计师予以重视并敬重“独立”艺术家的地位。

凯尔并非一直是独立的，他过去在美国艺电公司工作，开发游戏原理和评估游戏体验——这是大规模生产的必要前提。“后来有一天，我就离开了。我受够了硕大的工作室、工作时间和各种约束，这不是我的年龄应该受的！我全身而退，寻找更像是我做的事。”凯尔说。为了能够有新的创新，凯尔带着银行账户上的一点积蓄，选择了独立。他需要的只是一台笔记本电脑和一个卓普盒子账户。“当我们具有创造性，当我们是聪明人，我们就应该离开美国艺电。否则我们只能陷入压抑与消沉。我的梦想是做一个局外人，一个逆袭者，享受从无到有的成功。”

凯尔·盖布勒体现了旧金山和硅谷的精神，当然这也是他自己的风格。他出门只骑自行车，继续玩音乐——“侏罗纪公园主题音乐很棒不是吗?”——，工作开始是早还是晚取决于他喜好，“但绝不会朝九晚五”。“这种反正统文化从上世纪70年代沿袭至今，卡斯特罗区、变装晚会、拉丁美洲的西班牙人、亚洲各地的亚洲人，兼具全球化和本地化的氛围解释了硅谷的成功。”凯尔说。听着他的谈论，我心里想这种不和谐的、“异议”的文化与其他互联网模式相去甚远。

除了研磨咖啡馆，凯尔还经常光顾市场街上的花神咖啡馆或者，更往东边，靠近使命区的H咖啡馆。这里的咖啡馆文化与旧金山数字文化紧密相连，证明“这些咖啡馆有它们的重要性”（凯尔说），也证明了地域的重要性。这天早晨，凯尔有点时间，我们走过一家又一家咖啡馆。“我被水管工耽误了一早上，他还改了预约上门的时间，我可不想由着他们任性。唉，在旧金山找一个好的水管工真难。”一起吃过早午餐，他已经开始在呱呱叫（Yelp，一个被大众点评模仿的美国商户评论网站）上面寻找另一个有好评的水管工了。呱呱叫在旧金山也有总部。

从旧金山到硅谷有三种方式。最简便的一种是取道著名的101公路下行，这条高速公路沿着港湾，但经常拥堵。另一个办法就是乘坐被网络巨头包下的专用大巴。在18号街街角，卡斯特罗区，谷歌大巴每天早上等待着固定时间上班的公司职员们。101高速公路的拥堵无关紧要，反正雇员们可以在车上开始他们的一天：豪华大巴是空调车，免费，而且无线宽带全覆盖。这真是一个高速公路上的移动办公室。

在参观完位于芒廷维尤的谷歌总部后，我惊讶地发现，不间断运行的谷歌大巴已经在回程的路上了：长长的白色车队，比脸书的大巴队伍更壮大，又从总部出发了。一位谷歌总部的员工手上拿着一张板子，喊着每一辆车通往的目的地：“市场街”、“卡斯特罗区”、“使命街”、“市场街南”、“红木市”、“圣克拉拉”……等所有旧金山街区和湾区的城市。员工们可以用弹力橡皮绳将他们的自行车绑在班车前面。奇怪的是，这些车没有“贴牌”，它们身上没有谷歌的标识，低调地在高速公路上开过。

如果要在旧金山和硅谷间往返，第三种方案是乘坐加州火车。这个区域性的通勤火车以晚点和不可靠的速度闻名，它连接了美国最富有的几个城市：红木市（印象笔记和美国艺电公司总部所在地）、门洛帕克市（脸书总部所在地），帕罗奥图（硅谷的中心，也是斯坦福大学校址所在地）、芒廷维尤（谷歌和领英总部所在地），还有换乘后更南边的库比蒂诺（苹果总部）、洛思加图斯（网飞总部）以及圣何塞（电子港湾总部）。加州火车从早上七点起就挤得满满的，一共两层的车厢喘息着，在依旧黑暗的夜晚前行。在车厢内部，老旧的夹层楼面配着铁质的狭窄的螺旋楼梯，我们仿佛回到了过去的年代。但在外部，加州火车的车厢闪耀着无数蓝色光芒，这些小小的蓝光来自那些正在运行的电脑和平板屏幕，它们闪耀着未来。

在帕罗奥图站，有一趟叫作“玛格丽特号”的免费班车载着学生往返斯坦福大学。惠普公司就是在这所校园被构想出来，也是在这所校园，两名年轻的工程师——拉里·佩奇和谢尔盖·布林在他们做论文的期间相遇了，于是他们共同发明了一种原创性的算法，最终促使了一个搜索引擎的诞生：谷歌。最初，在1996年，实验就是在大学自己的网站 google. stanford. edu 上面进行的——斯坦福大学从这个算法中获得了3. 36亿美元的利润。

“秘密调味汁。”布鲁斯·文森特（Bruce Vincent）用了这个神秘的表述。这是我在斯坦福认识的另一位教师。“这就像一道菜谱，没有人真正知道其中的秘密，但结果就摆在那里！”文森特强调道，他是斯坦福大学首席技术官，即科技和数字领域的负责人。尽管斯坦福的“秘密调味汁”还没有得到破解，就如谷歌的算法一样，但可以肯定的是，硅谷将会从这座校园和其令人惊叹的生态系统汲取养分。文森特说：“硅谷身处斯坦福鼓励创业的精神状态里。教师们提供了榜样，学生们也为此而来。他们一边听课，一边‘兼职’创业。”斯坦福大学理事会中代表性互联网公司的数量非常惊人。不同专业的学院拥有十几名管理着互联网公司的教授，其中多家为跨国公司（如谷歌首席执行官埃里克·施密特，也在斯坦福大学教书）。据统计，5%的谷歌员工毕业于斯坦福大学，并且学校的往届毕业生创办了大约6.9万家企业（3.9万家商业企业，3万家非营利性企业），其中大部分属于科学、信息和新技术领域。所有这些企业都是知名的，一部分甚至不再活跃，但是斯坦福大学仍然可以夸耀它的校友创立了谷歌、雅虎、艺电、因斯特格拉姆、思科、网飞、领英、电子港湾、贝宝（Paypal）、达先（Udacity，慕课的一家内容供应公司）、课程时代（Coursera，慕课的一家内容供应公司）、硅谷图形、潘朵拉［除技术领域以外，还有盖璞、特雷德·乔（Trader Joe's，一家美国连锁超市集团）、耐克等等］。名单长得令人晕眩。“我们造就了硅谷，而现在硅谷造就了我们。”布鲁斯·文森特总结道。

斯坦福大学包含了加利福尼亚州大学的所有元素：棕榈树小道、巨杉、露天摆放的罗丹雕塑原件，开高尔夫车巡逻的斯坦福警卫、全年穿短裤和人字拖的学生、随处可见的自行车、掷向高空的飞盘，有时还有滑着滑板的教授。在“银鲑鱼”咖啡屋，校园传说般的俱乐部，弥漫着柔和的气氛。我看见大一新生和大二学生自豪地穿着印有“斯坦福”或当地足球队队名的T恤。殖民风格的灰色建筑带着硅谷技术历史的痕迹，建筑群在校园中心围成一个硕大的方院。这里走出了27位诺贝尔奖获得者（如果算上只来听过课的人是58位），每一栋建筑由一位为母校捐款的老校友的名字命名：威廉·R.赫尔维利特（Willam R. Hevlett）教学中心在戴维·帕卡德（David Packard）电器工程楼旁边（两位是惠普共同创始人），离盖茨计算机科学楼不远（由比尔·盖茨捐赠，捐赠额高达600多万美元）。而且毫无疑问很快会有谢尔盖·布林大楼、拉里·佩奇大楼、史蒂夫·乔布斯大楼——他儿子里德·乔布斯也是斯坦福大学的学生、杨致远大楼和大卫·费罗大楼（他们二人在校园里创办了雅虎），甚至还有马克·扎克伯格大楼——他在哈佛和波士顿没能为他的社交网络寻到有力投资，于是离开了那里，将脸书总部设在了硅谷。“这很简单：斯坦福是硅谷的大学。”历史教授阿伦·罗德里格（Aron Rodrigue）说。

斯坦福大学——非营利性大学——作为对这些捐赠人的回报，拥有很多方便与私有企业对话的项目。斯坦福科技风险项目帮助学生启动创新项目和开展创业。有时候是他们自己的教授给这些企业投钱！“这里有很多奇特的想法和疯狂的点子，从来不具有经济效益，但这就是斯坦福大学的伟大之处。”文森特说道。克拉克中心是另一个实验空间，在这里，工程师与艺术家对话，经济学家与学生讨论商业。“我们认为重要的创新能够在跨学科中产生，超越了每个人的个人专业范围。”斯坦福大学商学院名誉教授威廉·米勒（William Miller）认为。另外，技术许可办公室根据复杂的版权和收益分配规定，为所有由教师或学生在校完成的创新提交的专利证进行管理。（技术许可办公室存放了8,000项发明创造，为学校带来了13亿美元的专利使用费）。最后是著名的斯坦福研究园区，它占地约3平方公里，拥有160栋建筑，类似于一个科技中心，大学的独立创业企业和成熟的公司可以在此租赁办公室。这个高水平的孵化器位于学校周边，它兼具整体的生态系统和有创造力的竞争意识，目前这里聚集了将近150家公司和它们的2万名员工。

与斯坦福大学互联网和科技网络负责人之一菲利普·里斯（Philip Reese）一起，我参观了校园和学校的“数据中心”：超级电脑、超尖端的路由器和从这里开始铺遍整个校园的数千米的光纤，他告诉我，所有的这一切都是“最先进的”。我们穿过满是橡树和百年红杉的公园，里斯告诉我，这所校园是高度安保的，并且在技术规划上“没有什么意料之外的”。“甚至这里的树都编了号，分了类。我们让另一组不同年龄的红杉和棕榈在学校的植物园里生长。这样的话，当你刚才看到的那些树中有一棵死亡的话，我们就会立刻将同一年龄的另一棵树移栽过来，而不会破坏校园的整体和谐。”里斯自夸地说。

那么“神秘调味汁”呢？斯坦福大学的老人威廉·米勒，1965 年开始在斯坦福大学任教，曾任商学院院长，他也使用了这句惯用语。“所有人都在发掘斯坦福的秘密，这让我觉得好笑。对我来说，答案很简单：这里是先驱者的大学。她由冒险者和社区建设者（即一些自愿组建社群的美国人）创建。这种双重精神一直延续至今，人们来到这里创造并且冒险。”米勒告诉我，他本人在漫长的职业生涯中也投资过 26 家科技，并且现在依旧是硅谷三家重要企业的董事会成员。斯坦福大学校长约翰·汉尼斯（John Hennessy）本人也是谷歌和思科的股东，由于潜在的利益冲突，这有时候会受到职业道德方面的批评，尽管涉及教师和学校领导的个人投资，有具体的规定。

要破译硅谷和斯坦福大学非同一般的生态系统，另一个需要考虑的因素是文化和语言的多样性。谢尔盖·布林出生于莫斯科，直到 6 岁才移民美国。“在斯坦福，如果将博士生和外国人也算在内，超过 35% 的学生来自亚洲；在伯克利大学（旧金山湾区的公立大学），这个比例占 50% 。”斯坦福大学教授阿伦·罗德里格指出。根据学校的数据统计，“白种人”从此之后只占小部分。在如此多样化和年轻化的硅谷，出生在哪个国家不是重点，重点是出生于哪一年。不再问出身，只问年龄。

不过，尽管这些来自世界各地的学生是多样化的象征，但他们很少来自于北加利福尼亚的困难地区：一名来自戴利城、菲尔莫尔、田德隆或者贝维尤等旧金山穷困地区的黑人或拉美人，很难有机会被斯坦福大学录取。

学校的另一个秘密：斯坦福管理公司，名字像一家银行，实际上确实是一家银行。它负责管理学校的捐赠基金，也就是它的银行资本（目前达到惊人的170亿美元）。这些财产来自于慈善捐助，“以非常小心谨慎的方式”投入股市，放在十几家上市公司上，布鲁斯·文森特说。当然，斯坦福也在科技领域里冒险，投资了谷歌、脸书和多家当地企业。它对帮助尚不成熟的企业也不吝啬，它参股有发展前景的企业，尤其是参股斯坦福校友，它以前的学生们创办的企业。

在硅谷，我们可以走路，可以跑步，也可以随时驻足。在帕罗奥图，美国在线加利福尼亚总部一层杰夫·克拉维尔（Jeff Clavier）的办公室里，我惊讶地发现一台联网的跑步机。这是一种传统的传输带式的室内跑步机，但它带有的一些特性使它可以成为一间办公室。杰夫穿上运动鞋，站上滚动的传输带，开始健身，同时开始一天的工作。他查阅excel表格，发送邮件，记笔记，与他的助手进行讨论，所有的这些都是边走路边完成的。跑步机里有一台内置电脑和一个可以用来放置文件的小桌板。“今天早上，我已经走了7,000步，还不错。我一天的目标是1万步。”克拉维尔对我说道。他的职业是“种子期风险投资家”（seed venture capitalist），他投资了健康一点（Fitbit，一家以生产记录器为主、关注健康乐活的公司），旧金山一家做计步器的新兴企业。这种电子手环能够测算一天之内走路的步数、燃烧的卡路里数和睡眠质量。我看见他的手腕上戴着一只黑色手环，一只健康一点计步器。

“这些年里，我一直在做投资人。我用自己在这儿（帕罗奥图）赚到的钱投资创业公司，然后，慢慢的，我开始用其他人的钱投资，我变成了风险投资家。但我一直关心最开始的业务，我感兴趣的是那些在起步阶段的创业公司。”克拉维尔说。

一般来说，创业公司，比如健康一点或者腌黄瓜起步都是由创始人和几个朋友投资，我们称之为“朋友和家人投资”（Friends & Family）或者“爱的金钱”（Love money）。一个应用软件或者一个网站被设想出来之后，接下来第二步，投资方会投入必要的资金用于度过最初的阶段，并用于样品研发和市场测试。一旦最初的结论得到认可，在一年左右的时间里，创业公司会在种子期风险投资家（也称之为“微风险投资家”或者“超级投资家”）的帮助下，进行增资。这就是杰夫·克拉维尔的职业。

克拉维尔表示：“我们是初期重要投资者。我们从创业公司起步时接手，注资金额在50万到200万美元之间，占公司总资产的7%到10%。”“seed”这个词（种子、胚芽）表示小规模的原始投资，即一家企业存活12到18个月之后，“我们是火箭的第一层。”克拉维尔说。他通过自己的种子投资公司软技术风投公司（SoftTech VC）的资金，管理着50家左右的创业公司。“我们平均每年会收到2,000份申请，而我们会投资最多二十几家公司。”投资一个项目的标准是什么？在克拉维尔看来，人们或多或少都会回到硅谷所称的“三大（big 3）”原则上：创始人的个性和团队的发展史；点子的品质或产品的品质；经济模式、市场潜力和市场状况。例如，“腌黄瓜”的材料最近出现在克拉维尔的办公桌上，在给出决定意见之前，克拉维尔正在对其进行筛选。

一旦一家创业公司开始启动并且明确了其经济模式，传统的投资者才会进入游戏。“必须将创业公司送入轨道，然后交由传统的风险投资家介入。”克拉维尔介绍道。他们投资的数额更大，500 万到 1,000 万美元不等，这些项目是一些已经存活 18 到 24 个月的处于成熟期的创业公司。一般来说，投资方不掌握公司的控制权，而是掌握少数股权。很快，便是融资阶段，即所谓的“A 轮融资”，然后是“B 轮融资”，然后是公司扩张期新的一轮又一轮的融资，资金数额也越来越大——健康一点正处于这一阶段。

罗丝安妮·温斯科（Roseanne Wincek）也是一位风险投资家，同时是 Canaan Partners 公司的合伙人。我与她在瓦伦西亚街使命区一家典型的咖啡馆，工匠与狼咖啡馆见面。使命区是旧金山的科技区，非常高档。与对创业公司起步阶段感兴趣的种子投资公司软技术风投公司相反，温斯科的投资方式更为传统，是从一家公司已经经受考验、成立第二年开始。“我们比软技术风投公司在投资的企业数量上要少，但我们注入的资本更多。我每年平均只关注一到两家公司。”这位俄亥俄州出生，为了取得伯克利大学化学专业学位而迁到大西部，然后在斯坦福念了工商管理硕士的女士说。“这里有着非同一般的生态系统，斯坦福大学有点像是硅谷的心脏。当我取得工商管理硕士文凭之后，我给已经是风险投资家的所有斯坦福大学校友投过简历，他们几乎全部给予了我回复，并且希望与我见面。校友网络的确是斯坦福大学的力量。”

罗丝安妮·温斯科提出了另一个她认为可以构成硅谷特点或特征的因素：扩展性（Scalability）。这个词很难翻译（在经济规模和改变规模的能力之间，快速地提升能力），它概括了加利福尼亚创业公司发展的力量。旧金山地区的生态系统能够让一家有成长“潜力”（有拓展性的）的企业既能找到技术手段以适应需要的节奏，又能寻求融资手段以便快速地成长。还有关键性的用户群：美国本土市场已拥有3.2亿由同一种语言和经济模式结合在一起的潜在客户。加利福尼亚是一个多民族多语言的州，位居太平洋至关重要的十字路口，它接下来很可能升为国际化的端口。这种轻易改变规模的能力将是经济模式的重要元素。

然而，我在硅谷遇见的投资人和企业家们都强调，格局在变化。“我们的行业正在改变。”罗丝安妮·温斯科说。她还补充道：“有一种重要的趋势，由于开源软件和云服务的存在，创办一家创业公司越来越便宜，同时也越来越容易寻找到资金。硅谷目前正在经历新的繁荣，而风险投资家的角色也发生了变化——它一直是重要的融资机构。”智能手机和由此产生的应用软件无限的市场也会改变格局。“这里是疯狂的，在帕罗奥图、芒廷维尤、101公路、埃尔卡密诺、门洛帕克和旧金山，新公司的数量让人难以置信。”杰夫·克拉维尔兴奋地说。企业家们将自由支配一批扩大的投资人，而风险资本家的数量将会越来越多并且不再那么必不可少。线上融资（众筹）在增多，就像孵化器一样伴随新公司起步。风险资本家不会消失，但他们也不再像以前那样，拥有把握一家创业公司存亡的能力。“在这里要找到资金不成问题，硅谷的生态系统渴望资助创业公司，这就是硅谷模式的力量。”克拉维尔分析道。“因此，企业家会认为他们用不着我们。但他们忘了我们不仅限于向他们投资，我们在他们的市场营销中给予帮助，向他们提供专业资源，并且在人力资源、法律和媒体培训方面起到作用。”罗丝安妮·温斯科试图安慰自己。

硅谷的独创性是什么？“我认为首先是持续的再创造。人们必须一直革新，因为永恒的概念在这里是不存在的，没有什么是既定的。这就是为什么硅谷所有人都有点妄想和偏执。”杰夫·克拉维尔说。他提到聚友网的例子，一家在我们想象中比脸书更强大但却已崩塌的公司。他也提到北加利福尼亚热爱风险这一特殊文化：“这里有太多的失败，但这不是问题。如果失败了，就重新站起来，创立一家新的公司。”这如同将偏航理论化为一种经济模式，我们可以失败，但必须失败得快一点。在硅谷流行着一句话：抓紧失败（to fail quick）。

“美国国家安全局在窃听”

建筑群中心是一条“商业街”（Main Street）。在美国围绕商业街都有一个神话，这些小镇（美国中西部或者西部的小城）的商业街，这些特别社会化和商业化的地方，被迪斯尼乐园的商业街所代表，甚至夸大。在这里，在这个封闭的、非常安全的园区里，我们逃不开传说。唯一的不同是名字，这条中央大街叫作“黑客路”（Hacker Way）。

我在门洛帕克的脸书总部。我们通过前湾高速公路，一条沿着旧金山海湾绕行的高速公路进入这里，而后跨过一座美国人擅长打造的几近 3,000 米的大桥。与谷歌半开放的园区相反，脸书办公区由七座相连的巨型建筑组成。它拥有 19 个官方入口，内部如同中世纪村落，筑有防御工事般的围墙，除非获得许可，否则根本不可能进入。

脸书内部的氛围像是加利福尼亚的大学校园。人们穿着牛仔裤或者厚运动衫，T 恤搭配棒球帽，脖子上挂着黄色的门禁卡。数千名平均年龄 27 岁的员工，无忧无虑地往返于黑客街，如同在一个金色的笼子里一样。大部分人手上都拿着一部智能手机、一个平板电脑或者笔记本电脑，我发现用苹果电脑的人远远多于用其他个人电脑的（有一台自动贩卖机，可以找到所有苹果产品的配件）。这里无线宽带全覆盖，只不过在园区一家咖啡馆里，当我需要通过我的脸书页面作为身份验证联网时，我的个人页面上会自动生成这家费尔兹咖啡馆的小广告——免费的代价。几米开外有两栋建筑，想要从一栋到另一栋，必须穿过一座名为“巨魔”的桥。稍微远离园区中心一点，经过 19 号入口，有一栋专门用来运动的 24 小时开放的建筑。

创业公司文化的精神随处可见，并且将创造性和娱乐性巧妙地融合在一起：秋千、飞翔的巨型鲨鱼、随意摆放的台式足球游戏机、大量的涂鸦、飘扬的彩虹旗。所有这些位于一个开放空间中，会议室就是一些嵌入式的苹果平板电脑，许多员工将传统办公桌换成站立式办公桌，即升高的办公桌，人们可以在办公桌后面站着而不是坐着办公（为了移动自由、团体协作和避免背部疾病）。一个警告性骚扰的标语牌：目光接触 = 接触（Eye contact = Contact）。

白板和墙上到处用记号笔写着惊人的口号：“改变世界”、“联通性是一项人权吗?”、“黑客永不停歇”、“想得更远”、“永远挑战旧方法”、“不惊人不罢休”、“要么创新要么死”，甚至还有更大胆的“美国国家安全局在窃听”。这些口号已经成为硅谷的签名。

脸书，也是“免费食品”。在园区内众多的餐厅中，食物全部都是免费的。人们点自助寿司或者墨西哥卷饼不用花钱，在制冷的自动售货机上买咖啡、汽水、提神饮料、糖果或其他小吃也不需要一分钱。“在园区，任何时候，在任何地方，所有的一切都是免费的。脸书的目的是让我们尽可能多的时间待在这里。在这里我们的确感觉不错，但问题是，我们吃得实在太多了！饮食上有点节制对我们没有坏处！洗衣店也是免费的，理发店、自行车、娱乐设施甚至往返的巴士也都是免费的。正因为如此，我们感觉自己就像在一个永恒的大学校园里一样。”与我在脸书共进午餐的夏洛蒂·梅杰丝（Charity Majors）看着我说。

眉毛穿孔、耳朵上戴有五只耳环、过去曾是素食主义者却从不拒绝威士忌的夏洛蒂代表了一家跨国公司内部的创业精神。她像马克·扎克伯格一样穿着一件灰色帽衫：“是这里的人给我的，这些帽衫超级贵，要200美元。衣服外面没有脸书的标识，只有里面有，是给自己人穿的!”

然而，她一点都不喜欢这些“自己人”。尤其是那些商务人士，他们只想着年初报告和年底报告，想着季度销售结果，并且只通过SWOT分析法进行推理——这是一种商学院的评估方法，根据一家企业的优势（Strength)、弱势（Weakness)、机会（Opportunity）和威胁

(Threats) 进行分析。从我们面前走过一个身着西装外套的员工，她说："在这里穿西装非常罕见，这个人肯定不是开发人员，而是市场营销部门的人。"我们谈论的这个人虽然穿着一件西装外套，但他耳朵上还是戴着魔声牌（Beats By Dr. Dre，一款高保真耳机的品牌名称）的高保真耳机！

夏洛蒂出生在美国西北部人口稀少的爱达荷州。16 岁时，她发现了信息技术，于是辍学来到旧金山。"我被这里的气候、自由和文化所吸引。"她告诉我。和硅谷的很多人一样，回想起来，她为自己自学成才而感到骄傲，她对我说，那些中途退学的成功开发者的数量多得数不清。她在卡斯特罗区和使命区之间观察加利福尼亚的反正统文化：定制的纹身和垃圾摇滚乐队，持续到清晨的狂欢派对，素食主义者、半素食者、纯素主义者甚至是无麸质食物运动。她观察当地的民俗和路过的习俗：迷幻蘑菇和迷幻药；流浪艺术家在地铁里弹着吉他，并通过智能手机预约市政府认证的牙医；"文学创作"专业的学生在城市之光图书馆里练习，并自认为是"垮掉的一代"的继承人；精神领袖和电子汽车；酷儿运动和"同性婚姻"斗争；满月之夜的"免费献吻"活动。"我那时候是嬉皮士，有一头非常长的长发，几乎任何时候都赤脚行走，"夏洛蒂回忆道，"我遇到的人非常吸引我，他们如此出色，有才能，有创造力，有艺术感，总是走在科技前沿，和他们在一起我总是充满惊喜。"

在旧金山，夏洛蒂很快融入了科技圈子。她和这些"做事情"的人始终在一起——包括他们的东西在其他人看起来有些无聊并且不那么酷的时候。数据库？有关编程语言无休止的讨论？这些就是她喜爱的。"我在电影院排队的时候听见人们聊着计算机代码和 TCP / IP 协议！我简直要疯了。我终于找到了和我相似的人。”

当然，她也阅读，也在网上进行，比如《技术处理》（*TechCrunch*）、《风险律动》（*VentureBeat*）和《连线》杂志，她还爱上了黑客和极客最喜欢的东西：泰德（TED）* 大会、糅合（mashup）、创业实战训练营（pitch camp）和编程马拉松（hackathon）。她喜欢创业公司的集体管理，在这里所有人都可以在全员会议上发表他们的看法。她还发现在这个男性世界里女性的数量很少。“这是一个非常男性化的数字文化。我们会以为自己还处在《广告狂人》的年代。”她懊恼地说。

因此，她看不上和她年纪相仿，整天想着减肥，痴迷于《教你如何XXX》这种励志书的大龄单身女青年——这些人总自以为是电影《BJ单身日记》的主角布里吉特·琼斯。她避开了这一切，并加入一家科技企业。她进入了编写代码的枯燥世界，而后发现互联网看似如此简单，实际在技术上极其复杂。“硅谷的创业公司里女性很少的其中一个原因是，女工程师很少。”她指着我们周围出现的脸书员工们——大部分都是男士——，叹息道。

很快，她像“感染了病毒一样”和朋友们共同创立了一家公司，成为公司的元老级员工。公司的名字是：帕尔斯（Parse）。这是一个技术平台，可以帮助开发者改善他们的应用程序并在云端服务器远程保存这些程序。如今，全球有超过20万的创业公司在使用帕尔斯。在这家企业经济模式的内部，有关于运输量的信息，有用户评估，也有

* 一个非营利性的组织，专门邀请站在各个领域前沿的创新者和实践家来做18分钟以内的演讲。——译者注

脸书上应用程序的整合。而这就是为什么当它在2013年4月获得成功的时候，脸书急忙购买了帕尔斯（夏洛蒂不希望告诉我这笔金额的确切数字，但媒体公布的是8,500万美元）。

从那时起，按照“并购式雇佣”（acqui－hiring）的经典模式，帕尔斯团队搬进了脸书园区。一家企业直接并购某个公司，而不是雇佣其员工的方式，就是收购雇佣（“收购雇佣”一词是“并购”和“雇佣”的结合，我们也说“人才并购”或者“并雇”［即并购雇佣的简称］）。“脸书一再坚持让我们进驻此处。他们希望他们收购的创业公司能到园区里和其他所有人交流，成为脸书生态系统中的一部分。你看，我们有了属于我们的半层办公区，属于我们的T恤甚至我们的马克杯。”夏洛蒂一边高兴地说着，一边带我参观她的创业公司在这个巨头企业内部的开放式办公区。

硅谷的秘密之一就是：创业公司的联动和互联网巨头。两个世界之间的桥梁无数：谷歌、脸书、推特内部发展的同时，也对外收购小型公司。而这体现了跨国公司领导人的犬儒主义：“他们认为，原则上，一切都可以买得到。”夏洛蒂的话，不针对任何人。这些大型企业有时会在研究和发展的道路上遭遇困难，对这些公司来说，更容易的是投资一家已经经受考验并懂得创新的创业公司。“脸书收购我们，既是为了得到我们的创意也是为了避免产生一个竞争对手。”因斯特格拉姆副总经理艾米·科尔告诉我。

在门洛帕克的脸书园区，我观察到有十几家创业公司以这种方式迁至此处，为了脸书这家跨国公司的利益完成实验和冒险的使命。在紧邻芒廷维尤谷歌总部的兰丁斯路（Landings Drive），我也看到十几栋建筑，安置了数百家创业公司，这些创业公司都与他们的“母公司”有着复杂多样的联系（合作伙伴、资本进入或收购）。谷歌总部名为谷歌普莱克斯（Googleplex），总部附近整个一条街因此被称为帕特那普莱克斯（Partnerplex），含义十分明确。这可能是一些独立的小公司，在这里租下了一间办公室，可能是谷歌投资的那些公司也可能是一些非营利机构，例如我访问的由谷歌投资的可汗学院*。这也可能是一些由于研究的需要而被收购，成为谷歌总的生态系统中的小卫星的创业公司。所有人都租用同样的彩色自行车，在“海湾边”咖啡馆和排球场（场地上的沙子都是真的海沙）碰面。谷歌的安保巡逻队开着悍马，一视同仁地守护着整个园区、分公司、合作伙伴和公司所有“朋友们”。

“大公司被视为绝对的邪恶，对很多人来说就是‘恶魔’。但必须承认，我们需要它们。”独立电子游戏开发者凯尔·盖布勒说。约舒亚·托雷斯（Joshua Torres）也这么认为，他是年轻的市场营销负责人，在脸书和方形支持（Square，美国的一家移动支付公司）干过，现在就职于阿萨纳（Asana，音译）[这两家刚成立的创业公司目前在硅谷很火，可能是因为方形支付的创始人杰克·多西（Jack Dorsey）同时也是推特的创始人之一；而阿萨纳的创始人达斯汀·莫斯科维茨（Dustin Moskovitz）是脸书的创始人之一]。“小企业与大公司之间的界限变得模糊，”托雷斯解释道，“因为创业公司需要互联网巨头的资金支持，而后者则需要小企业的创新。”谷歌和脸书需要不断探索新想法，而这些探索都是由创业公司来负责的。托雷斯接着说：“从创业公司的角度来看，它们不像人们想的那样，仅仅是为了钱在

---

* 一家旨在利用网络影片进行免费授课的非营利性教育机构。——译者注

干活。在旧金山，有许多有些疯狂的企业家，他们只有一个目的：创造一个更好的世界。这看似愚蠢，但的确是真的，事实就是这样。他们想要解决问题，寻求解决办法。”托雷斯补充道：“还有另外一些人，他们创办企业不是因为一个点子，而仅仅是将创办企业作为消遣，就像感染了病毒一样。我认为，所有的这些企业，不论规模大小，都是高于生活的，因为它们的抱负已经超过了创办企业的人本身的抱负。”

乔丹·门德尔松（Jordan Mendelson）是另一位“系列企业家”，他接连创立了一系列公司。当我在旧金山市场街附近的一家咖啡馆与他见面时，他向我谈起他的最新创造（我对他的创业公司在云和大数据方面有什么作用没太搞懂，但他的想法看起来很让他兴奋）。“新的创业公司接连诞生，”门德尔松说，“它们都属于不同的领域。有些大公司已经不再有小公司的创新精神，有些小公司一点一点倒闭。我习惯地认为一家公司拥有 1 名至 70 名员工，才可以称为创业公司，而当我们开始记不清所有员工的名字时，当这不再是一个团体时，它就不再是一家创业公司了。”他相当兴奋地补充道：“所有企业家都会告诉你，最令人激动的是开始。当我们有了一个很酷的点子但还没有产品，当人们决定开发一个应用软件或者一个功能，但还没有任何经济模式时，这个时候的感觉是最棒的。我们从一名员工一下子增加到十名，我们从没有钱一下子拥有数十万美元。那个时候，我们真的很‘膨胀’，就好像 18 岁的时候想一下子睡遍所有姑娘一样。创业就是一种瘾，就像第一次喝醉，第一次射精。”

夏洛蒂·梅杰丝与脸书签订的合同规定，她还要在门洛帕克待两年。这是硅谷众所周知的法律约束，被讽刺地称为“金色手铐”。但是跨国公司的沉重感已经让她难以忍受。她告诉我，她也中了“创业公司病毒”，并且迫不及待地想重新开始。对她来说，衡量成功的标准是，是否有能力自主掌控自己的人生。她想把自己的钱投资到新的冒险中，而这也是硅谷精神。夏洛蒂解释道：“我不是为大公司而生的，我不想成为5,000名员工中的一员。我喜欢混乱和不确定性，我喜欢速度，我喜欢自由和实验。我喜欢没有目标、没有‘五年规划’的时候。我喜欢按我的节奏工作，自主选择工作时间，因为我不是一个早起工作的人。同时，我又是一个对控制着迷的人：在一家创业公司里，每个人对成功都至关重要。我喜欢我自己制定的规则。我喜欢要么做下去要么死的二选一。我喜欢第一次在街上与人擦肩而过，他身上穿的是你创业公司的T恤。我喜欢成功的可能性带来的激励，也喜欢失败的风险带来的恐慌。”在脸书帝国中心这家巨大的餐厅里，夏洛蒂停顿了一下，然后坚定地告诉我：“我是一个创业型的人。”

所有都是地理位置的问题。硅谷仍是全球数字世界之都，但今天，越来越多的创新项目在旧金山完成，很多重要企业都在这里选址：卓普盒子、邻里社交（Nextdoor，美国最大的邻里社交应用程序）、优步、呱呱叫和帕斯（Path，一种私密社交应用程序）在市中心设立了总部；推特安置在市场街，维基百科、因斯特格拉姆、辛加（Zynga，一家社交游戏公司）和空中食宿则设在了市场街南部。而位于硅谷森尼韦尔的雅虎正在派遣一部分员工落户旧金山。

“极客文化、黑客文化、反正统文化，这就是旧金山。那些想要变得聪明和有创意的人来到这里，来到这个嬉皮士和同性恋之都。每个人都有多种工作：一份让我们有饭吃的工作，一家我们投钱的创业公司，此外，还有一份更艺术的‘兼职’，让我们投入时间做自己真正喜欢做的事情。别指望开一个小时的车来旧金山某个办公室上班，我们想在这里生活。”丽莎·格林（Lisa Green）说。她是一位跨国公司企业家，我在卡斯特罗区附近的一家无国界料理餐厅采访了她。她自己就是那种拥有“三张名片的人”（北加利福尼亚人都用这种说法），这些活跃过分的人兼任多份工作，至少有三张不同的名片。

喜欢这座城市的人并不喜欢硅谷。硅谷在市郊，不在市里，是一个“远郊地区”，位于市郊的第二或第三圈，在城市的周边，城郊的后方，城市的后方，远离一切。年轻人逃避这里，因为市中心更酷；最穷的人也选择去不那么昂贵的东帕罗奥图或者奥克兰贫民区定居。硅谷是30年来不平等趋势上升最快的地区之一。尽管互联网巨头被全世界视为理想主义者——或者像捕食性动物——，他们却没能成功消灭旧金山海湾的贫困。他们为所有问题提出可升级性的解决方案，但对离他们只有几米远、没有智能手机、口袋里也没有钱的人提供不了任何帮助。

企业家对于家住得离旧金山很远并需要通勤（每天上下班往返）这件事很不乐意。高速公路、全球定位系统和堵车，他们拒绝由汽车操控一切的“汽车文化”。“帕罗奥图和门洛帕克如今已经贵得离谱，而且这里几乎没有可用的办公室了。硅谷离得远，没有车的话很难到达。创业的年轻人更愿意待在旧金山的‘科技区’，比如使命区、市场街南部或者市中心。”风险投资家杰夫·克拉维尔说。他的办公室目的还在帕罗奥图（但他打算迁到离“城里”更近一点的地方）。

和他一样，多名受访的研发者、投资者和企业家都证实了“地点”、地域和社群对于创业公司来说具有重要意义。“目前所有取得成功的数字企业，比如空中食宿、快照聊天、利夫特、帕斯、呱呱叫和邻里社交，都是使人们能够‘在现实生活中’彼此连接的公司。”乔舒亚·托雷斯说。

在旧金山和硅谷的内部，人们见面的地点、生活的区域和相遇的地方继续保持着某种重要性。“人们不在脸书上喝咖啡。”托雷斯说。企业家们为了是将创业公司入驻城里和市区，还是安置在硅谷和城区外而争论，也证实了“地点”的重要性。数字巨头许诺的一个完全全球化和非物质化的世界（地区将是可互换的，语言和人与人之间的关系将被普遍存在的连接所改变），不只会发生在旧金山，也会发生在世界其他地方。所有的互联网都是不同的，而加利福尼亚的互联网比其他地方的更不同。它可以说是一种“模式”，不失独特且难以模仿。组成硅谷的要素是它特有的：研究、融资和企业创新三个领域之间的交流和渗透；加利福尼亚特有的文化多样性和语言多样性；对企业创新的信仰，对企业文化的布道和对失败的宽容；某种对工作和资本主义的反叛；在无私和贪婪之间游移不定的关系；用户群和可升级性；活跃的不稳定性；既注重社群生活又培养个性的特殊生活方式；斯坦福的“秘密调味汁”；旧金山的反正统文化——硅谷以上所有元素在其他地方几乎是不可复制的。

硅谷既是数字化的过去又是数字化的未来（惠普和方形支付），它以其自身的特殊性，悖论地证明，数字领域不可能是彻底全球化的现象。“互联网和科技的未来正在被写进现实生活。它依靠的是我们所认识的人的关系网和真实存在的土地。”研发者凯尔·盖布勒说。有时候，为了能够在网上有存活的希望，甚至必须让自己在万圣节走上街头，在真实世界里把自己装扮成一根腌黄瓜。

第二章　阿里巴巴

在一幅巨型电子地图上，数千只小蓝灯亮了又灭。每一次闪亮都意味着现实中的一次交易。贸易很明显地集中于中国东部沿海地区，从北京到广州的一条宽阔地带上，而发生在西部的交易量则很少。东南部的台湾岛在地图上被标为黄色，和中国其他地区一样是一个“省”。

长 12 米、高 10 米的公司仪表盘被划分为 18 个屏幕。在其中一块屏幕上，品牌名称在购买时刻简要显示为：阿迪达斯、欧莱雅、联合利华、盖璞、雷朋、里维斯、资生堂、飒拉、道达尔、三星，以及其他大量用中文写的本土品牌。这个巨大得夸张的控制塔编织出一个数字化的中国。

“我们的长期目标是成为一家全球企业，但目前我们对作为全国电子商务领导者的现状很满意。”阿里巴巴市场总监顾建兵如此说道。他穿着白色短裤、T 恤和彪马篮球鞋。“西装是西方的服装，我们的穿着更酷。”顾建兵强调说。在这个办公区工作的 8,000 名员工中（总员工数 2.4 万名）——平均年龄大约在 27 岁——“没有人打领带”，他补充道。他正坐在一家星巴克咖啡馆里，这间咖啡馆设在阿里巴巴位于杭州的集团总部。杭州地处上海西南，高铁一个小时距离，是一座居民超过 500 万的城市。

阿里巴巴在 1999 年由马云（西方称他为 Jack Ma）创建，一位武术专家、英语教师成为了亿万富翁。阿里巴巴是中国互联网的象征，而马云是它的史蒂夫·乔布斯。它是亚马逊、电子港湾和贝宝的混合体，其业务量超过这三家美国公司的总和。这家中国网站被称作“世界上最大的集市”。在这个最大的社会主义国家，以及经济世界第一的国家，人们在这家网站上进行买卖，进行个体之间、公司之间、个体与公司之间的交易。这幅画面将近乎完美，并且故事也是一个卓越的成功故事——如果阿里巴巴不是一家克隆出来的公司的话。

淘宝网，是阿里巴巴复制了电子港湾；天猫商城，是对亚马逊的重新创造；支付宝，是仿照贝宝构想出来的在线支付方式；它又通过雅虎中国控制了中国区雅虎（即便如此，理论上，雅虎仍然是持有阿里巴巴 24% 股份的股东）。如果在这些因素之外加上一个支持专业人员之间交易的专门平台——阿里巴巴最初的经济模式——、给中小型企业贷款的银行网站、在线保险服务、创新的云计算服务（阿里云），我们便有了阿里巴巴帝国的想法。“我们的优势是庞大的全国市场，”顾建兵继续说，“中国的互联网不再是一个离域或外包的领域，我们有我们自己的公司。我们的弱势在于创意和革新。我们有最优秀的工程师，但我们缺乏点子和专利。所以我们关注别处是怎么做的。但所有的美国公司在这里都失败了：优图播、电子港湾、雅虎、谷歌、推特都没有成功进驻中国。我们打败了它们。”

如何创造一个不被美国人控制的强大网络？当缺乏创意时如何革新？解决办法叫作“人人”（中国的脸书）、优酷（中国的优图播）、腾讯即时通信QQ（中国的MSN），微博（中国的推特）、北斗（中国的全球定位系统）、美团（中国的高朋网）、微信（中国的手机通信应用程序），尤其是百度（一个类似谷歌的搜索引擎）。

在连接上海和北京的高铁列车上，我对行进中的中国进行了全方位的考察。1,300公里的铁路沿线，造价不菲的桥梁和车站建立起来，绕行的高速公路建造起来。灯光通明的车厢里，几乎看不见报纸和书籍，电子屏幕占据了休闲空间，也占据了信息和人际关系的空间。在车厢的吧台，一群中国年轻人喝着菊花茶，分吃一块粽子，在人人网和微博上交流着，他们之间很少交谈。他们只有在火车快速跨过长江和黄河时才勉强抬起眼。

“我们不是谷歌的克隆体。”百度发言人郭怡广坚持说。百度总部位于北京的西北边，在三环和四环之间。郭怡广戴着黑框眼镜，穿着破洞的牛仔裤，长发束在脑后，在这家跨国公司里保持着摇滚的形象。——他曾是唐朝乐队的吉他手。他抱着一个苹果超薄笔记本电脑（Macbook Air），从不离手。

百度大楼位于北京中关村高新科技区，风格超现代化和美国化。进门时，人们给了我一个胸卡，胸卡上面写着“朋友”而不是“访客”。“我们这里没什么好隐藏的，所有一切都是公开透明的。”郭怡广声音洪亮地说。然而，他没带我参观放置服务器的机房——很可能在地下——，而这里相互连接的电脑的数量是中国最大的（数量保密）。

园区“可见的”部分令人印象深刻。进门处有一个喷泉，开放空间气氛和谐，员工可以在这里的皮沙发上休息（当我经过其中一个沙发时，三名员工在那儿小憩）。大厅里有一个巨大的壁板，百度员工——5,000名在总部，全体人员1.6万名——可以在上面表达他们的情绪。有人写“放手去做吧！要酷！玩得开心！”也有人写“冷静的态度”。还有人写“我们是黑客！”在这家跨国公司的咖啡馆里，郭怡广压低声音私下告诉我：“有时甚至能看到一组同志光明正大地集会。”我笑他向我介绍这件事的方式，就好像这是一件不可思议的违抗一样。在百度园区，你仿佛置身于“中国的硅谷”——这是人们为这座位于北京市郊的新型智能城市起的昵称。

郭怡广举例向我证明百度绝不是谷歌苍白的复制品。首先，它的标志是一只熊猫的蓝色爪印，象征着中国元素。“百度”这个词本身“出自于中国的一首古诗”，这时他停下手中的事务，向我背诵起这首诗来：“众里寻他千百度。蓦然回首，那人却在，灯火阑珊处。”天哪！郭怡广说，因此他们成功了！并坚持说，他们公司的名字真的来源于对一个女人“千百次”的寻觅。另一个独特之处是：语言。网站完全为了适应汉字而开发，这“完善了搜索和结果功能”。

最后，百度设计了一个独特的系统叫作“框计算”，用户只要在“百度框”中输入服务需求，系统就能明确识别这种需求，并将该需求分配给最优的内容资源或应用提供商处理，最终精准高效地返回给用户相匹配的结果。就像谷歌一样。比如说，我们搜索一本书或者一部电影，百度不是给出一个有关这个内容的链接，而是这本书或者这部电影本身。当涉及到中国作品，它在百度上所体现的内容可以成为文化产业和全国媒体集团交易的对象；但人们也完全有理由认为网站上一部分非中文的内容从知识产权的角度来说并非合法［好莱坞的游说者美国电影协会（MPAA）已经提起诉讼]。基于百度搜索引擎，人们可以通过百度 mp3 搜索下载音乐，通过百度新闻跟踪了解时事新闻，或者通过百度地图从 3D 地图上查询某个地理位置的实时交通情况（这比谷歌地图更有效）。人们还可以通过百度视频搜索在线观看一部影片或登录百度百科（类似于中国的维基百科）。归根结底，百度完完全全是原创的，郭怡广坚持用“国产的”来形容。

如同百度发言人所说，我认为百度搜索引擎在中国的伟大发明史上意义非凡。此外，郭怡广补充道，网站的发展是一个“拥有 4 万名外部开发者的开放的模式”。它自身的应用软件——超过 7 万种——是中国独立的创业公司的产品，而不是整个体系的产品。为了让这个理想的模型尽善尽美，百度在纳斯达克上市，并在开曼群岛进行了法律登记注册（如同我在公司年报开头看到的美国金融市场监管机构表格所证实的那样）。

百度百科是中国的维基百科吗？“这是一个协作的网站，上千人参与其中。每一个作者和编者都有一个账户，根据各人的工作情况，他们会获得相应的等级评估。一开始，大家的等级权限都很低，有一点可以编辑加工的权限；然后，根据他们的发表情况，可以获得更多的编辑加工权限和控制其他人的权利，等等。”我注意到，根据自身的服务状况，人们在百度百科上的等级增长就像在人民军队里一样。我坚持问：百度地图也是被“编辑”和锁定的吗？郭怡广更加谦恭地说：“必须了解中国国情。百度不仅针对已经接入互联网的中国人、年轻人、大学生、商人和那些每天都利用互联网在电商网站购物的人，也针对正在探索互联网的中国偏远地区。这样一个中国，不懂外语，老龄化更严重，入网率更低。我们必须尊重各种语言和农村的各种习俗，必须理解这样一个乡村中国。”郭怡广用一口纯正的英语表达着。他是在美国出生的中国人，在纽约长大，他非常歉意地强调“自己的中文没有英文好”。

谷歌是百度孪生兄弟般的敌人。自从撤出中国内地，迁到香港，谷歌现在已经处于边缘化状态。今天，百度在中国有超过60%的市场占有率，大大超过了谷歌。它的搜索数量每月达10亿，搜索引擎有检索和运用自动装置更新8亿网页的能力。它的收入得益于广告成倍增长，广告收入占了其营业额的95%。

百度是谷歌在全球主要的竞争对手。一个细微的差别：它的影响区域。谷歌作为美国巨头目前几乎出现在全世界范围内，百度仅中国和一些使用中文的地区。

“百度是一家全球企业。我们绝对不希望被分离，我们不寻求孤立。我们想要做的不是内部网而是中国的全球互联网。”郭怡广说。目前，百度的国际化似乎仅限于和日本乐天以及美国葫芦（Hulu）公司的合作。“没错，我们还太‘中国化’，但这会改变的。我们希望能使用多种语言，而且我们已经在越南、埃及、泰国和巴西开设了网站。我们还将开在土耳其、马来西亚……”郭怡广说：“我们将在新兴国家发展，选择还未停止。我们优先考虑经济高速增长的（发展中）国家：印度、印度尼西亚、巴西、墨西哥……还有欧洲和中东。我们想要做世界第二大搜索引擎。我们有耐心，我们会慢慢开放，而不会突然加速。而当我们实现了，我们将牢记互联网应该考虑不同地区的特异性，尊重不同的语言和不同的传统。就像在中国，百度在全球化的同时也是本土化的。”在听他叙述的同时，我回想起欧洲精神之父让·莫奈（Jean Monnet）在回忆录中的箴言：“在中国，必须懂得等待。在美国，必须懂得回归。两种耐心的形式。”

154, 436, 443 人在线。我一走进腾讯即时通信（QQ）办公楼，这个在巨大显示屏上实时公布的数据就显示了腾讯的影响力。腾讯即时通信创建于 1998 年，是一项重要的通讯服务，与 Hotmail 和 Gmail 相似，通过 QQ. com 门户网站增加了许多功能，类似于雅虎或者美国在线。腾讯即时通信是信息网站，在线购物网站，同时还是主流娱乐的领导者（在线音乐、电影和单机电子游戏）。腾讯即时通信使用与微软的 MSN 接近的模式，一直是公司的主打产品，其 8 亿活跃用户令人羡慕（这一数据是腾讯的接待人员告诉我的，而其他分析人士得出的活跃用户数是 4 亿）。

腾讯的总部在深圳。三十多年前，这里还是一个村庄，今天，这里已经成为中国第四大城市。深圳位于广州和香港之间，占地延伸 50 多公里，有超过 1, 000 万居民（如果把所有的居民点都包括的话有 1, 700 万居民）。这个中国大陆最南端的城市因为一个政治选择飞速发展：1979 年，邓小平决定将珠江三角洲作为中国的第一个经济特区。1992 年 1 月 18 日，也是在深圳，中国共产党领导人提出了至今依然著名的鼓励中国人民“富起来”的口号。

中国已经逐步实行一种“社会主义市场经济”的发展道路。这是一种组合，它一方面是一个真实的、有活力的甚至是原始的市场经济，小企业有更多的独立自主性，同时又可以转向国内消费；另一方面却仍旧是顶层管理体制，保证整体的政治管控——所有这一切共同促成了中国经济的奇迹。

我们通过一个灵活的检查点进入深圳特区的南山区，我明白了为什么这座城市成为了中国式资本主义模式的实验室。游客们对拔地而起令人眩晕的高楼投去赞叹的目光，这些高楼大厦让我想起了迪拜、中国香港甚至中国台北。在市郊，虽然居民人数相对稀少，但我发现了上百灰色的“杆”——外形一模一样的高楼，这些延伸十几公里的住宅楼为新来的人提供大量居所。洗的衣服挂在窗户上，旁边是接收卫星电视的天线，就在高速公路上方。这边是雄伟的摩天大楼，那边是背井离乡的人的简朴居所。我希望未来有一天，会有一位中国的巴尔扎克来描述这些充满梦想和喜悦的人们。

我来到位于深圳高新科技园南边的中兴总部，它是通信设备和智能手机的主要制造商之一。几步之遥，就是腾讯总部。“我们总部有1.2万名员工，全国各地总共有2万名员工，他们的平均年龄26岁。所有管理者的年龄在30岁到40岁之间，最大不超过40岁。”腾讯的一名负责人对我说。

除了在个人电脑上运行的即时聊天软件QQ以外，腾讯还拥有五十多种不同的服务。创新仍在继续，并且有两种提议看起来会优先发展，这位负责人说。腾讯开发了一种通过手机免费发送信息的服务——微信，目前已有3亿用户，同时还开发了一个新的官方微博网站，叫作腾讯微博。

这种相似性又一次令人惊讶：微信让人感觉到与WhatsApp难以区分（WhatsApp是由脸书收购的手机应用程序）。作为脸书、因斯特格拉姆和推特的混合体，微信支持互相收发信息、图片以及视频［微信在西方国家的另一个版本叫作WeChat（我们聊天）］。至于腾讯微博，它就像推特一样，允许用户发布不超过140个字符的短消息。140个字符相当于差不多140个字，是指使用中国表意文字编写信息，如果使用拉丁字母，则可以编写更多内容。（官方微博领域目前有五家中国公司在竞争，同样使用“微博”作为名称，它们分别是：腾讯微博、搜狐微博、人人微博、百度微博和最热门的新浪微博。）

腾讯的这位负责人陪我来到腾讯的咖啡馆，它看起来和星巴克的风格很相像。人们可以在这里享用芝士蛋糕，看每月明星员工的照片，或者购买企鹅毛绒玩具——公司的吉祥物。腾讯公司的标志被上亿中国人所熟知。

“设在深圳免税区的企业享有大量的免税和关税便利，以及银行对于资本进出口灵活性的优惠。”腾讯负责人说。深圳是一个特殊的生态系统：它毗邻世界的金融中心香港，它的两家证券交易所，类似于中国的纳斯达克，都位于高新企业的旁边，同样促进了交易。

这种“深圳生态系统”吸引了新的文化阶层以及文化程度不高资质的劳动力。首先是该地区的大学，尤其是著名的香港大学在此设立了分校。高校的发展与人口发展同步：在一代中国人中，过去有6%的人可以读大学，现在同一年龄中有30%的人可以读大学。至于工人和职员，他们享有行政管理的灵活性，对于那些到深圳工作的人来说获得户口是便利的。这个最大的社会流动行为产生了一个意外的结果：在这个传统上说广东话的中国南部城市，普通话传播开来。“这是一个开拓者的城市。”腾讯负责人总结道。

在深圳高新科技园内，从稍远一点的地方看，中兴大楼从规模上很容易被识别，屋顶是中兴公司的首写字母，用发光的超大字体展现。“我们主打硬件领域，而这里的大部分公司都在软件领域。”战略部经理郭义东说。中兴首先制造仪器：电话、智能手机，以及集成电路片。

中兴 Blade 880 可以在安卓系统下运行，他们从各个角度向我展示了这台智能手机，它目前已经在全球销售超过 1,000 万台。另一位中兴的负责人带我参观了制造电话的工厂：我们坐着高尔夫球车在通道上通行，观察十几名穿白色工作服的工人带着无可置疑的坚定神情在巨大的机器上忙碌着……直到我发觉这些仪器已停止工作。多么棒的场面！一个用于展示的工厂！一个仅用于正式参观的模拟工厂，这里的员工都是演员！我对这个中国式的"波特金村庄"感到既惊叹又沮丧。

然而，中兴是有真正的工厂的。像华为、酷派或者联想一样，它们也都是中国公司，甚至威胁到了市场领导者、全球智能手机主要制造商之一的韩国巨头企业三星。中兴一直是一个白色的标志，但大众对它并不熟悉：它为沃达丰、西班牙电话公司（Telefonica）、橙色电信公司、美国电话电报公司和全球 150 家其他运营商制造入门级手机，而中兴的名字从来没有出现过。在中国每年卖出超过 2 亿台智能手机的今天，中兴想要走出匿名状态，用自己真正的名字，分得这个繁荣市场的一块蛋糕。

在本土，竞争很激烈，中国经受着本土优胜者之间的内部竞争。公司享有彼此相对的自主权，所有的举动都是被允许的。在中国市场中，中兴面对的是电器设备制造商华为，其总部也在深圳。每家公司都保守着各自的秘密，而且如果有必要，它们会增加公司并购以阻碍竞争。"与华为相反，我们优先考虑内部的增长而不是进行过多的兼并，但为了始终保持领先一步，我们必须努力投入研发。"中兴通讯学院的杜安·科比特（Duane Corbett）解释道。

第三章　手机

在概念办公桌上，是一台打字机，它是小卡洛斯·斯利姆（Carlos Slim Jr.）的私人秘书。在这间富丽堂皇、极具现代化和数字化的门厅里，这台机械打字机的遗迹像是一样过时的东西。这是墨西哥在变成一个经济高速增长的国家之前，在其中产阶级发展之前，以及在其数字化变革之前的回忆。是前进道路上的见证者。

“智能手机实至名归，这是一种智能的电话，很快就会人手一台。”斯利姆用极其寻常的语气说道。蓝绿松石色的领带配浅蓝色衬衣，看似放松的小卡洛斯·斯利姆是一名腼腆的富翁，说英语时操着一口浓郁的西班牙口音。他也是一位继承人。

我现在身处波朗科区的集团总部，这个区域位于墨西哥城北。斯利姆帝国由其父亲老卡洛斯·斯利姆（Carlos Slim Sr.）创立，他现年74岁，来自黎巴嫩的马龙派基督徒移民家庭。30年间，他成为了一位亿万富翁，这是件好事。但他作为垄断企业的当家人，滥用其主导地位，倒不是什么好事。他是拉丁美洲的电信巨头，被福布斯杂志评为世界上最富有的人。移动电话使斯利姆家族发财致富。“当我们进入电信部门时，墨西哥在国际上排名第70位。当时要获得一个固定电话线路需要好几个月的时间。电话亭始终处于故障中。我父亲预感到移动电话所扮演的角色。今天，墨西哥所有人都拥有了自己的手机。”

墨西哥电信公司（Telmex）是历史上早期的运营商，20世纪90年代初期，墨西哥政府对其进行私有化的同时，允许卡洛斯·斯利姆创建自己的帝国。“墨西哥电信公司的私有化触发了新兴国家这一理念的诞生。”墨西哥财政部长以一句著名的话总结道。是偶然，预言，还是徇私？以配备移动电话许可证的脆弱的特许权起步——没有人猜测是潜力还是价值——，斯利姆建造了一个手机登录［墨西哥电信无线通信公司（Telcel）］和上网（墨西哥电信公司）的垄断网。这位商人把一切都押在基础设施上：他安装了数千公里的电缆，建造了无线电中继站，而后开始铺设光纤。同时，他还在用户习惯上进行了创新。他天才的想法是将“吉列剃刀”模式运用到电话中，即亏本销售剃须刀来促进刀片的销售，通过廉价出售电话机来销售通话时间。“我父亲明白到要让所有人都拥有手机，必须要资助电话机。他还发明了预付模式。”在发展中的墨西哥，中产阶级没钱买手机，这种不收费、不包月的方式获得了成功。这种补贴手机是完全被绑定的，只能使用墨西哥电信无线通信公司的卡：但这并不重要，重要的是，卡洛斯·斯利姆是先驱者。尽管这个每天都有三个点子和几乎没有什么原则的人，没有像他认为的那样是预付模式的发明者（它是在南非首创的），但预付电话确实给他创造了财富。今天，墨西哥手机市场的不包月用户占到了80%。

他47岁的长子与他同名，是位幸运的继承人，已经开始操纵公司。他在这一点上抱有父亲的梦想，也是皮格马利翁的梦想。这位拥有“贵族血统”的继任者先天就拥有了丰厚的资本，他尽力克制着，等待任命。他十分腼腆，同时也没有骄奢淫逸的习气。他不是一个自负的人，并非像那些所谓的“某某的儿子”那样。父亲教会了他谨慎，父子二人建立的是一种社会形式而不仅仅是一个家族。

老卡洛斯·斯利姆主持着墨西哥电信公司董事会，该公司管理墨西哥80%的固定电话线路和75%的固定网络入口，他也主持墨西哥电信无线通信公司董事会，该公司拥有70%的手机市场。小卡洛斯也是墨西哥美洲电信集团（America Movil）的负责人——主导运营商克拉罗（Claro）旗下，拉丁美洲大部分国家（除了委内瑞拉和古巴）的移动电话都由其运营。“我们总计有26.3亿手机用户，分布于18个国家！”小卡洛斯·斯利姆满意地说。同时，他也主管墨西哥卡尔索全球电信集团（Carso），这是另一家多种经营的控股公司，其经营范围包括超市、银行、建筑和石油、重工业基础设施、高速公路和输油管道、电力，还包括光纤和海底电缆。总之，仅斯利姆帝国就占了墨西哥股市三分之一的市值。

斯利姆的父亲授权儿子管理企业集团并担任众多董事会的主席，自己在国王的位子上继续当国王，但他仍继续在幕后操纵并掌控他的200家企业。“小卡洛斯·斯利姆不会做出没有他父亲批准的决定。”几个月以后，仍是在墨西哥，新任文化部长拉斐尔·托瓦尔·伊·德·特雷沙（Raphael Tovar y de Teresa）肯定地对我说。

“我们首先是一个电信集团，我们在这个领域具有世界范围内最强大的实力，”小卡洛斯·斯利姆说道，“很快世界上所有人都能用智能手机上网。这就是正在进行的革命。全球互联网连接将成为规律。”斯利姆点燃一支万宝路香烟——集团曾经在烟草领域很有实力，并没有把注意力放在人们对他的集团的指责上。墙上悬挂着一把墨西哥摇滚组合 El Tri 的复古吉他和一级方程式赛车服，这是他的另一种爱好。一面墨西哥国旗飘扬着，几乎四处都摆放着猫头鹰，大概有几十个，它是桑伯斯公司（Sanbors）的吉祥物，桑伯斯是墨西哥主要超市公司中的一家，小卡洛斯·斯利姆也是这家公司的所有者。

在他位于11层的办公室窗外，我们可以看见以他父母命名的广场和以他母亲名字命名的索玛娅（Soumaya）艺术馆，她也是一位黎巴嫩人，属于戈玛耶尔（Gemayel）家族，现在已经去世了。卡洛斯·斯利姆基金会博物馆是一个壮观的建筑作品，其巨大的螺旋形建筑、建筑材料和非凡的音响效果，与著名的纽约古根汉姆博物馆和洛杉矶沃尔特·迪斯尼音乐厅相比肩。这家博物馆向公众免费开放，收藏了差不多300座罗丹的雕塑。这是对这位法国艺术家最大的收藏之一。（然而该馆中一些画作的真伪曾遭受争议。）

凝视着如此高雅的艺术瑰宝，斯利姆没有丝毫狂妄自大，他甚至带有一丝谦卑地讲述他对黎巴嫩的爱、家族的慈善事业、与美国的经济合作（一种优先的自由贸易）、纽约时报（斯利姆家族拥有其8%的股份），以及当地摇滚乐坛（斯利姆集团是 Shazam——一个用于智能手机的音乐识别软件——的重要股东）。他穿的是西尔斯百货（他拥有的一家商场）的服装，吃的是桑伯斯超市（他主持这家超市和连锁餐厅的董事会）的食物，他也向我说起了他的父亲，是父亲教会他将自己的财富相对化。这时，他用一种近乎听不到的声音低声私语着，我仿佛听到他重复着菲茨杰拉德的《了不起的盖茨比》一书开头几行令人难忘的文字："当我年纪还轻，阅历不深的时候，我父亲教导过我一句话，我至今还念念不忘。'每逢你想要批评任何人的时候，'他对我说，‘要记住，这个世界上并非所有的人都有你拥有的那些优越条件。’”斯利姆回过神来，对我说，“我父亲教会我一个非常简单的事理：在世上，我们只不过是财富的临时管理人。这是我们家族的人生哲学。”

离开斯利姆的办公室的时候，他的“马穆鲁克骑兵”向我投来审视的一瞥。这座帝国的继承人都有专属的行事审慎且全副武装的保镖：这个国家因绑架政客和毒枭谋杀知名人士著称。他的禁卫军时刻保持警惕。更何况，1994 年，斯利姆家族的一名成员被绑架，在交付了 3,000 万美元赎金之后才被释放。在门口，斯利姆再次握住我的手，他看起来一瞬间又变回了威严的跨国公司集团主席：“问题不再是了解我们如何与全世界连接。在斯利姆，我们已经知道该如何做了。问题是当我们全面连接之后，我们在内容和自由方面应该做什么。”

安东尼奥·马丁内斯·维拉兹奎兹（Antonio Martinez Velazquez），28 岁，身穿白色衬衣，手腕上戴着荧光黄手表。“在墨西哥，移动通信的费用是极其昂贵的，而墨西哥是全世界网速最慢也最贵的国家之一！这要怪谁？怪就怪卡洛斯·斯利姆。我们希望斯利姆做的是让我们能够高速上网，事实非但如此，而且贵得离谱。这是他的工作。至于剩下的，墨西哥人自己可以解决。”我们坐在位于墨西哥城索娜罗莎区的彭杜罗图书馆的咖啡馆里，安东尼奥正在发火。半是极客、半是律师的他将自己定位成一名“网络协议律师”，即为互联网而辩护的律师。如果有人对此提出质疑，他会说：“我不是海盗，尽管我捍卫海盗！”这是一位墨西哥互联网小天才：他已经管理了重要的电视频道网站阿兹特克电视台（TV Azteca），并为捍卫互联网言论自由的英国非政府组织工作。在一个拥有1.2亿人口的国家，即便88%的人都持有手机，但只有10%的人可以在家中上网（使用非对称数字用户线路或者光纤）。因此，对所有阻止技术大众化的人，以及那些不能提供良好的移动覆盖和快速上网的人，他都予以反击。他将火力对准卡洛斯·斯利姆，指出其股权来自于取消原则。同时他强调墨西哥政府的无能，多年来在结束墨西哥电信公司和墨西哥电信无线通信公司的垄断问题上显得无能为力。“这一垄断阻碍了电信行业的任何竞争。必须进行更多的调控。”安东尼奥·马丁内斯·维拉兹奎兹强调。

在位于英瑟根蒂斯大街1143号的墨西哥联邦电信委员会（Cofetel），话题更加沉闷但观点却是相似的。“即便我们算上了在家、在咖啡馆、在公司上网或通过手机上网，这个国家也仅有不超过30%的人能上网。这是全世界互联网接入率最低的国家之一。我们完全是不发达的，而管理这个领域的人竟是亿万富翁，而且还是墨西哥人。”墨西哥联邦电信委员会主席莫尼·德·斯万（Mony de Swaan）强调指出。他还表明：“我们不能处罚竞争的失衡，也不能处罚统治地位的滥用。我们可能是世界上唯一没有制裁权的调控机构。然而，所有人都知道解决办法：在电信领域制造更多的竞争和一个更广的覆盖面。”墨西哥依存于双重垄断：卡洛斯·斯利姆集团在手机行业的垄断和墨西哥特莱维萨传媒集团（Televisa）在电视业的垄断。“必须粉碎这两家的垄断，除此之外，没有其他解决办法。但现在，被粉碎的是我们！你可能看出来了，他们想要废除我们的委员会……”（事实上，墨西哥联邦电信委员会于2012年被废除，它正在被一个名为Ifetel的“更独立的”新调控机构所替代。）

墨西哥网民称她为“Bimbo”，而她的反对者们称其为“芭比娃娃”。亚历杭德拉·拉金斯·索托斯·鲁伊兹（Alejandra Lagunes Soto Ruiz）坐在一把亮红色扶手椅上，穿着亮红色的鞋子，脚趾涂着亮红色指甲油，穿着紧身牛仔裤，腰上系一条玫瑰红细腰带，一头夸张的金发。她完全可以主持一场特莱维萨电视台的脱口秀节目，或者成为电视剧中柔弱的女主角，但她却是墨西哥共和国总统恩里克·佩尼亚·涅托（Enrique Peña Nieto）的特别顾问，并且给我留下了不错的印象。

“我们必须改变局面。我正在发起一场新的数字议程，我们将与先前的政府所做的事情彻底决裂。”这位墨西哥雅虎公司的前雇员对我说。她曾任职于MSN、谷歌和特莱维萨。“我关注开放数据、创新和云，但我们有一件唯一真正排在第一位的事：让全国都能联网。”

在听她讲话的同时，我观察到她办公桌上放着一盆缺水的仙人掌，花盆上写着：Mexico Conectado（联网的墨西哥）。亚历杭德拉·拉金斯猜测着我的想法：“你看，”她说，“即使没有水，这盆仙人掌也能活。这就是墨西哥。我们生活在沙漠里，我们没有水，但我们能联网。互联网将会帮助我们前进。”

所有墨西哥的悖论都在这儿。一方面，这是一个年轻的、城市化的、有活力的、经济快速增长的国家；另一方面，这是一个被腐败、垄断和毒枭侵蚀的国家。“数字化能够消除腐败。”亚历杭德拉·拉金斯大胆地说。对此，我表现出怀疑态度，她并没有让步，并将争论转移到“zonas de miseria”（贫困地区）问题上。她深信互联网能够帮助最贫穷的墨西哥人脱离苦难。“在这些地区，所有的人都有手机。他们就是这样通过手机上网，但却不能在家中上网。”这位墨西哥总统顾问一边不停地同时操作自己的三部手机，一边解释道。就她而言，政府的战略在于依靠中产阶级，借助他们的力量让平民阶层和全国脱离贫困。

中产阶级？没有比这个更难定义的了。在世界银行的经济学家们看来，中产阶级是指每日收入10—50美元的人群。在此之上则是“富裕阶级”，在此之下，收入介于4—10美元之间的人，则是“脆弱阶级”（或者“中下阶级”）。而如果每日收入低于4美元，则被视为“贫穷阶级”。（世界经合组织使用的是另一个计算模型，将家庭收入是全国平均水平的50%—150%的人群归为“中产阶级”。）

经济学家比较的是收入，社会学家更喜欢就其他标准进行对比，如教育水平、职业或者家庭开支，比如购买一辆轿车的能力。综合各种情况，拉丁美洲中产阶级十年来的发展是惊人的。2003年至2009年，根据世界银行统计，其中产阶级人数从1.03亿增长到1.52亿，即50%的增长。（由世界经合组织统计的数据几乎增加了一倍，达到2.75亿人，证明定义和数据改变很大）。而在同一时期贫困人口则大规模减少，拉丁美洲的贫困人口比率从41%减少到28%。

在经历快速社会发展的过程中，拉丁美洲人改变了生活方式。儿童入学率增长，大学入学率提高，消费范围已经超出生活必需品。人们更多地去电影院消费，墨西哥多厅影院的数量大幅增加；付费电视频道的发展也同样与这种社会类别的发展相联系。从此，属于中产阶级的符号增加了两个：能上网，拥有一部手机。于是，能够涵盖两者的智能手机正在变成拉丁美洲兴起的代表。

巴西中产阶级的流动性

“中产阶级的噩梦，是被欧酷特（Orkut，谷歌开发的一个应用程序）同化。”在巴西出版与媒体集团艾布里尔（Abril）位于圣保罗联合国大街的总部，卡洛斯·格莱艾伯（Carlos Graieb）管理着《观察周刊》（Veja）网站。《观察周刊》是巴西第一时事杂志，解析每周大众的生活方式。尽管杂志的读者群是富裕阶层或有教养的阶层，但它主要观察的是中产阶级。“欧酷特是巴西先锋性的网站。这是一个有点像脸书的社交网络。”格莱艾伯解释道。欧酷特在2004年1月由一名谷歌员工创建，比脸书的创建稍早。“这是一个非常创新且先驱的网站，”他继续说，“在巴西，它获得了出乎意料的成功。一开始的适用语言只有英语，在葡萄牙语慢慢可用之后，该网站被富裕阶层所接受。中产阶级大量涌入后，欧酷特成为了一个成熟的社交网络。”2012年，3,300万有效用户仍在使用该网站，大多数用户在巴西，在印度和日本同样有很好的渗透（而美国大部分用户为美国籍巴西人）。该网站由位于巴西城市贝洛奥里藏特的谷歌巴西公司管理。

我在欧酷特创建了一个账号，以了解这家社交网站的独特之处。欧酷特的界面被翻新了，网络与谷歌+相连接（欧酷特本可以成为谷歌+发展的一种模式，但是位于芒廷维尤的谷歌公司没有采用这个选择——也许是一个错误）。该社交网络完全适用于台式机，但在智能手机上却不太直观。它看起来像是一个更等级化有更多的小集团的脸书。“在脸书上，所有的社会阶层混在一起，而在欧酷特上，人们是截然分开的。”格莱艾伯表示。另一个不同：用户会被通知访问其个人主页的网友名字，这点像领英。

“欧酷特的问题是普及性。尽管它过去超前，但现在正在一点点过时。平民阶层的年轻人开始使用它，它被认为低端、平庸、越来越不讲究。而正因为这里变得低俗，富裕阶层用户便渐渐从该社交网络流失。因此，‘orkut’这个词本身变成了一个常用语，像是一种俚语，是“老旧的，品位差的”的同义词。‘orkutiser’这个动词今天时常被用于贬义。而C阶层开始放弃欧酷特，转而投奔脸书。”格莱艾伯分析道。

在巴西，研究者大致区分了五种社会阶层，从最富裕的（A）阶层到最贫穷的（E）阶层。居中的是“C阶层”。这一阶层被定义为每日收入6.1美元至26.2美元的人群。这一方法获得广泛认可，所有人从此称这种C阶层为“卢拉”阶层，取自前总统卢拉·达席尔瓦的名字。迪尔玛·罗塞夫在他之后继任，在其竞选期间，对C阶层增加了参考基准，并承诺将巴西变为“中产阶级社会”。

“欧酷特，是C阶层的网站。”巴西门户网站环球在线（Universo On Line，UOL）负责人之一里吉斯·安达库（Régis Andaku）证实说。在位于圣保罗法里亚利马大街的环球在线总部，我们进行了会面。安达库有日本血统，但成长在巴西农村的一个贫苦家庭。“我们专门为C阶层创建了与环球在线平行的门户网站（bol. com. br）。内容都是量身打造的，有名人资讯和更多的运动信息。人们在这里说一种更简单的语言，比起环球在线网站，人们更多地选择将缩略语阐述清楚。环球在线更多是面向B阶层。”安达库描述道。他继续说：“随着巴西经济的发展，一部分生活在贫民窟的E阶层人群依靠政府的社会福利计划传变成 D 阶层。这些是有薪水和有法定居所的巴西人。随着他们收入的增加，D 阶层依靠自己的能力达到 C 阶层，使得 C 阶层得到相当大程度的壮大。恐怕现在半数巴西人都跻身到了 C 阶层。”安达库证实这是一种“不可思议的”社会阶层的提升，但与此同时，“每个人都想将自己与下层阶级区分开来”。“欧酷特成为了平庸的象征。结果，新的 C 阶层和再往上一点的 C + 阶层都涌向了脸书。”［根据环球电视台（TVGlobo）的一项研究，A 阶层约占巴西总人口的 2%，B 阶层 23%，C 阶层 49%，D 和 E 阶层合计占 26%。］

另一些因素解释了欧酷特的败落。首先是全球“主流”法则的影响。随着数字化内容的国际化，麦当娜、贾斯汀·比伯或者嘎嘎小姐的粉丝都聚集在脸书上，这在欧酷特很少见。为了追星，人们得有两个账号。当交流变得全球化的时候，巴西占主导地位的社交网络必定显得狭隘和有限。其次是“酷”法则：学生和年轻人认为脸书更加国际化，更直观，尤其是更时髦，即便他们只是在巴西人中用葡萄牙语交流。最后是市场法则：尽管谷歌始终给予支持，但因缺乏资金，欧酷特在界面发展问题上无法跟上脸书快速的步调，尤其在传媒内容和应用软件的数量上落于其后。巴西社交网络在移动设备上也错过了变革。脸书三分之二的使用者，即全世界超过 10 亿的人口，通过手机或平板电脑登录账号。随着智能手机的推广和普及，脸书倾向于移动性，用他们自己的话说，它变成了“移动为先的公司”。这家美国公司的中期目标是用集体信息代替邮件、用即时信息代替短信、用朋友列表代替手机联系人列表。年轻人的使用习惯已然倾向于此，脸书应该加强这一战略。很快，根据脸书的计划，如果我们和某个人在脸书上是朋友，那么将不再需要这个人的手机号码，也不再需要他的邮件地址。

这是社交网络在移动设备上的推广，人们今后将称手机为“社交电话”。由于没有预计到这场变革，几个月的时间欧酷特就被边缘化了。

同样不幸的事情发生在巴西搜索引擎“凯德?”（Cadê?，字面意思是“在哪儿?”）的身上。它在2000年初仍势头不错，2002年就被雅虎收购——赶在了衰落和被美国门户网站兼并之前。如今，谷歌、脸书以及推特在巴西成为主导，这个拥有2亿人口并且快速发展的国家，对于美国数字化巨头来说意味着具有决定意义的市场。巴西拥有超过6,500万使用者，位于美国之后，印度之前，成为脸书最好的突破口之一。巴西同样是拥有推特账号数量世界第二的国家。尽管少于40%的巴西人在家上网，手机的渗透却具有相当规模，达到官方统计人口数的125%。(因为芯片的增多，SIM卡的数量有时高于居民人数，尤其是在预付手机占主导的国家。大量手机也有多个芯片，比如巴西厂商Venko的手机，它可以同时使用四张SIM卡并且能够在各个卡之间自动转换，通过这种方式提供最低的价格。根据环球电视台的研究表明，巴西手机真正的渗透率为87%。)

我们可以认为欧酷特和“凯德?”的失败证明了社交网络、互联网平台和美国巨头的胜利。事实的确如此。但互联网的内容更全球化而非疆域化了吗？这不是必然的。因为脸书懂得适应语言并让葡萄牙语交流成为可能，也因为谷歌提供了无数满足巴西本地化需求的搜索结果，它们的成功来自于这种疆域化，移动化又加剧了这一进程。

环球在线门户网站的里吉斯·安达库认为，巴西面临着根本性的转变：“目前，手机主要是‘功能手机’（非智能手机）：它们还不‘智能’。”这种手机大部分情况都是和预付卡一同运行的。但安达库预言，五年以后，一切都会改变：“智能手机将会成为市场的主导。”

据他说，C 阶层将使用智能手机，而“D 阶层和 E 阶层将自然跟进”。然而，安达库自问道：“如何吸引 C 阶层？如何与他们对话同时不使他们显得幼稚？如何在不阻止他们的情况下推进？在巴西这是大家都在寻求的。这不容易。C 阶层不说英语，他们主要对本土内容感兴趣。C 阶层在环球电视台和我们的环球在线取得了成功，但他们如今已经到顶，没办法赶上更富裕的 B 阶层。因此，他们积累了一定的失落感，这种失落感通过反抗情绪和希望有所区别的忧虑流露出来，而这恰恰是他们脱离了 D 阶层和 E 阶层的社会标记。”这次谈话的几周之后，受过高等教育的巴西中产阶级掀起了反抗。因为圣保罗巴士票价提高了 20 分（相当于 6 欧分），他们带头在大街上游行示威：2013 年 6 月，超过 100 万人在一些城市开展抗议活动，反对公共服务、腐败和高生活成本。

今天，全球刚刚超过 71 亿的人口中活跃着差不多 70 亿手机用户。尽管事实上我们知道每个人可以拥有多个签约手机或预付 SIM 卡，因此这个用户数字并不准确。作为联合国的一个重要专门机构，国际电信联盟估计手机的渗透在世界范围内已经达到 96%。“在发展中国家数据甚至比在发达国家更高。”国际电信联盟秘书长、马里人哈马顿·托雷（Hamadoun Touré）与我在日内瓦会面时指出。互联网接入正在飞速发展，上网人数已经达到 27 亿，也就是差不多 40% 的世界人口，托雷说。在互联网方面，发达国家毋庸置疑领先于世界其他国家，但上网率全球都在增长。至于移动互联网，也在以每年 40% 的节奏增长：超过 20 亿人已经可以使用移动互联网。但这方面也存在着严重的不平等，欧洲的渗透率有差不多 70%，而非洲的渗透率刚刚到

11%。根据国际电信联盟的预测，2025年，大部分世界人口将能够通过智能手机上网。“无线”将成为常态，“有线”将被淘汰。这样，我们将从27亿人连网增加到60亿人联网——这将是一场惊人的革命。

印度大约有3亿人属于中产阶级，还有3亿人正在迎头赶上。在中国，中产阶级估计达到4亿人。在巴西，差不多1亿人。在印度尼西亚、哥伦比亚、墨西哥、土耳其，甚至在埃及，数据也都相当可观，并且在不断攀升。通过这些数据可以看出，科技的未来是显而易见的，它是移动的未来。

三家中国制造商——TCL、中兴和联想——已经投身于售价50美元的入门级智能手机的制造。另一方面，英国数据风公司正在印度测试推广30美元左右的安卓系统应用下的平板电脑。2011年，智能手机的平均价格是443美元。美国苹果公司、韩国三星公司，甚至是中国华为手机的价格多年里持续高于100美元，基本款智能手机价格的大幅下调将激励市场。2013年，全球有10亿新智能手机被销售一空。

无论从哪一个方面看，在今天，某种对数字化的乐观情绪在飞速发展的国家占主导地位。从墨西哥到北京，从孟买到迪拜，从莫斯科到里约热内卢，在“新兴”数字化都市进行调查研究的过程中，我所遇到的人们都相信数字化的发展。我在墨西哥城采访墨西哥电信集团数字化战略部经理亚里杭德罗·拉莫斯·萨维德拉（Alejandro Ramos Saavedra）时，他对我说：“在墨西哥，没有人将互联网看成一种威胁，而是视为机会。”在位于联合国大街的总部，哈马顿·托雷告诉我，他为正在发生的变化感到高兴：“2000年，全球有5亿手机用户，今天已经达到70亿；2000年，全球有2.8亿人上网，而如今达到27亿人。”而其他一些人则持怀疑态度：亿万富翁泽维尔·尼尔（Xavier

Niel）是法国移动和网络的运营商自由（Free）公司的总裁，我在他位于巴黎公司总部的私人宅邸对他进行了采访。他对我说："如果我知道手机在十年后变成什么样，我会暴富的。"其他人对于我们小看了他们而感到惊讶："一个新兴国家？对于巴西来说，是不是有点低估了？"环球电视台集团主席罗伯特·伊利纽·马林赫（Roberto Irineu Marinho）自问道。至于小卡洛斯·斯利姆，他也是乐观的，他从人口的角度看到了他的帝国的未来。"本来是问题，现在变成了机会，"他重复道，"对于像墨西哥这样的国家来说，人口不再是一个障碍，而是一种成功的手段。"

第四章　IT就是印度科技

“如果你将我姓氏的首字母S换成Y，就变成了Yahoo（雅虎），这让我觉得很有趣。”萨斯坎塔·萨虎（Sasikanta Sahoo）笑着说，看起来很满足的样子。首先，这是他的真实身份；其次，萨虎真的在雅虎工作。

我们搭乘人力车去优碧（UB）城。这是一种小型的黄色电动三轮脚踏车，没有门，在印度相当有特点，优碧城是班加罗尔的富裕街区。在路上，萨斯坎塔·萨虎建议使用萨鲁科（Suruk），这是一个安卓系统下的移动应用软件，可以用来计算购物的价格，避免挨宰。人们还可以用它来记录司机的信息，如果遭遇袭击，就能通过“SOS”键启动警报。安全抵达后，我记下了司机的信息并给了他一笔丰厚的小费。他说会等我们离开优碧城时再载我们一程，“即使等上三个小时也行”。

萨虎出生在奥里萨邦，那里的人们说奥里亚语，这是印度22种官方语言中的一种。他在奥里萨邦学习如何成为一名信息程序员，之后移居班加罗尔。班加罗尔位于印度南部，是印度第三大城市，也是次大陆名副其实的科技中心。今天，许多印度城市的殖民名称被遗弃，取而代之的是更注重本土性的过去使用的名称：Bombay 从此以后被称为 Mumbai（孟买）；Calcutta 更名为 Kolkata（加尔各答）；Madras 更名为 Chennai（金奈）；因此，Bangalore 的新名字叫作 Bengalooru（班加罗尔）。

“这里的年轻人，尤其是从事科学工作的，都想成为程序员。”萨虎解释道。他是一名专门从事 LAMP 工具开发的程序员，LAMP 是指用于制作网站的各种免费软件的总称（L 指 Linux，A 指 Apache，M 指 MySQL，P 指 PHP）。“在印度，我们会说很多种语言，因此对于一个编程员来说掌握一门新语言并不难。我自己就掌握了差不多 12 种语言。从一种网络语言转换成另一种网络语言，有一点像是从奥里亚语转换成印地语，或者从英语转换成埃纳德语”（埃纳德语是班加罗尔的地区语言）。

在印度雅虎公司，萨斯坎塔・萨虎是一名普通的计算机程序员。他是工程师职员，既不是下属，也不是管理者。他负责与整个团队一起开发一款专门针对智能手机的应用软件：雅虎板球（Yahoo Cricket）。这项运动在印度全民生活中的重要性众所周知，因此他为能为这个项目做出贡献而感到光荣。他感觉到自身参与到了造梦印度的工程中。他与其他 7,000 名员工一起，在班加罗尔的园区工作，同时必须像所有人一样，签署一份包含多项关于工作内容及薪酬的保密条款的合同。他对我谈论的内容基本不适宜公开，但他告诉我，他同意说出来是因为如果出现问题，他能够轻易地再找到一份工作。

在印度雅虎，成本核算和成本削减是关键，即成本的控制和成本的缩小。“他们最大程度地将他们的劳动力转包给中间公司。”萨虎说道。这让雅虎在减少成本的同时又避免了丑闻。“因此有众多负责项目的‘承包人’和我们一起做项目，项目完成以后，他们就消失了。他们将中间公司置于严酷的竞争中，为的是支付最少的工资并尽可能以最快的速度完成这些项目。”这就是印度体系的核心：离岸外包与业务外包。美国雅虎公司将其程序设计业务迁到印度，然后将一大部分工作分包给印度公司，如印孚瑟斯（Infosys）、威普罗（Wipro）、塔塔咨询服务公司（Tata Consultancy Services）以及塔旺科技（Tavant Techonologies）。“这里的7,000名员工中，只有3,000人真正属于雅虎公司员工。其他人只是‘借’给雅虎的。”

萨斯坎塔不是一个不满于现状的人。他没有工会主义者的精神，也没有权利主张。他的不满往往来自于无能为力，只有守口如瓶的、压抑的辛酸，他将这种辛酸隐藏在时刻保持的微笑后面。他和我交谈的时候，坦率而简单。他想要对我说出真相。

拥有六年工作经验的他很高兴每月能挣到5万到6万卢比（约合650至750欧元）。“在班加罗尔的雅虎工作收入挺不错的，尽管谷歌和脸书的待遇更好一些。但我很高兴能在这里工作，能在世界著名品牌雅虎工作，我感到很骄傲。”买下自己的自行车后，他把积蓄都给了他的父母、妻子，尤其是他的网站。他把积蓄转给父母是“为了让他们感到更幸福”，他会给他的妻子买一些首饰，“因为她不工作”。

腼腆的、谦虚的、说着不太流利的英文、穿着有点过时的蓝色方格衬衣的萨斯坎塔·萨虎是一个心怀梦想的人。他的活力、他的激情和他的收入，全都投在一个非营利性的项目上。他在“全职工作之外”独自一人研发这一项目，没有任何其他资助。他设计的这个网站的网址是iexamecenter. com，这是一个简单的平台，可以向用户提供免费下载大部分计算机编程类书籍的服务。没有点对点，也没有盗版书，萨虎只是先找到已经可以在网上免费获取的图书，然后通过链接的形式推荐这些书。根据他告诉我的数据，该网站每天差不多有 8,000 位访问者。“我的目的是帮助想成为程序员的学生备考。企业招聘通常有三道程序。首先是淘汰制的笔试，主要是考英语和数学；然后是测试技术能力和计算机编程；最后是面试，以此衡量应聘者是否具备更渊博的知识，说得更大一点，就是判定他们是否‘智能’。在我的网站上，考生能找到备考教材、测试题、企业招聘常见问题以及就业档案。”萨虎的人生信条是：不必为了承担而抱希望，也不必为了坚持而要成功。在浏览了他的网站后，我被他完美的自愿不计报酬的整编工作和他提供给印度程序员群体的服务深深吸引。尤其是就业档案，可以让学生根据企业、城市和考试时间来熟悉以往的考试。

他的梦想是为了谁？脑中塞满计划、项目和点子，萨斯坎塔·萨虎在经营网站同时也带着不安的关切。他醉心于自己的数字化作品，如同与一个姑娘坠入了爱河。而为了网站的前途——如果网站真的有前途的话——，他准备好了过穷苦日子。

“我想要改变生活。我花了三年时间开发这个网站。为了它，我每个夜晚、每个周末都在工作。我把自己全部精力和全部积蓄都倾注在这上面。我只有一个梦想，就是我的网站有朝一日能受大众欢迎。我想要创造一个能够超越我自己的东西。有一天，它将会给我的生活带来意义。我像爱我的妻子一样爱我的网站。”萨虎刚刚结婚。为了让他的 iexamcenter 网站能够被大众所了解，他购买了谷歌广告，而他年轻的妻子则帮助他在脸书、领英和博客上放链接。“我很想得到更好的谷歌排名。”他向我吐露心声。

当这一纯粹的美国外包产品遇到困难或者问题时，他会向湿婆神和象头神祷告（在印度教地区，象头神是破除障碍之神）。萨虎掏出他的智能手机。印度的运营商推出一种30卢比（约合40分）包月的了解每日星座运势的服务，还有一个预装在手机里的占星软件。他还向我展示了湿婆神和象头神专用的应用软件，这个软件他经常用。“它们是我的神，我爱它们。”他还给我看了他“独一无二”的身份证：他为此感到自豪。这是他作为个体存在的第一个官方证明。身份证上他就叫萨虎。

通过这名计算机工程师，这个放在人堆里毫不起眼的不到30岁的年轻人，我们可以看到一个发展中的印度的面貌。他要改变自己的生活，从而改变他的国家，甚至是改变全世界。

26亿只被扫描的眼睛

“他的姓名、住址、性别、出生日期、照片，以及他十个手指的指纹和两只眼睛的虹膜都被扫描录入了。这就是全部，别无其他。没有宗教，没有种姓地位，也没有种族。”在斯里坎斯·纳德哈姆尼（Srikanth Nadhamuni）家中，他谢过为我们准备咖喱的厨师后对我说。他的家在班加罗尔东南边的阿达什棕榈度假区，地处棕榈树环绕、享有特权和高度安全性的市郊。在外环路的两侧有七个科技园，其中有思科、诺基亚、凯捷（CapGemini）、埃森哲和英特尔在印度的总部。他的妻子和孩子这个礼拜在美国的麻省理工学院，因此他便有时间向我说起他创造的宝贝：唯一的身份证（ID）。

“在印度，所有人都自认为是独一无二的，但这并不是十分确定。因为许多人有着同样的名字，同样的出生日期。在13亿个体中，人们从来都不知道他们是否是真正唯一的存在。现在，有了唯一的身份证，就第一次有了所谓的证据来证明一个人的真实存在。”斯里坎斯·纳德哈姆尼又说得更具体了一些：“通过与传统身份信息的叠加，我们有 97% 的概率获得一个独一无二的个体身份。但产生两个同样的人或者出现错误身份的问题依旧存在。如果我们增加十个手指的指纹，准确率则超过 99%。而有了虹膜扫描，便可以达到 99.96% 的准确率。我们不能做得更好了。”纳德哈姆尼作为印度唯一身份证项目的创始人之一，是该项目的技术负责人。他生活在距离数据中心 200 米远的地方，那里存储了所有的数据。“每天我们在这里存储 100 万份新的配置文件，并且将其与所有控制内的数据相叠加。我们每天平均对 350 万亿份信息进行比对。我们建立了世界上最大的信息系统。”

仔细想想，就收集公共数据而言，这个印度生物识别项目是目前实现的最疯狂的项目之一。这相当于在 2017 年之前给 13 亿国民每人颁发一张唯一的身份证。这个项目是由亿万富翁南丹·尼勒卡尼（Nandan Nilekani）构想的。尼勒卡尼是印度信息行业分包巨头企业印孚瑟斯的前总裁，公司总部位于班加罗尔。政府对此项目开了绿灯，目前该项目已经大规模启动，索尼娅·甘地和总理曼莫汉·辛格出席了启动仪式。数据之庞大令人晕眩：26 亿只眼睛被扫描；130 亿个指纹被采集！“项目已经全面开展起来了，一些邦非常超前。目前，我们已经注册了 3.5 亿人。我们认为在 2014 年底前能给 6 亿人颁发身份证。”斯里坎斯·纳德哈姆尼高兴地说。事实上，这个大胆的项目也遭遇了一些现实：对于贫民窟、部落、移居的劳动者、以非正式方式工作的人和农村地区的人，如何让他们有效登记和注册呢？“你应该已经注意到，印度有至少 60 万个村庄，甚至没有人知道他们准确的人数！”纳德哈姆尼强调。办理身份证的手续费约3美元（鉴定一次）。印度本地人能够到全国4万家招聘中心中的任何一家去办理。而对于最偏远的社区，吉普车队能去到当地直接为当地居民服务，手续是免费的，并建立在自愿的基础上，但因为有了获取社会救助的愿景并且能够通过在银行开户得到补助，所以激励性很强。事实上，所有人都必须去，包括残疾人士（甚至当他们已经失去双手）、盲人（免除虹膜扫描）、婴儿（仅免除指纹采集和虹膜扫描，因为直到5岁虹膜才能稳定下来），甚至是变性人（唯一身份证允许有三种性别）。他们可以是外国人（如果居住在境内），甚至是非法移民（这一内容在议会引起过争议），但必须驻留180天。相反，非印度常驻居民不能够注册。

纳德哈姆尼曾经一直是一名印度非常驻居民（Non－Resident Indians，简称NRI），即移居国外并且生活在次大陆之外的人。纳德哈姆尼在美国硅谷的中心生活了15年。但他为什么回到了印度？他说：“这里是一个年轻的国家。上百万印度人正在脱离贫困。一切都在发生。当南丹·尼勒卡尼建议我与他还有其他几个人一起开办一家创业企业，开发唯一身份证项目时，我毫不犹豫地答应了。我立刻就明白了我应该回来为我的国家做这些事。”

在他的私人居所里，我们面前是一扇非常古老的木门。“这扇木门有超过100年的历史了。它是由一种非常珍稀的木材制成，我亲手对它进行了修复。”斯里坎斯告诉我。他打开门向我展示，我惊奇地发现了一个涂着镀金和乳香的小摆件，上面有印度诸神的肖像：毗湿奴、克利须那神和象头神。要入内点燃一支蜡烛，必须先脱鞋。家族长老的照片也挂在里面。“神的名字在我的母语泰米尔语里，或者我妻子的语言泰卢固语里是不一样的。在印地语中，又是另外的样子。在印度，我们更重心灵而非宗教。这是一种更加宗教的生活方式。而对于神明来说不存在唯一的身份证！”

“Aadhaar”，印度唯一身份证项目的官方名称——这个词在印地语中可以翻译为“基础”或者“我的权利”。实际上，它比一个由 12 个数字构成的身份证号码要少。“这张卡片不是特别重要，它里面甚至不包含数据，”斯里坎斯·纳德哈姆尼证实，“这不是一个‘智能卡’，仅仅是一张纸！重要的是每个个体是唯一的。当他提供自己的号码并出示指纹后，电脑只会显示一个认证结果。它不提供任何信息，只是在八秒钟内，显示‘正确’或‘错误’，即你是否是你出示的那个人。一个号码比一张卡要安全得多。”大部分公共服务和社会服务（选民卡、护照、定量分配卡、驾照、捕鱼许可证等）都建立在唯一的身份之上。银行也要求出示身份证，尤其是在身份证注册后，会建议使用身份证在银行开户，但不是强制的。电力公司、煤气公司、移动电话公司、航空公司、保险或者警察也都将以此为接口，并将能够在此基础上建立自己的档案文件。因为它，许多事情能够做到行政简化。在印度，任何官方文件的申请，比如简单的认证、办理签证手续、激活手机的用户身份识别卡，实际上都很容易变成一件伤脑筋的事。印度行政机构让日常生活中最简单的事情变得让人难以忍受，浪费时间、效率低下。

再说该项目的规模，它的抱负之大着实惊人。这是一个由自由界面构成的识别系统，政府机构和大型企业在获得官方认可后可以自由地根据它们自己的用途重复使用。该项目是政府的社会包容政策和反腐斗争的一部分。“如果我们给一个有需要的人100卢比，这种需要或者是出于家庭原因或者是财政和医疗原因，如何确保这个人就是那个有需要的人呢?”纳德哈姆尼补充道。他又喝了一杯Vino de Mocca，这是一种添加加利福尼亚咖啡的酒，他格外钟爱这种酒。

该项目引起了众多疑问和批评。一些人讽刺说，这个项目可以将所有印度人通过一张生物信息卡连接起来，却无法将他们正确地与下水道连接。互联网和社会中心的负责人尼尚特·山姆（Nishant Sham）也对此表示担忧：“唯一身份证的主要问题是公共和私有部门之间种类的混合。数据能够在私有企业管理的应用程序中被自由地重复使用，一切就是这样运转的。我们之前一直没有关于数据保护的法律，多亏了关于身份证的争论，我们有了此项法律。这已经是一种进步了。”苏迪什·文卡塔斯（Sudheesh Venkatesh）是印度特易购（Tesco）的前任负责人，目前担任由威普罗公司总经理创建的一家重要教育基金会的负责人，他从自己的角度提出了一个疑问：“国家如此之庞大，需要我们共同努力，我们应该帮助政府变得更高效。这就是这张身份证的理念。比方说，国家向学校分发资金，对小学生进行餐补，对初中生给予校服补助。但印度总共有120万所学校，2.2亿名学生以及700万名教师。唯一身份系统能否在如此巨大的范围内运行？这会不会像一家煤气厂一样可以通向各个角落?”其他一些更加持怀疑态度的人，建议政府通过这一方法，对所有以非正式方式工作的人征收个税（打个比方，在印度，手机用户是个税申报者的15倍）。

一位重要的投资者沙拉德·夏尔马（Sharad Sharma）表现得更加热情：“人们对唯一身份证的数据保护的担忧是有道理的，但必须相对地看待这个问题。这些数据是基本的，不是敏感的。谷歌拥有的印度人信息比唯一身份证所保存的数据多得多!”

伴随该项目的鼓励银行开户——一种强制开户的行为，但不是明目张胆的——同样成为众多批评声音的对象。“因为唯一身份证号码的出现，社会补助将直接打入印度人的银行账户。这很好。这一系统可以更好地服务于民众，但同时也可以更好地控制民众。这是间接地让大众都使用银行服务。”班加罗尔《印度时代周刊》（*Times of India*）经济主编约翰·苏吉特（John Sujit）强调。相反，这一金融服务却受到一些经济学家的欢迎，他们认为该服务可以改善贫困（没有银行账户，难以做计划或者存钱）。唯一身份证的捍卫者往往认为这个项目有利于社会融入。同时，世界银行行长金墉也对一个“能够成为消灭贫穷的史无前例的最重要的工具”的项目表示欢迎。

在享誉世界的心脏病医生德维·谢帝（Devi Shetty）的等候室里，一大家子在候诊，有叔叔们、姨母们和兄弟姐妹们。在印度，患者通常由他们的家属、孩子甚至整个家族陪同而来。我被准许进入了教授巨大的办公室，观察进进出出的人们。同时问诊的患者不少于五个人，而诊断时间从不超过七分钟。

除了心脏病治疗以外，德维·谢帝还管理着班加罗尔儿家纳拉亚纳综合医院。他也是印度唯一身份证的最大捍卫者之一。为了了解他对于项目在医疗方面的观点，我对他进行了采访。在房间的中间，他穿着白色医用工作服，医疗口罩还挂在耳朵上，他语速很快但却认真，一直做着不容置质疑的诊断：要对心脏实施手术，或者不。德维·谢帝每天要完成三台心脏手术以及三十几个问诊服务（在印度保持最高纪录，高频率位于世界之首）。他示意我靠近他一些，并开始热情地和我交谈起来。“唯一身份证将可以建立一个微医疗保险系统，在印度，穷人是无法享受医疗保险的。”这位著名的教授向我解释道，数百位患者每天都在赶路，甚至要走三十几个小时的路，仅仅是为了在“健康城市”的某个医疗服务机构（就像我们称此处为班加罗尔医院社区）获得一个不到十分钟的简单的诊疗机会。

“今天，唯一的身份证还只是一个行政数字，”德维·谢帝补充道，“此后，如果这些数据能够很好地得到保护的话，人们可以将这些信息与患者的病历相关联。此举将会真正对这个国家的医疗体系有所帮助。这也证明了科技的力量：科技能让贫穷的人凝聚在一起。穷人在孤立的时候是脆弱的；当联合在一起的时候，他们又是强大的。”

在医院的大厅等候的队伍之长是我见所未见的，他们更像是机场航站楼壮观的人群。我走访过新德里和孟买的医院，所有医院都给我一种挤满人的感觉。但在班加罗尔，情况更加极端。谢帝承认医院已经饱和：“在印度，健康状况很脆弱，尤其因为距离的原因。特别是对那些生活在偏远村庄的穷人来说，就医很困难。因此，他们要到城里寻求治疗。班加罗尔的医院已经过度拥挤。这就是为什么互联网医疗是唯一的解决办法。”

我注意到在这位外科医生身边摆放着许多特蕾莎修女的大幅照片，对此我表示惊讶。“我在加尔各答工作过很长时间，那段时间我有幸对特蕾莎修女进行治疗，并为她动了手术。我也成为了她的信奉者之一。”

“印度有数千家医院和诊所，但它们的水平不总是令人满意。因为有了互联网，一旦出现复杂的心脏病状况，诊断可以通过摄像头在这里进行。患者在当地有一位伴诊医生，这位医生会进行各种分析和测试，我会和他进行讨论。我们每天平均会收到 100 到 400 份病历，我的心脏病学团队在这里进行会诊，每一个病例诊断时间不到十分钟。我们已经治疗了差不多 5.3 万名病患。我们将进入一个联网程度越来越高的世界，所有的医院联合进行诊疗。"

而后，我访问了位于下层的远程医疗中心，我发现这里有 150 个工作站点，每个站点都与各个城市相连。我到达的时候，正好赶上一场与加尔各答中心的讯佳普视频对话：我观察到医生们远程进行诊断。在隔壁房间，我看到上传至互联网的滚动心电图。在那里，医生们正在为一个新生儿的心脏手术进行会诊，我意识到事态的紧急性。这项服务 24 小时通宵开放，以便与印度所有城市联络。它同样与非洲的一些村镇相连接（谢帝教授也是泛非洲网络远程医疗组织的成员之一）。

我被带到几步之外的儿童病患中心，这里有二十余名新生儿，由许多护士值班看护：这些新生儿都做了心脏手术，而且其中一部分刚刚才被推出手术室。"这里是专门进行新生儿心脏手术的中心。谢帝教授是为出生九天的婴儿进行心脏手术的第一人。这个孩子在印度很有名，他叫罗尼。"陪同我的住院实习医生告诉我。我们从小床间走过。我看着这些小小的身体，他们极其脆弱的身体被简单的胶布固定着，着实令人感动。

"我们认为，印度会成为第一个将健康与财富分离开来的国家。唯一身份证和互联网将会协助我们。印度将向世界证明，我们不需要为了给国民提供一个好的医疗保险而成为一个富裕的国家。这已经不再是一个慈善问题，这将是一种权利。"德维·谢帝预言。像许多人一样，他深知在未来几年，健康将与教育和数字化一样，成为关键性领域之一。

硬件是中国的，软件是印度的

为了前往位于班加罗尔南部的电子城，我们选择了一条收费的高架高速路，这条公路是为快速连接信息技术外包的大型企业办公地点而特别建造的。威普罗、三星、塔塔、摩托罗拉、惠普、西门子，包括印孚瑟斯都安置在此。

其中，唯有印孚瑟斯园区是展示科技印度的橱窗。班加罗尔通常被称为“印度的硅谷”，虽然这座城市并非位于一个山谷中，而是在海拔900米的高原上。电子城也叫做IT城。就像孟买一家创业公司年轻的总经理幽默地告诉我的那样：“我们如此为我们科技进步而骄傲，以至于在印度，人们认为‘IT’即意味着‘印度科技’（Indian Technologies）。”

创业公司印孚瑟斯用不到250欧元创建于1981年。现如今，它已经是一家跨国公司，市值高达300亿美元，在世界多个洲拥有13万名员工。在班加罗尔印孚瑟斯的总部，有2.2万名员工在此工作，他们平均年龄在28岁左右。我在这座庞大园区内的行动都是乘坐高尔夫球车，园区内不允许任何汽车通行。这里有上百辆免费使用的自行车，员工可以租用自行车去往目的地，然后在那里归还。我看到这里有网球场、篮球场、健身房和七个“美食广场”。在“美食广场”里，人们可以品尝到各式各样的世界美食。在一个仿造的卢浮宫金字塔底下，有一个电视演播室。到处可见修剪完美、浇灌过的草坪。在这个饮用水稀缺的国家，这里的人工湖由近及远处处喷射着美妙壮丽的喷泉。

每一位印孚瑟斯的新员工入职时都要通过一个为期23周的全英文

培训，一期培训 1.4 万人，培训地点位于距离班加罗尔三个小时车程的另一个园区。之后，员工们可以在公司总部继续他们的训练，自由使用这里的大型图书馆——这里有各类计算机编程的书籍供人们借阅。“包括总部和培训中心在内，我们在国内各地总共设有九个园区。”陪同我参观公司总部的印孚瑟斯发言人普里燕卡·瓦格雷（Priyanka Waghre）指出。在高大的玉兰花树和超现代的建筑之间，我发现了一个小型发电中心和水处理中转中心，这使得园区能够有效避免在印度十分频繁的故障和短缺。“即便是电力短缺，我们也能够在三四天内自主发电。”瓦格雷强调说。在印度，电力供应中断会在一天之内多次发生，大城市也是如此。我所走访过的所有信息类企业都有带发电机的应急修理系统，称为不间断电源（UPS）。互联网本身是经由一个特殊的光缆贯穿整个电子城的。最后，名为中央工业安全部队的特殊警察守卫着印孚瑟斯公司内外。

距离 IT 城几百米的地方，我与一个卫生状况极糟的贫民窟不期而遇。几十个孩童赤脚走着，垃圾堆积成山，几头牛在垃圾填埋场上闲逛。诚然，牛在这里是神圣的，但是却都在四处游荡。“需要改进的地方当然还有很多，但也必须清楚地认识到我们的起点在哪里。”班加罗尔贸易和工业部总干事 M. N. 韦迪亚山卡尔（M. N. Vidyashankar）乐观地对我说。他还补充道：“电力故障、水资源短缺、网速，尤其是官僚作风，我们都要关心。我向您保证，班加罗尔会成为整个国家的典范。在这里许多人从贫穷走向了科技。印度人为全世界众多企业设计计算机信息系统。现在，我们必须从出售服务过渡到为自己提供服务。必须更多地关心印度人。我们必须为我们自己创造价值和知识。我们必须变得更智能。”

“已经被班加罗尔化了”。在英特尔、微软、思科、谷歌、IBM、通用电气、德州仪器以及其他美国巨头公司，这一表达变得很有名且带有贬义色彩。它代表工作岗位在美国被撤销，同时迁移至班加罗尔，实行业务分包，而工资变成之前的五分之一到十分之一。

事实上，印度已经成为美国经济的“后勤办公室”，成为硅谷、美国电信公司、汽车工业、保险公司、银行、医疗以及所有拥有呼叫中心或者使用数据库的企业的后方基地。印度已经以较低的成本学会了远程管理美国需要的所有服务。印度已经成功为微薄的小时工资制定了规则，24 小时全天不间断。“呼叫中心”已经成为一种象征，这里有数万名收入微薄的印度人，操着一口带有浓重口音的英语，解决美国消费者的计算机问题，方便他们的银行业务，医疗保健，处理保险索赔，或者处理他们在手机、上网或预订机票方面的投诉。这些“呼叫中心”始终存在：我在班加罗尔就曾走访过位于怀特菲尔德路的 ITPL 园区。但是，在这个领域，印度正在被菲律宾和印度尼西亚赶超，菲律宾人的英语发音更好，印度尼西亚有着更廉价的劳动力。“‘呼叫中心’15 年来一直很热门。印度贫穷的年轻人离开他们的村庄，为了微薄的收入，在那里整夜地工作。今天，他们不再满足于此，想要更好的报酬。由于房租在大幅增加，利润率一直很低，‘呼叫中心’今天在印度不再具有可持续的经济模式。”《印度时代周刊》的约翰·苏吉特概括道。在我们谈话期间，军机飞过城市，像是在提醒班加罗尔首先是一个为了满足军事需求而存在的科技中心，也在提醒信息技术只有在享有恰当的军事科技生态系统后才会得到发展。

印度的大型外包公司，比如印孚瑟斯、威普罗或塔塔咨询服务公司，如今已呈现出疲软迹象。它们已经达到了增长的极限，正在寻找新的经济模式。印度这个国家培养的说英语的工程师人数仅次于美国，这是其最宝贵的资本：每年有 430 万名印度学生从大学毕业，其中有 150 万名工程师、程序员和技术人员。然而，印度并不打算与在设备、计算机、手机或平板制造方面最强的中国竞争："硬件是中国的，软件是印度的。"约翰·苏吉特总结道。印度还有一个优势，即拥有在硅谷定居的印度侨民，这能够促进交流，并且能培育出一大批有国际经验的双国籍的工程师群体。

该如何应对疲软，印度人找到了解决办法，那就是适应。如果不会亵渎印度神圣的动物神明，我们敢说这样的话：他们已经成为了达尔文主义者。他们懂得为了生存，成为最强壮的还不够，还必须学会适应。印度发生了两个相当大的变化。第一个是地缘政治方面：为了不再只是依赖于美国，印度人近年来已经转向欧洲和亚洲企业。据分析者观望，在信息通信技术领域，印度市场将从 2013 年的 1,000 亿美元上升到 2020 年的 3,000 亿美元。如果本土市场增长如此显著，那么出口则会增长更多。美国市场仍是决定性的，甚至会大幅增长，但它在全球市场所占的比例却在降低，从 67% 下降到目前的 54%。亚洲和欧洲将接棒：亚洲占印度出口的 7% 并且将大幅增长；欧洲所占市场份额则从 26% 上升到 32%。

除市场多样化以外，战略上将进行重新配置。今天，印度模式依旧大量依靠业务外包和离岸外包，为其他外国公司管理信息技术、开发网站和软件并生产内容。今后，印度将更多地参与到创意环节。其面向的领域有：社交媒体、移动通信、数据分析，尤其是云服务。"印度科技的未来是 SMAC［社交媒体（Social Media）、移动（Mobile)、分析（Analytics）和云（Cloud）]，”印度软件和服务业企业行业协会（Nasscom）副主席K. S. 威斯瓦纳森（K. S. Viswanathan）说，“我们将聚焦人才，尤其是‘智能人才’。当然，下一台个人电脑将不会在印度生产，我们不做这种梦；但下一个能用于这台电脑的软件将会是印度生产的。”微软已经在印度进行软件设计，威斯瓦纳森指出。因此，印度软件和服务业企业行业协会的分析员预言，印度计算机服务领域将会大幅增长，只要“远离单一的程序设计的被动模式，走向创意模式”。就工程与创新而言，最专业也最严格的功能即应用程序、基础设施、互联网等服务的整体以及迁移到次大陆的数据存储功能，都可以在印度实现。“新的决定性因素是创造性，是知识革命。在印度，我们真正投身于一场‘智能革命’。这已经在专利和版权的数量上体现出来。从此以后，我们将共同创造我们产品的知识产权，而不是将其转让。这一切都将改变。”威斯瓦纳森已经有些激动地说。“我们在这里谈论的‘知识流程外包’，意思是我们处于一个能够带来价值和知识的流程中，这是一种‘智能外包’。”约翰·苏吉特进一步肯定道。许多人非常希望智能手机增值服务会有所发展。

印度最著名的理工大学之一印度科技大学的校长帕德马纳班·巴拉拉姆（Padmanabhan Balaram）研究员表示：“如果我们与美国作比较，可以看到美国和印度的科技领域之间存在深层次的不同，确切的说是知识。在硅谷，一切都来自于研究，也就是我们说的研究与发展。信息技术领域在斯坦福大学和麻省理工学院得到发展，也就是说信息技术业和大学之间相互影响并且相互作用。在印度，科技领域从商业角度出发，而不是从研究角度出发的。”据他所说，像印孚瑟斯或者威普罗这类的大型企业在学生本科毕业时便开始招聘，然后在他们的校园里进行培养，运用的是管理逻辑。“相反，理工博士的论文准备者几乎引不起它们的兴趣。美国会带来是‘创意驱动’，印度是‘商业驱动’。这在创新和发展方面会带来很多影响。”

塔塔咨询服务公司电信业务发展部经理斯里嘎纳什·饶（Sriganesh Rao）同样持怀疑态度：“我们转向研发以及创意，这是事实。但在全球市场美国人仍保持着他们所有的产品、设计和品牌。而不论是印孚瑟斯、威普罗还是塔塔，我们没有自己的品牌，因为我们一直在为别的品牌做研发。”当我提及苹果公司的广告攻势“在加利福尼亚由苹果设计”时，我从我在班加罗尔的受访者脸上多次读到了一种焦虑与不安。他的担忧首先是因为苹果公司没有在印度生产产品，而是在中国生产；其次是因为，创意仍是美国人的特权，这一想法本身如今成为印度人最主要的担忧。

如果未来是“智能”的，印度已经拥有一个前途光明的生态系统。印度现在共有数千家充满创造性的创新型创业公司。比如，云字节（Cloudbyte）便是印度本国在数据银行和云服务领域的领导者，我在访问他们的工作地点时，对其科技创新能力印象深刻。交通违章（Traffic Violations）是一个应用程序，它能够知道我们仍需缴纳的交通违章罚款。预订我的节目（Bookmyshow）提供宝莱坞电影的播放时间表。交通线（Traffline）是一款非常流行的应用，可以显示印度各大城市的交通路况。奥拉卡布斯（Olacabs）可以通过卫星定位叫出租车。所有这些创业公司力求使用科技的力量改善印度人的日常生活。

“许多创办创业公司的人年轻时都在呼叫中心工作过，之后在微软、雅虎、惠普或者印孚瑟斯工作。但如今他们想要开始自己的创新。”一家总部位于电子城的信息技术托管和云计算的大公司创始人斯里维万·巴拉拉姆（Srivibhavan Balaram）分析道。由于帮助创业公司承担风险的商业天使网络的存在，小公司才得以呈现如此活力。致力于投资新项目的重要投资人沙拉德·沙马（Sharad Sharma）是乐观的：“经济的自由化仍然是印度目前的一个现象。这一现象始于二十几年前，我们还是企业家的第一代。目前在美国，每一天针对创业公司的投资比印度一年的投资都多。但情况会改变的。”（我们一般认为印度经济史的转折点发生在1991年7月，当时的财政部长、现任印度总理曼莫汉·辛格推行经济开放，并且结束了社会主义管理模式，向全球市场开放。）

印度正处在十字路口。它焦虑不安地注视着中国模式，同时又被其吸引，这个模式就是打造一个强大的国内市场。它眼红地观察着美国模式在全球范围内的成功。它研究着微小但前景广阔的以色列模式，这种模式依靠创新型创业公司并且优先出口——“创业的国家”，这是时下流行的表达。印度在客观的思考与主观的经济盟友和政治竞争的地缘政治之间摇摆不定，它应该开发自己的新模式，以已知驯服未知，混合旧元素和未来的创新。为了保持成果，它必须继续向欧美销售服务，为了继续发展，它必须同时建设国内市场，化圆为方。在此期间，雅虎年轻的程序员萨斯坎塔·萨虎创建了为印度年轻的计算机编程员提供备考服务的网站。他在一家美国巨头公司的服务分包中求生存，并且在自己的无偿项目的创意中追求梦想。他没有选择的余地，他不能破釜沉舟。他当然想变成智能的状态，但他依旧需要吃饱饭。

第五章　智能城市

巴士还没到。是出故障了吗？还是司机没睡醒？其实是开往俄罗斯21世纪最庞大的科技项目的主要公共交通工具在当天早晨出现了故障。代号：斯科尔科沃。俄文是：Сколково。

斯科尔科沃想成为一个“smart city”，一座数码与智能城市。就像肯尼亚的孔扎科技城（Konza City）和巴西的“数码港”（Porto Digital），或像以色列一样以整个国家为单位，打造一个名副其实的“创业的国度”。这四个例子说明了美国硅谷的影响力，同时也表明了复制这一模式的难度。

“我们不知道巴士出了什么状况”。斯科尔科沃科技园的主任谢尔盖·库里洛夫（Sergey Kurilov）在我到达时抱歉地说。这里距莫斯科市中心仅有三十多公里，但我一个人花了足足两个小时才设法到达。“再过两三年，这里会有两个地铁站。”他以让我放心的语气补充道。34岁的库里洛夫的办公室里，挂着一幅标着“Don't Talk”大字（就是字面意思）的苏联时期的海报和一张苏联国家安全委员会主席、任期短暂的苏联总书记安德罗波夫（Andropov）的相片（这具有讽刺意味）。办公桌上摆着的是：一只苹果平板电脑和一台苹果超薄笔记本电脑。

谢尔盖·库里洛夫代表俄罗斯的新贵——或至少是新俄国人。这位商业寡头是一位自诩有历史文化素养的粗人。“我相信我们会成功建造出楼房、公路和地铁，企业会进驻这里。但这一切会进展顺利吗？我无法百分百确定，城市规划不是一门精确科学。它取决于环境，取决于在这里生活的愿望、生态经济、智能电网、开放数据和一种‘时尚拉风’的感觉。”库里洛夫承认道。他在讲什么？是“伴侣号”* 还是俄罗斯乡下，或是别列津纳河？**

斯科尔科沃目前还是一个地处冻原地带的小村庄的名字。它同时也是俄罗斯总统普京及其总理梅德韦杰夫牵头的旗舰项目的代号：在这里，从无到有，创建一座数码城。一座智能城市。

通往目的地的路只有一条车道。一个军事哨所、一排栅栏、一面俄罗斯国旗，这里是斯科尔科沃的入口。通过检查站后，这座城市还仅仅是一片一望无际的田野。一些小灌木，一些蕨类植物，片片苔藓。目前，这里唯一的永久居民就是雄野兔——和它们的雌性伴侣。白天的时候，还能看到一些工人。眼下还是零星几个人，很快就会有几千人。他们都戴着橘红色头盔，忙着在这里建造数码新城里的第一座建筑。工头们来自塞尔维亚；基层工人们大多来自一些苏联共和国，如：

---

* Spoutnik，苏联制造的人造卫星。——译者注

** Berezina，俄罗斯西部河流。——译者注

塔吉克斯坦、吉尔吉斯斯坦、格鲁吉亚、亚美尼亚。还有一些被大家称作“黑人”的人，这其实是一种用奇怪的反话称呼“高加索白人”的方式。但这里没人来自阿塞拜疆，陪同我的斯科尔科沃市发言人解释说，“这个国家太富有，所以我们无法从那里雇用建筑人力。”从多方面看，这一现象概括了当今俄罗斯的多个层面，等级制度，来自外部与内部的移民，不同的社会阶层。

被吊车包围着的是：立方体大厦。这是首座完工的大楼，于2012年秋季进行了场面盛大的揭幕仪式。楼内已经进驻了一些行政部门，比如版权保护局，还有距其不远处的俄罗斯经济现代化委员会，也该开着门。

再远一些的地上有一个大窟窿。“在那儿，我们将设立斯科尔科沃商校，学校将位于市中心”，我的向导补充道。创办这所商校的宗旨是：保证最创新的点子能找到它们的经济模型。野心很大。再往远处走一点儿，坐落在一片干草地上、刚划定范围的球型大厦还在施工中。它将是这里的旗舰建筑，由几名日本建筑师共同设计：这是一个巨大的玻璃球体，内部是美国加州的微气候。绝对是具有象征性的建筑。这里冬天的室外温度是零下30摄氏度。

斯科尔科沃受美国影响，这影响谁也躲不开。距离这里几公里远的地方，“真正的”斯科尔科沃还是一个僻静的小村庄。“这里马上将变成帕罗奥多”*，我的向导语气兴奋，他已经将手中册子里的内容倒背如流。一条高速公路、一条轻轨线、若干个商业中心、电影院、运动场都在设计之中。斯科尔科沃将禁止汽车通行。这将是一座绿色

---

* 美国旧金山附近城市。——译者注

"生态友好"城市，交通四通八达。"人们靠骑自行车、小型电动车、高尔夫球车或快速轻轨列车出行。这里将是第二个库比蒂诺。"他期待地说。（库比蒂诺是苹果公司总部所在地，位于美国硅谷。）

放眼望去，这里到处都是围栏和铁丝网。水、电来得很慢。"这里已经有了无线网，这全靠建在一辆卡车上的移动基站"，他向我介绍道。我确实看到了那辆运牲畜用的车和上边的抛物面天线，而我的向导此刻正开着一辆悍马载着我穿过斯科尔科沃 400 公顷的烂泥地。

这座俄罗斯创新城市将分阶段地、围绕五个被认为可以促进国家现代化的优先领域，相应建立五个未来科技"集群"，分别是：能源效率、生物医学、核技术、空间和电信技术，以及信息和通信技术。超过 1,000 家不同领域的企业已经"虚拟式"地入驻了这个特别经济区。这还是一个理论上的承诺，但这些企业已经可以获得平均 15 万美元的补助，并享有十年的具有吸引力的税收政策：免除增值税，且无需缴纳所得税。除此之外，政府决定减免企业 50% 的社保缴纳，并增加关税方面和获取签证方面的优惠政策，以欢迎外国投资者（尽管还是会有一些限制和限度：外国企业如果不在当地按照俄罗斯法律设立子公司，则无法享受这些优惠政策）。

行政管理方面，斯科尔科沃地区将被纳入莫斯科管辖：俄罗斯国家杜马刚投票通过这项决议。从首都莫斯科的三个机场可以方便到达这座智能城市。"我们不想复制硅谷，"卡佳·盖伊卡（Katia Gaika）在注资斯科尔科沃项目的基金会工作，她对比道，"我们虽然将其比作库比蒂诺市，但这只是玩笑话。我们将发明新的东西。同时，我们的确是从美国加州模式出发，但同时也参考了波士顿麻省理工学院和新加坡科技城的模式。我们希望构建一个融合创业、科研、投资和大学的框架。”位于斯科尔科沃大学城内的斯科科技大学（SkTech）将于2015年起迎来2,000名硕士生、博士生。想象一下，俄罗斯已不惜重金从麻省理工学院挖来若干名师。项目刚启动时，俄罗斯总统普京提出要吸引这些美国知识分子，但每年为聘请他们从美国来学校授课几周所花的费用并不清楚。

在批评者看来，斯科尔科沃项目是一个不现实的计划。这个项目属于苏联时期科技城的延续，这些由俄罗斯政府规划的“Naukograd”* 自冷战时期便存在了。这是自共产主义时期遗留下来的模式，当时建造了高尔基市、萨罗夫市、斯涅任斯克城和热列兹诺哥尔斯克镇，这些城镇远离人烟，地理位置延伸至西伯利亚，在所有地图上都找不到它们，并且严禁进入。“这里和那些苏联城市的最大区别在于，这座城市思想将会很开放。”斯科尔科沃项目基金会的卡佳·盖伊卡承诺道。开放，但开放到什么程度呢？

“实际上，不应该把斯科尔科沃看作是一座新城，而应将其视为莫斯科的一个新区。”带着一口完美爱尔兰口音的斯科尔科沃项目副主任康纳尔·勒尼汉（Conor Lenihan）纠正道。勒尼汉不是俄罗斯人。他曾长期在爱尔兰担任部长，负责科学、技术与创新，后来负责一体化与人权。在其所属的保守偏右翼共和党败北后，他选择远离都柏林，移居这里数年。

这位旅居斯科尔科沃的外国人非同一般，他负责项目的发展与合作。“俄罗斯法律强制要求所有国有企业将其预算的7%投到斯科尔科

* 音译俄文“科技城”。——译者注

沃项目里：这是克里姆林宫的决议。”勒尼汉肯定地说。会议缠身的勒尼汉风尘仆仆地接待了我。他是否看到该项目的限制因素？勒尼汉承认：“俄国人缺乏合作精神，想让他们进行团队合作是一个挑战。”在他看来，另一个难题则是发展：“俄罗斯人很有创新意识，很善于搞科学，新成立的企业很多。但他们的问题是很难从研究领域走出来投身市场，他们做的研究没法确保能够被转化为可行的项目。幸运的是，情况在改变。史蒂夫·乔布斯的自传在俄罗斯是绝对的畅销书。对很多年轻的俄罗斯人而言，他已成为一个榜样。”

斯科尔科沃科技城是梅德韦杰夫的点子——不是史蒂夫·乔布斯的。这就是问题所在。这个项目证明了俄罗斯的野心，也表明这个国家想打数码科技这张牌。它同时还显示出后苏联体制下的官僚作风与计划式经济的限制性。甚至梅德韦杰夫本人在担任斯科尔科沃项目董事会主席。

“这如今是俄罗斯最重要的项目”，斯科尔科沃项目的副主任，同时负责该项目国际关系的谢达·布姆比亚斯卡娅（Seda Pumpyanskaya）女士评论道。“和建造‘伴侣号’的时期一样，这是一个在专断主义下设立的公共项目。”一家关于俄罗斯数码领域的网站的主编阿德里安·亨尼（Adrien Henni）不无嘲讽地强调指出（他此处指的是上世纪50年代导致苏联与美国进行太空竞赛的那些苏联项目）。斯科尔科沃项目的前三分之一将于2014年完成，中间部分和后三分之一预计分别于2017年和2030年完成。但施工已经延期很久。证据是：本将于2014年在斯科尔科沃举办的八国集团（G8）峰会将会址改到了索契（后又被取消）。这座智能城市的开放日被推迟到2016年。

“我们并不打算通过斯科尔科沃项目解决俄罗斯所有的问题”，布姆比亚斯卡娅女士谨慎地承认。尽管如此：斯科尔科沃证实了国家的雄心和局限。面对石油与天然气国内产量和国际走势的不稳定性，俄罗斯人选择向服务业与数码产业开放，以实现经济多样化。面对最优秀的科研人员离开祖国，前往北美或欧洲的这种人才外流和智囊流失的情况——俄罗斯人希望用斯科尔科沃项目成功吸引外流人才，让他们留在国内，甚至是让他们从欧美国家返回。这是以谷歌公司共同创办人谢尔盖·布林的名字命名的一种现象。他出生在俄罗斯，后移民美国，而且远没有回国的意思。“斯科尔科沃原本可以被命名为谢尔盖·布林城，这样更恰当。”坦尼娅·洛克希纳（Tanya Lokshina）讽刺地评论道。

出生于一个犹太裔但信奉东正教的家庭，坦尼娅·洛克希纳孜孜不倦地为俄罗斯的人权事业奋斗。一头红棕色的头发与嘶哑的嗓音使她显得很特别。在位于莫斯科阿尔曼斯基街的人权观察组织（Human Rights Watch）办公室里，她用一种不容置疑的口吻和威信与我聊天。“俄罗斯正在朝一个很糟糕的方向前进”，她直率地讲。从“暴动小猫”乐队事件*，到声称保护未成年者免受同性恋“宣传”毒害的法律等等。洛克希纳显得既睿智又茫然，她惊讶于俄罗斯突然对数码产业产生如此激情，而与此同时互联网还在被当权者管控，有时甚至是查禁。“在这里，私生活方面有很多自由。人们可以选择想要阅读的报纸，可以自由上网，可以旅游。持不同政见的现象很常见，现在已经不是苏联时期了。我们可以理解，鉴于当前的局势，在普京领导下

---

* Pussy Riot 俄罗斯女子朋克乐队，该乐队于2012年2月末在莫斯科救世主大教堂演唱包含亵渎神灵内容的歌曲，引起俄罗斯社会的巨大反响。——译者注

的体系内，俄罗斯对数码产业产生的新激情在洛克希纳看来，往好里说是不合时宜，往坏里说就是可疑。

很少有人研究俄罗斯的互联网审查，它既有效又巧妙。政府用一些“能被公众接受的”理由，比如打击儿童色情、毒品或者支持同性恋的“宣传”，以表明网络管控的必要性。法律十分严格，且毫不犹豫地诉诸多项非公共安全条款（俄罗斯一家重要网站的总裁向我提供此信息），这使互联网供应商承受巨大的压力。用弗拉德·图彼基尼（Vlad Toupikine）的话来讲，谷歌、扬得科斯（Yandex，俄罗斯一家搜索引擎公司）就算没被查禁，至少也被“过滤”。图彼基尼是反普京博客名人，我在“纪念碑组织”结识他，这是一个旨在缅怀莫斯科劳改营受难者的组织（“纪念碑组织”的资助者为福特基金会，以及美国文化外交机构美国国际开发署）。

“这个系统很微妙：审查行为操控检索过程以及网站搜索结果。按官方说法，搜索排行是自动的，但事实上都是手动修改后的结果。一些文章相比其他一些文章被放在了更前面。结果导致，不被人们需要的文章留在线上，但它们大多数无法通过简单的搜索找到。对搜索结果的操纵很明显。”图彼基尼总结道。

另一项可以被证实的操控技术是资本手段，这出现在俄罗斯显得很自相矛盾。当权者或是成为一些敏感网站的股东，或是让自己的亲信投资其中。这样，很多重要网站都归政府亲信所有，例如 mail. ru，这是一家类似俄罗斯雅虎的集团企业，囊括 30 多个网站，从电邮服务到社交媒体和网络游戏。这些手段背后隐藏的是什么？我在莫斯科采访到的几位网站负责人都提到了“总统的管理”，这是克里姆林宫特有的官僚主义作风，方法在于掌控大量的财政手段，并强制性地向网站和搜索引擎发号施令。如果有必要，还会公开出价收购这些企业。

“政府控制着扬得科斯和 mail. ru，且这些网站受到审查，这点很明显。”来自人权观察组织的坦尼娅·洛克希纳也确认道。相反，身为俄罗斯互联网专家的阿德里安·亨尼则持怀疑态度：“应该充分地打破俄罗斯互联网问题的意识形态化：这个领域首先是受商业逻辑支配的。除维基百科和推特之外，绝大部分互联网市场的重要参与者都是本地的。对某一网站进行粗暴的审查是很少见的。”

如今，博客圈的氛围仍十分活跃，这让很多民主国家都感到羡慕。“博客圈一词已完全不足以囊括俄罗斯异见群体。如今，网络喧哗已远远超出了博客圈，存在于脸书、交朋友网（俄罗斯的脸书）、推特，或像实况日记（LiveJournal，一家交友网站）那样的交友平台。它体现于多种网络媒体，如 gazeta. ru，slon. ru，人权非政府组织或是一些智囊团。抗议之声到处都有，而它们首先会出现在社交网站上。”弗拉德·图彼基尼评论道。

这个最初局限于俄罗斯大城市的公民社会，如今在网上快速发展。但是，随着网络社会越来越流行，它也受到了更多的控制和威吓。直到目前，当权者还不是很担心莫斯科的反正统文化：所有国家的政府都有不顺从的资产阶级、狂热的女同性恋者以及朋克运动。但当造反精神延伸到中产阶层和农村地区的时候，就另当别论了。要严惩。所以，造反派的头面人物或网络上的发声者突然受到税务审计或被没收不动产的情况并不罕见，且这些行为都披着合法的外衣。因反腐运动成名的博客圈著名活动家和英雄人物阿列克谢·纳瓦尔尼（Alexeï Navalny）就遭受过此种经历：他于 2013 年获刑 5 年，罪名是“诈骗”和“挪用公款”，这多半是由克里姆林宫操纵的指控。这位反普京博客作者最终被缓刑释放并置于司法控制之下，他仍被准予到莫斯科市政厅竞选市长，后落败于来自克里姆林宫的候选者，后者得以获得担任市长所带来的好处以及俄罗斯人口中的“行政资源”。此外，在进行这些地方选举之前，主要的反对派网站神秘地遭到网络攻击并瘫痪。这正是这个政治体系的悖论所在，反普京派的书籍堆满了莫斯科大小书店的书架，反对派却被“合法地”纠缠。表面看起来是安全的。

我们可以假设，随着互联网逐渐由城市富裕阶层深入农村（2014年初索契冬奥会期间，在未经法院决议的情况下，政府更新了一份网站屏蔽黑名单），普京政府将继续加强对网站及博客名人的管制。如今将近50%的俄罗斯民众可在家连入互联网，这相当于超过7,000万人口。电视已不再是唯一的信息媒介，俄政府在最近几次选举时已认识到这一点。从今往后，要认真对待网站、博客以及社交媒体了。以推特账号@KermlinRussia为例，它是对总统普京的官方账号@KremlinRussia的有效的恶搞模仿。

俄罗斯的数字生态系统，尤其是斯科尔科沃项目，就是在这样一个整体背景下运行的。俄罗斯的网络专家认为，如果这个项目不依赖于公民社会及博客圈的话，梅德韦杰夫想要的智能城市成功的机会不大。20世纪60年代的反正统文化、参与式民主、违抗行为、卡斯特罗街*、印度大麻、各种形式的自由，这些都是造就美国硅谷必不可少的因素。但专家们也清楚，如果斯科尔科沃抱有这种异见倾向，俄罗斯当局就会立即结束这种尝试。

---

* 位于美国旧金山市，是世界著名的同志村和观光景点。——译者注

“大家都对我说：应该在斯科尔科沃开一家星巴克咖啡厅和一家同性恋酒吧。”智能城市项目的主任谢尔盖·库里洛夫打趣地说。谢尔盖在效仿赌徒输钱后反而加倍投注的做法，也清楚意识到不得不解决这化圆为方的问题，但他又指出了其他一些问题。其中最主要的是知识产权问题。商标、专利、域名在俄罗斯保护不力，更不必说新闻或文化内容。大多数企业家在欧洲注册其商标以确保享有更大的法律确定性。“在这里，人们害怕自己的发明被盗。在美国，一家创业公司不过五个人，但提供很多离岸服务。在俄罗斯，一家创业公司能有上百人，因为我们一切都不分包：人们过于担心丢掉自己项目的知识产权。”库里洛夫点评道。

斯科尔科沃另一个脆弱之处在于其地理位置。如果在这儿只建一个天然气处理厂会怎样？我们是参与建设一个新的硅谷，还是仅仅建造第N个“办公园区”？比起设想这个“新苏联”项目，扶持已在莫斯科大量增长的新兴企业留在首都发展本该更明智、更有效吧？很多人如此认为。“莫斯科的新兴企业生态体系很有吸引力。这里有企业孵化器，有公共或私募投资基金，和一个非常创新的网络。它几乎遍布整个莫斯科，且运作良好。这和斯科尔科沃正相反。”阿德里安·亨尼拥护道。面对种种论点与批判，谢尔盖·库里洛夫接受打击，并承认：“是应该建造一座实体城市，还是仅仅建造一座云端城市？这可能有待讨论。”关于斯科尔科沃唯一的积极言论来自该项目的副主任康纳尔·勒尼汉，这位前爱尔兰部长称：“应该建造这座智能城市，而且是从无到有的建造，因为在俄罗斯只能这么办，必须由国家集中领导。”

带着更偏民族主义的倾向，普京执掌的政权，如今的特色在于一个野心：带着民族自豪感，可能的话带着大俄罗斯主义，重建斯拉夫与西里尔世界。几位受访的俄罗斯人最终评价说，斯科尔科沃项目正是设立于这种沙文主义、反西方、反美的思想框架下的。“这个项目完美地延续了苏联时期的计划经济模式。斯科尔科沃距离莫斯科太近，或太远。没人愿意去那儿工作，更没人愿意在那儿生活，饱受俄罗斯乡下的酷寒！这根本不行。”一位俄罗斯重要网站的总裁就这样认为（鉴于必须与俄政府经常往来，他要求匿名发表意见）。

搜索引擎扬得科斯被视作俄罗斯谷歌，其创始人之一伊莲娜·科尔曼诺夫斯卡娅（Elena Kolmanovskaya）则更谨慎，她向我总结指出："我们不会搬到斯科尔科沃，因为我们不是刚成立的企业。这是唯一的原因。”她知道这个项目将体制矛盾揭露于光天化日之下，虽然她极度谨慎地批评斯科尔科沃项目，在她眼里看来这个项目“还处于幻灯片演示介绍阶段”，她最终还是带着一丝狡黠承认说：“如果有一天这座智能城市能够建成，还是挺好的。”

移动中的非洲

长颈鹿、鸵鸟、羚羊与斑马，还有水牛。“这就是孔扎科技城。”肯尼迪·奥加拉（Kennedy Ogala）指出。大草原一望无垠。这是一片半干旱、气候酷烈的土地，生长着一些灌木。“这里将成为一座‘智能城市’，也是一座‘动物友好型’城市。”奥加拉强调。这里的人们喜爱动物，这一点我毫不怀疑。但这是一座城市吗？

比起斯科尔科沃模式的寒冷，这个处于炎热大草原中的数码城市项目显得正好相反。但更仔细地观察两个项目，它们竟惊人地相似。

要想到达距肯尼亚首都内罗毕东南方向一个半小时车程的孔扎城，

需体验一番非洲式的道路。成千上万辆卡车穿插行驶于各个方向。马他突* 顶部绑着几十个包裹，摞出一米高。还有横穿马路的牛群。由于公用交通贫乏，成千上万的人们徒步出行，从早到晚一直都“在路上”。沿着蒙巴萨街道，小商小贩随处可见，到处都有卖水果蔬菜的，卖轮胎或旧玩具的，也有卖家具、二手书和衣服的。这里就是一个永不关张的杂货店，一个大集市。这里是移动中的非洲。

肯尼迪·奥加拉是经济学家，在信息和通信技术局工作。在这儿，在大草原的中央，他监管创建肯尼亚第一座数码城。“我为政府工作。政府决定就在这里建设孔扎科技城。今天，正如您所能看到的，我们的团队正在钻井，以获取土壤和水深分析数据。”这名男子膨起的衣服下汗珠滚滚。他开着悍马带我出发，穿过一片被称作“孔扎牧场”的区域。“就在这里，几年后将兴起一座拥有50万人口和全国最强科技公司的‘智能城市’。”奥加拉补充道。目前，在这片2,000公顷的预留土地上，只有2014年1月项目揭幕时由肯尼亚共和国总统乌胡鲁·肯雅塔（Uhuru Kenyatta）埋下的一块碑。（这位领袖目前正被国际刑事法院起诉反人类罪。）

在位于首都内罗毕的信息和通信技术局局长比特安格·纳德莫（Bitange Ndemo）的办公室里，我看到了孔扎科技城的巨型模型。未来将可以花20分钟乘坐一条快速列车从首都到达这里，还会新建一条四车道高速公路。在未来新城的中心地带，将设立三个区域，包括：一个信息技术产业园，其中囊括所有新兴企业和数码企业；一座科学园，主要用于开展科学和学术研究；还有一个国际会议中心。在这些

---

* matatu，当地的小客车。——译者注

科技大楼的周围，将建立一座包含所有必要店铺的大型购物中心，以及诸如酒店、学校、露天体育场甚至医院等设施。“我们想让这座城市活起来。人们不应该只满足于在这儿工作，还应该能够在这儿生活、就餐、消遣等等。”在我们会面期间，纳德莫无数次被办公室的六部电话打断（还不算两部手机）。看起来，他好像受到来自正在开会期间的国会的压力。“一些‘坏家伙’。”他神秘兮兮地对我说，显然指的是正找他麻烦的民选代表们。纳德莫拿起一支钢笔，给我列出这座智能城市能给肯尼亚带来的好处。他谈财政，谈旅游，谈“business process outsourcing ”、“IT enabled services”、“value added services”还有“customer relationship management”(业务流程外包、信息技术启动服务、客户关系管理等)。他用英文罗列出的这一番顾问惯用语，离我在这片土地上的所闻所见仿佛很遥远。

肯尼亚信息和通信技术董事会主席维克多·基亚罗（Victor Kyalo）更具热情。站在内罗毕市中心电信塔（Teleposta）的第20层，他向我说道，“我们想要建造的东西已经有名字了：硅草原。我们目前已经有品牌，有理念，就差建造城市了。”他也负责协调孔扎科技城项目，而且他已经在为想到“硅草原”这个可以用来“出售”这座摩登、“智能”且完全连接光纤的新城的口号感到自豪。“我们目前还是从零开始”。他承认道。从一张白纸开始起草，一切皆有可能。基亚罗大胆地说，这座新城将可以“减少首都内罗毕的拥塞，会更环保，还能创造就业机会，促进国家走向城市化等等”。这么说来，小客车、非洲的贫穷、艾滋病、首都市中心的基贝拉贫民窟等问题就都解决了吗？我问基亚罗，肯尼亚是否拥有成就如此雄心的手段？他的回答是：“这是一个优先次序的问题。”

但是，肯尼亚政府脑子里究竟萌生了什么疯狂的想法？是想和大家一样，创建一座智能城市？“2000 年岁末，创建智能城市很是时髦。”法国橙色电信公司电信公司肯尼亚运营中心首席执行官迈克尔·葛塞恩（Michael Ghossein）细细道来，他是一位长期在约旦电信领域工作的黎巴嫩人。“我记得，当时安曼想要建造一座数码城。在吉达*，沙特阿拉伯人也想如此。埃及也一样。大家脑中都放着迪拜网络城的模型，但没人能够成功复制它。我耗费了诸多心血的约旦媒体城项目目前停滞不前。而且，我上一次去吉达时，还是什么都没有。孔扎科技城，这是一个漂亮的纸面上的项目，但实际上：谁会去那里？那里有成为一座鬼城的风险。”

那么，有何替代办法吗？“这就是解决办法”，迈克尔·葛塞恩边说边指着一幅描绘海底电缆的平面球形图。我在调研期间经常在墙上看到这幅地图。它由电缆操作工、电气设备制造商或电信公司们印制出很多版本。而当我们以互动的方式在互联网上查阅这幅图时（比如在 submarinecablemap. com 上），它更是庞大惊人。每条电缆都有名字，比如：“非洲海岸到欧洲”、“阿佛洛狄忒 2 号”、“阿波罗”、“雄狮 2 号”、“天狼星”、“台湾海峡特快”、“尤利西斯”，或更简单的“黄色”。这种电缆有几百条，可以按照从一个国家到另一个国家或从一个大洲到另一大洲的方式追随其路径。

比如，TEAMS（The East African Marine System，东非海洋系统）是穿过印度洋，连接阿联酋和肯尼亚沿海城市蒙巴萨的电缆的名字。这条电缆于 2009 年建成，是五条使肯尼亚得以连接互联网的电缆中的

* 沙特阿拉伯第二大城市。——译者注

一条。“肯尼亚问题的解决办法，就是拥有最好的互联网连接。如果人们在公司、行政单位，以及逐步在家里连入互联网，就不需要智能城市了!”橙色电信公司的老板强调说。他力挺自己负责的区域，因为他管理三条海底电缆，其中就包括使肯尼亚联网的TEAMS电缆。不过，这些基础设施很昂贵（每条电缆价格为1亿到2亿欧元之间），而且在海底铺设电缆需要关键的技术手段，有时铺设深度达5,000公里，更不用说后期维护，因为“每条电缆平均每年会断一次”。原因是什么?“电缆会蹭上海底珊瑚，被船锚切断，或干脆被人恶意分割；但最主要的危险存在于海岸附近电缆伸入土地的部分，一台普通的挖掘机就能把电缆切个直截了当。”他跟我说，维修电缆的价格一直在摆动，在100万到200万欧元之间，且大约耗时一到四个星期。在迈克尔·葛塞恩的办公室墙上，我看到用大字母拼写的“Karibu”。这是橙色电信公司在肯尼亚的口号，是斯瓦希里语，意思很简单：“欢迎”。

迈克尔·葛塞恩不是唯一一位对孔扎科技城提出质疑的人。还有几位我访问的其他人也认为这座数码城是“非洲独裁式的疯狂”，因为他们与政府打交道，所以选择匿名保护自己。话筒之外，人们对该项目的批评很严厉，有时很激烈。这些肯尼亚当地的企业家或西方的跨国企业的领导们更相信互联网，甚至也相信智能城市。但他们对在非洲大草原中央建设一个如同法老时代的且没人期望的项目提出异议。大家都推崇换个做法。与其浪费数百万美元去建造一座不切实际的智能城市，他们认为更应该鼓励内罗毕新兴企业的生态体系。一个充满活力的生态体系。

墙上挂着一张马他突小客车地图，休憩场地中间摆着一台桌式足球。中心枢纽（iHub）是肯尼亚新兴企业的主要基地。位于内罗毕西部恩贡路的一座现代大楼的四层和顶层，数码社区已选定了驻地。几十位工程师和程序员在那里度日。他们可以免费连接无线网（我要到的密码是“ihubnairobi”），借阅信息科技方面的书籍，尤其还可以在皮特咖啡厅进行非正式的专业性会面。他们在那里点茶、拿铁咖啡、小糕点，或是一种叫作拉基拉基（laki laki）的内罗毕出产的有机牛奶制成的酸奶饮料。

所有人的注意力都集中在桌式足球上。想玩的话，要脱掉鞋子上到一个铺着绒毯的地台上。四位工程师已开始了一局激烈的比赛，他们用斯瓦希里语大声地相互争吵，所有人都看着他们。在球桌上，贴着来自全球的数码品牌，有谷歌、苹果、莫兹拉、谷歌非洲（Google Africa）、愤怒的小鸟（Angry Birds）、全球之声（Global Voices），还有一些当地新兴牌子，如非洲媒体（MedAfrica）、优莎喜迪（Ushahidi）、电子雷姆（eLimu）和艾考（iCow）。还有几句口号，如“Dare not to be square”（不敢老土）、“Empathy happens”（时而会有同情心）或一句倡导公平贸易的口号：“Show your love to Africa，buy fair.”（向非洲表示出你的爱，请公平买卖）。人们会以为自己置身硅谷。

“我们这儿不是企业孵化器，而是一个社区。只要是在‘科技’领域工作，都可以来到这个开放空间。我们每周七天对外开放。”中心枢纽的经理吉米·吉通加（Jimmy Gitonga）解释说。具备经济模式的新兴企业、可以与其他公司相互影响的企业，以及可以创造就业机会的企业都会被给予优先。三星、谷歌、微软或诺基亚这些外国巨头都在随时关注创新，并资助最具发展前途的创举。

eLimu（电子雷姆）是一家通过平板电脑软件专门搞在线学习的

新兴企业。"'eLimu'一词在斯瓦希里语中意为'教育'。因此我们与出版商达成协议并与政府达成一致，选择一些教材并给其配图和视频，以便孩子们喜欢这些内容。"电子雷姆创始人尼维·穆克吉（Nivi Mukherjee）解释道。在肯尼亚，平板电脑的价格——大多是中国品牌的——已经低于100美元。"这个价格对大部分非洲人来讲还是难以接受"，她补充说："尽管这已经低于一台电脑的价格了。我们将平板电脑免费分发给小学。这目前还是一个试点项目，我们还在试验。"电子雷姆接受一家生产电信设备的美国大公司（Qualcomm）资助，并打算更多依赖私有领域，而非公共部门。"想指望肯尼亚政府，这样行不通，能使我们取得成功的是市场。"尼维以疲惫的语气补充说。

在中心枢纽旁边，开发的另一个应用软件叫作MPrep。此款软件提供600个不同的问答比赛，每个比赛里有五道题，都是面向儿童的，以测试他们的基础知识。此项服务是收费的（每个问答环节收费3个先令，相当于0.03欧分），并通过短信运行。

至于M-Farm，这是一款可以让农民提前五天预测果蔬售价的软件。"获取了这些信息，农民们就可以更好地与批发商协商收买价格了"，M-Farm软件的一位发言人贾斯特斯·K.蒙巴鲁卡（Justus K. Mbaluka）向我解释道。此款应用软件只适用于安卓系统（软件由三星公司资助），并在"移动电话测试间"完成测试，这个小房间内可供使用的联网设备多得惊人，这对刚成立的企业检验其创新产品在无数个手机机型上都能良好运作且具备兼容性来说很有必要。

游戏网站与应用软件更是多。比如Ma3Racer.com，这款电游可以让玩家挑战在混乱的非洲街头安全驾驶马他突，且不轧到行人：马他突，斯瓦希里语的"巴士"，详指14座小巴，这已成为整个东非尤其是肯尼亚的代表符号。此款软件主要运行于诺基亚品牌的手机（该公司与诺基亚合作），下载量达 84 万次，覆盖 150 个国家。但最终中心枢纽的高度全球化是徒劳的，其开放空间的墙上挂着的内罗毕马他突道路图，以及受其启发开发出的游戏，这一切证实了互联网的使用仍非常本土。

回到内罗毕市中心的信息与电信局，我向受访者们提问，在新兴企业的生态体系如此朝气蓬勃的情况下，选择远离城市的地方建造如孔扎科技城这样一座智能城市是否荒谬。这些官僚主义者为他们的“硅草原”感到自豪，对我的审慎深不以为然。协调通信局主任比特安格·纳德莫和肯尼亚信息与通信技术董事会主席维克多·基亚罗，两位智能城市的建造者，再一次强调了该项目的优点。对他们来说，该项目与内罗毕新兴企业的蓬勃发展并不相悖。此外，为实现双赢，他们还打算让大家都搬到孔扎科技城，包括新兴企业、中心枢纽、企业主和城中所有的企业孵化器。

离开该局所在楼层的时候，我已经被搞得头脑混乱，心绪不宁，我突然看到了一个反腐意见箱:“遏制腐败，反腐意见箱。”而当我想离开这座奇特的大楼的 20 层时，我发现所有电梯都出了故障。

“的确，巴西前进的步伐很快”

刚到电梯口，就看到电梯故障的指示牌：“在迈入电梯前，请确认电梯厢已到。”真凑巧，当天电梯 A 的门关不上，电梯 B 也有故障。欢迎来到数码港。于是，我们步行上楼，到 16 层。

跨过 8,000 公里的距离，从肯尼亚到巴西，从一座智能城市到另一座，电梯运行都存在小毛病。但两者的对比到此为止。数码港是累西腓市的数码区，位于巴西的东北部。与斯科尔科沃和孔扎科技城不同，这里已经完全运作起来了。

“18 世纪，这里是拉丁美洲最重要的港口之一。累西腓曾经是一座国际都市，尤其因其出产的蔗糖、粮食和玉米而闻名，二战爆发之前，它一直是一片富饶的土地。这里曾经有轻轨列车，有强大的经济活力，甚至还有飞艇，现在只能从明信片上的照片回忆往昔的辉煌了。后来，这个港口就废弃了！”当我们步行攀登数码港的塔楼时，弗朗西斯科·萨伏依（Francisco Saboya）讲述道。人们直接称呼他为“奇科”（Chico）。

站在奇科的办公室，从高处俯瞰，可以 360 度全方位观察支撑港口的两座小岛，小岛通过 12 余座桥梁与累西腓市连接，蓝色、红色或黄色的工业建筑如今已褪色，反映出昔日的辉煌；这些建筑绵延一百多公顷。我看到一些空置的仓库，如今已经被改变了用途，最小的那座岛的尽头有一个贫民窟，仅有一千多人口生活在那里，他们是数码港上唯一的真实居民。还有一些小教堂和一座犹太教堂——在被毁掉并修复原貌之前，它是美洲第一座犹太教堂，位于犹太人街道（这条街后被天主教徒改名为“仁慈耶稣之父”街，这不是胡说的）。

在大街四处，还能分辨出铁轨的痕迹，它们如今已经废弃，但曾经对于港口的运转必不可少。奇科向我指出靠近主广场中央的一幢建筑，它挡住了广场面向海洋的出口。“我们会拆了这栋楼，刻不容缓。”他言之凿凿地说道，并快速伸开五指做出一个爆炸的手势。面朝大海，我们可以清晰分辨出一道天然海堤，它是港口的防波堤和阻挡海浪的屏障。从高处看，被堤坝如此保护并双重隔绝的港口，如同一座岛国，看起来雄伟壮丽。站在16层，我听到从底层一个酒店传来胡里奥·伊格莱西亚斯（Julio Iglesias）的一首歌曲。

自2000年初，地方政府和巴西国家创新部高新技术处萌生了重振累西腓港的想法，并计划给其新的名字和第二次生命。“Porto Digital”，字面意思就是“数码港”，它就这样诞生了。“最重要的是地点”，奇科是经济学教授和企业家，被任命为数码港的主席，他强调说，“我们应该将该项目与历史捆绑在一起。数码科技必须从一个确切的关联出发。我们这里十分相信‘地点’这一概念。因此我们决定将累西腓和其历史连接在一起。很快，港口应该成为数码科技港的理念，便有了意义。如今，累西腓通过港口重新与世界相连，但不再像工业时代一样进行商品贸易，而是通过数码时代进行服务交流。”

该项目历时12余年最终成型。5万平方米的仓库被修复，累西腓中心的两座历史悠久的岛屿重新找到了存在的理由。更可贵的是，这里重现了生机。如今岛上有35家餐馆、三个文化中心、一座博物馆，当然还有一所大学。超过200家新成立的企业和其近7,000名员工在这里安家，这使数码港成为巴西最重要的智能城市。25公里的光缆已铺设在大小街道。

“到2020年，我们希望在这里聚集2万名公司员工。但不着急。我们一步步来。”奇科说道。和世界各地一样，这里的新兴企业受到税收政策鼓励。企业主接受培训并得到婴儿般的照顾。这意味着他们会获得与投资方的联络。奇科补充说：“而且我们还给他们18个月的时间用来获得成功。孵化期更短的话没有任何意义，也没有必要，它们中只有25%能够孵化成功。”

该项目的另一方面在于它使港口得到复苏：“我们通过优先购买权一个个收购这些被改变用途的楼房，然后修复它们。智能城市不是解决简单问题的简单措施，它是解决复杂问题的一整套复杂方案。”数码港与斯科尔科沃正好相反。

傍晚时分，走在数码港的街道上，我理解了历史可以给一座城市的未来带来什么。在被改变用途的仓库上，写着一些海运公司的名字，字迹被擦掉一半，这些公司在二战前可能都很有名。旁边一所被修缮的老房子上挂着崭新的企业商标，有埃森哲、IBM、奥美、微软、惠普、三星，还有摩托罗拉。

数码港曾是全球最早依据三螺旋创新经济模型（Triple Helix）设想而成的数码城市之一。该概念于20世纪90年代由英国学者亨利·埃茨科维茨（Henry Etzkowitz）提出。这位学者认为，创新取决于三个独立领域之间的相互作用，即：大学、产业和政府。埃茨科维茨强调公共领域与私人领域之间的相互作用，二者以学术研究作为知识来源，而非侧重单一的公共权力，或与其相反的万能的市场。这位经济学家将巴西科技港作为参考对象，因为上述三个领域任何一个都没有喧宾夺主。他认为，各领域之间的平衡与分离是这个模型的关键。他同时强调了数码港项目的城市化维度，这样新兴企业可以在市中心相互影响，也就是说，企业处于一个舒适宜人的城市生态系统里，而非地处俄罗斯乡下或大草原中央。

“我们给自己提出如下问题：这个地点的重要性是什么？如今我这么认为，在创建一座智能城市时，最重要的是为城市建立一个身份。我们在累西腓生活，我们的情感、交际、经历都在这里。我们在这里的餐馆和咖啡馆约会。这里的艺术生活很丰富：累西腓有超过18种不同的音乐风格，它们个个都对巴西人的文化生活产生影响。这一切构建了一种社会联系。”在和奇科一同走在街上时，我们经过了“闻达”店，这是港上一家在傍晚开业的小熟食铺。“Boa Noite”（晚上好）、“Olá”（你好）、“Obrigado”（谢谢）：他用葡萄牙语问候附近小超市的商贩，后者向他表示谢意。在我们面前，警察正骑着马镇定地巡逻，我观察到一个规律：所有智能城市都想拥有骑马的巡警。奇科继续说道：“如果我们当初把智能城市建在亚马孙雨林里，这一切就没有意义了。在这儿，我们与最初的城市、港口和历史重新建立联系。重要的是我们所在的地方，是脚下这片土地。”

数码港已成为巴西的榜样。总统卢拉曾到访累西腓参观其智能城市，并在总结此次访问时说“数码港是促进巴西发展的关键”。“我们不要夸大事实，”奇科对比说道，“就拿升降梯来说，我们已经新购买了四台奥的斯牌电梯。设备到了，但没有必备的人力去安装！您知道，在这个国家，电梯事故的遇难者数量居高不下，是全球事故率最高的国家之一。我们等安装公司已经有三个月了。巴西发展得如此之快，以至于基础设施跟不上发展的步伐。的确，巴西前进的步伐太快了。”

创业的国度

斯科尔科沃、孔扎科技城、数码港：三个发展中的智能城市模型。前二者想在寒冷的俄罗斯乡下或在酷热的非洲草原重新创造一个硅谷；第三个则置身于当地特有的一种生态系统里。我参观过的其他智能城市案例还有：约旦安曼的媒体城、建于沙漠中的迪拜网络城、开罗的媒体城、墨西哥圣达菲的产业集群、伦敦老区肖尔迪奇区的科技城、洛桑联邦理工学院周围的科技园、纽约的硅巷，还有香港的“技术产业集群”。在萨拉戈萨，我参观过“Milla Digital”项目，这个名为“数码千米”的项目由当地市政府提出构想，容纳了各互联网巨头企业在西班牙的总部、新兴企业、一个休闲公园和电托邦（Etopia）企业孵化器，它们离高铁很近。在芬兰赫尔辛基附近的埃斯波市奥塔涅米科技区（Otaniemi），位于峡湾和桦树林中心的地带，驻扎着数十家跨国企业，其中包括诺基亚和罗维奥公司（Rovio Entertainment），后者是游戏“愤怒的小鸟”的开发者。布宜诺斯艾利斯的智能城市被更名为巴勒莫谷（Palermo Valley）。“首要问题是如何将阿根廷置于数码创新的框架中。巴勒莫谷，这名字很酷。尽管这里并没有山谷……”该项目的一位负责人达尼洛·都拉佐（Danilo Durazzo）向我解释说。我之前也会见过新加坡媒体工业园项目的几位负责人，他们向我解释说希望建设一个“新型媒体中心”。在城市西部距离市中心15公里左右一个叫作“纬壹”（One North）的郊区地带，这座占地19公顷的智能城市将于2020年完工。“我们把赌注押在我们的科技进步、生气勃勃的创新产业，和已经位于园区内的优秀科学高等院校上。我们的另一张王牌是语言的熟练应用，其中包括这里的官方语言英语，还有运作良好的多元文化模式。我们正在设想一种‘新加坡媒体融合’。”新加坡媒体发展管理局局长陈继贤（Kenneth Tan）向我确认。“媒体融合”，我觉得这个说法很有趣且如此真实。

还有很多我没有参观过的智能城市项目，比如韩国松岛的科技园、热那亚的数码港、马来西亚的赛柏再也项目（Cyberjaya）（一座在雨林里成长的数码城），还有智利首都圣地亚哥（Santiago）的以有趣的合成词“Chilicon Valley”（智利硅谷）命名的科技区。从一方面讲，这些都是政府想要的项目，是“top - down”（由上而下）性质的，有中央集权的特点。当美联邦政府资助军事与科学研究，增加高速公路投入或兴建机场的时候，这种措施曾见于硅谷或波士顿128号公路区（Route 128）。但是，在美国的大多数情况是，这些“工业高地”、“边缘城市”、“科技城”与“产业集群”，无论人们给它们起什么样的名字，它们基本没有经过政府的规划。它们自主甚至混乱地发展于高速公路、购物中心和办公园之间，位于大都市的外环。人们将这些区域称为“远郊”。从某种意义上来说，斯科尔科沃、孔扎科技城和如今在世界各地如雨后春笋般成长起来的很多智能城市项目，往往处于一种和美国硅谷“bottom - up”（自下而上）的发展模式正好相反的步调。当加州的产业集群分散发展的时候，他们青睐中央集权。当美国把市场作为原动力时，他们相信政府指挥。当没有人插手控制硅谷的时候，他们却想指挥项目，或干脆打算把项目置于“政府监管”之下。

当然，也有很多不同的模型。比如，巴西的数码港项目扎根于一块地域和一段历史，这很独特且极具巴西风格，它似乎可以作为美国产业集群一个很好的反例。印度本加鲁鲁的数码生态体系完全带有印度的独特之处，且行之有效。但是，如果智能城市脱离了国情，或是对美国加州的模型有过粗浅的认识后在本地进行效仿，那么我们就可以质疑它们的有效性了，即使投入财力支持也无济于事。民选代表们一心想通过这样的项目奇迹般地治疗自己城市的疾病，最终也只是脑中幻影。从很多方面看，这些智能城市有成为英语中所称的“white elephants”（白象）的危险——一些传奇和项目，从本质上，如同一头白象，遭受灭绝的风险。除非，创造一个真正意义上的“创业的国度”，而不是从无到有创造一座智能城市，或幻想着现有的城市可以变得更“智能”。

“创业的国度”，这一说法很出名，并且如今和以色列连在一起。数据显示，在这个不到800万人口的小国家，新成立企业的数量要多于世界上大多数发达国家，如：加拿大、英国、法国、德国、中国、印度或日本。人均创业数量甚至高于美国，在纳斯达克证券交易所上市的企业数量位居第二。如何解释这一以色列“奇迹”呢？

特拉维夫市中心的罗斯柴尔德大街便为“创业的国度”提供了现实的例证［这一表达方式因2009年一篇论文《创业的国度：以色列经济奇迹的启示》（*Start – Up Nation*，*The Story of Israels Economic Miracle*）而众所周知］。城中有历史悠久的交通主干线，街道两侧是上世纪30年代鲍豪斯风格的建筑，罗斯柴尔德以其时髦的餐馆和“同志友善”（gay – friendly）的咖啡厅成为新中产阶级的展示橱窗。在那儿，一切都很具有流动性、移动性，无线网一贯免费。站在街上抬头望去，可以看到非常现代化的玻璃建筑群：那里就是近600家新兴企业的所在地（据mappedinIsrael. com网站统计）。“这种现象基本没法解释。以色列是一个自然资源匮乏的国家，什么都要我们自己发明创造。创新与创业是生存的条件。此外，军队对科技生态体系起决定性作用。还有我们与美国的联系，就是大家都梦想着自己创业的公司能被美国收购。”以色列主要日报《国土报》（*Haaretz*）的总编本尼·齐费尔（Benny Ziffer）强调说。我在阿尔咖啡厅读到过这份报纸。作为著名的以色列作家，齐费尔领导报纸的文学副刊，同时还主持一档著名的电视博客节目。

2013年，位智（读音同Ways），以色列一款由网友提供更新（网友自己标记堵车、服务站、雷达摄像、交警或交通事故）的地理定位交通图的应用软件，被谷歌公司以超过10亿美元的价格收购。同年，脸书收购了奥纳沃（Onavo），一款专门管理手机数据流量费用的应用软件。2012年，面部（Face），一款面部识别软件，同样被脸书公司收购，收购价格约计6,000万美元。以色列类似这三个成功案例的还有很多，这彰显了国家的创新程度及其高端科技产业的活力，该产业占总经济产值的40%。

"位智应用软件，首款网络通讯软件ICQ，还有一键叫车软件GetTaxi的开发者都是以色列人。这就是以色列的成功与典范：一个创业的国度。"尼赞·霍罗维茨（Nitzan Horowitz）欣喜地说道。我和他在特拉维夫的伊扎克·拉宾（Yitzhak－Rabin）广场一家著名的啤酒餐馆见面，这家餐馆离以色列前总理被谋杀的地点只有两步路。他列出的成功名录里还应该加上威伯、睿智（Outbrain，提供网络推荐引擎服务的软件）、管道（Conduit，提供创建浏览器工具条服务的软件）、新消息（YNet），甚至还有谷歌的半自动搜索排名系统"谷歌建议"（Google Suggest），这些软件也都是在以色列被设想出来的。

身着牛仔衬衫、绿色眼睛、49岁的国民议会议员尼赞·霍罗维茨代表了正在形成的以色列新左翼。2013年，他曾是竞选特拉维夫市市长的左翼候选人（尽管在脸书上获得了5万个"点赞"，他最终还是输掉了）。霍罗维茨出生于特拉维夫附近的波兰裔犹太家庭，他本人十分迷恋以色列国的起源：国家创始人的工党、戴维·本·古里安

(David Ben Gourion)、左翼的以色列统一工人党（Mapam)、以色列总工会（Histadrut)(他是工会成员之一)。他对我说，他很着迷于以色列的分享、团结和集体精神，在他看来，这好比当今城市中兴旺成长的新型基布兹* 的代表。

在午餐期间，霍罗维茨向我赞扬“以色列的创新精神”和以色列大学的高等教育，如以色列理工学院（Technion)，还有互联网“决定性的”重要性——这使得这个与世隔绝的小国家成为名副其实的“黄金国度”。他认为，以色列在新技术领域的成功也与军队有关：“这是我们进行安全限制时没有预料到的结果。近东冲突的悲剧迫使这些国家投资购买先进于邻国的军事设备。在这种情况下，军队与公民社会就交织在了一起。我们如今的任务是，运用新技术与以色列的科学资源以维护和平。”这位议员强调说。

在以色列，无论男女都必须服兵役，从 18 岁左右开始服役三年，此后每年有一个月的时间作为预备役军人，直至 45 岁。“是本·古里安提出了‘人民军队’模式。军队与公民社会是不可分割的。”本尼·齐费尔肯定道。大学生工程师们在军队的技术单位服役，比如在名为特比昂（Talpiot）的精英单位，或在著名的“8200 单位”，这是以色列的国家安全局，专攻电子战争、密码技术、译码，还有电脑病毒与杀毒等领域。[人们怀疑这个单位参与开发了“火焰病毒”(Flame）和“震网病毒”(Stuxnet)，后者曾毁坏过伊朗的离心机系统。]

---

* 希伯来语，以色列的合作居留地，尤指合作农场.——译者注

黑客和极客* ——大部分新兴企业的创立者都曾服役于以色列国防军（Tsahal）的下属单位——如此改善了他们的技术运作。“服役于国防军的精英单位，这有点类似于在哈佛或剑桥读书。”齐费尔肯定地说。他们在获得了全球独一无二的信息技术培训后，回到社会，开办企业。可以说是爱国？他们入伍了。是创新？他们做实验。是开办企业？他们投资并成功。“人民军队”和这种创业精神，就是“创业的国度”的奥秘所在。

在我参观特拉维夫罗斯柴尔德大街上的各家企业的过程中，我发现那儿的生态体系的构成为：全球化的企业、靠国家补助进行研发的新兴企业和拥有杰出学术研究的大学，三者形成建设性关联。对专攻于健康领域的数码问题的律师阿迪·尼温-亚戈达（Adi Niv-Yagoda）来说，“‘创业的国度’的成功可以解释为以色列高等教育的优秀，而且再深一点，可以归根结底到注重教育的犹太文化。”尼温-亚戈达认为，缺少自然资源也利于这个国家，使其除了“通过投靠人力资本、创新与创造性来尽可能快地发展”之外，别无他法。这位律师观察到，罗斯柴尔德大街的新兴企业主中，有很多是俄罗斯移民二代，他们的父辈在上世纪90年代初随移民潮迁来。“以色列模式是一种很特别的融合，它混杂着个人主义、集体精神、首创精神、大胆、创造性和成功的意志。”《国土报》的本尼·齐费尔概括道。

齐费尔建议我和他一同去海法，从那儿再去加利利地区的拿撒勒。

* geek，早期作为贬义词出现在美国俚语当中，现主要指对科学抱有狂热爱好的一类人。——译者注

我们还去了阿卡、耶路撒冷和雅法。和他同行中，我发现，以色列从南至北，技术型公司都充满活力。这种“创业的国度”模式不只限于一座城市，它是以国家为单位的一种精神。人们还用一种无需特别的地域支撑的说法来称呼这里，“Silicon Wadi”，即希伯来语中的硅谷。

在以色列北部的海法，这种创业精神在一所大学得以体现：以色列理工学院。这所高校更通过理工（Technion）这个名字为人所知。人们就是在这所理工大学的实验室内发明了存储卡、即时通讯软件、导弹空中防御系统（名为“铁圆顶”）和微灌溉技术（在干旱地区通过小流量将水喷洒在土壤表面以节约用水）。1.3 万名在校生中，有三分之一是学生研究员，这所现代高校会让人想起美国类似的高校，如麻省理工学院或斯坦福大学。和这二者一样，以色列理工学院和大型高科技企业有联系，如：英特尔、IBM、微软和雅虎，它们在学校附近设有办公室。而且，我惊讶地看到，这些年轻的工程师们在咖啡厅里用笔记本电脑工作，并梦想着开创他们未来的企业，就好像海法这座沉睡之城被新科技唤醒了一样。海法市长、工党成员尤纳·亚哈维（Yona Yahav）也向我证实了这一点。他本人是以色列国防军中校，他见证了这座城市在数码领域的发展。他承认，海法是“国家科技发展的发动机”，但他知道新兴企业倾向于在别处选址，比如特拉维夫的罗斯柴尔德大街，赫兹利亚的爱克斯坦商务中心，贝尔谢巴市，耶路撒冷的哈·霍兹威姆科技园，或特拉维夫的谷歌或微软公司附近。“创业的国度”向我们证明，在任何地方都可以搞创新，偏远的大学校园、合作农场或沙漠上的殖民地，只有年轻的创业者更喜欢城市里的小资街区。这一规则在美国旧金山和特拉维夫的罗斯柴尔德大街都得到印证。

在海法，另一个让我印象深刻的事情是移民。“一个移民的国度，顾名思义，是一个创业者的国度。”作家萨米·迈克尔（Sami Michael）对我说，他也是以色列人权协会的主席，我和他一起在海法的一家餐厅用晚餐。当大多数国家要限制移民时，以色列则看重移民。“有些年份移民数字下降时，人们就会担心。”迈克尔明确指出。如果在高科技领域工作的土生土长的以色列人（也就是在以色列出生的犹太人）人数很多的话，就不用依靠俄罗斯、英国或阿根廷移民创立的公司了。此外，还有以色列阿拉伯人，他们占理工大学学生数量的20%。“在海法的阿拉伯人很有活力。国家的发展一部分归功于他们。他们是不可忽视的。”萨米·迈克尔补充道。

和我交谈的尤纳·亚哈维、萨米·迈克尔还有本尼·齐费尔认为，其他因素同样可以解释以色列的成功。我们还可以将其归为以色列的一种素质，叫作“chutzpah”。这个从希伯来语演变过来的意第绪语说法，可以译为“大胆”、“勇气”，有时甚至是“鲁莽放肆”。“就是跳出固有思维模式的意思，在这里人们常说：‘Think outside the box’（逃脱框架思考）。”海法市长告诉我。就这样，非传统的思想、独创性、试验精神得到鼓励。一个非等级制度的文化，一种对工作关系的偏非正式的解读，一种对试验及试验失败的高度宽容，这些就是他们提出的其他解释。齐费尔跟我说，其他人更愿意认为关键之一是“mesugalut”，这又是一个希伯来语词汇，指“个人责任与以色列人特有的创业精神的融合”。

除此之外，海法以色列理工大学来自政府的补助与以色列国防军的资助数额庞大。对企业家免税的种类很多，而且以色列经济部下属的Tamat机构会资助年轻的新兴企业。“总理本雅明·内塔尼亚胡对数码安全和网络战争领域投入很多。”尼赞·霍罗维茨承认，但他却是总理呼声最高的政治反对派之一。他补充说道：“但是，如果能把这些技术应用到维护和平与战争和解中，这将更高尚，且更有经济效益。地区的潜力十分巨大。”霍罗维茨领导着以色列国会的促进地区合作的游说团，在他看来，比起网络安全，他更期盼地区的经济发展：“我们的邻居们，如约旦、埃及，尤其是巴勒斯坦，都渴望参与到这场全球数码革命中去。以色列可以在这个主题上扮演决定性的角色。”互联网的确有积极和消极的一面，以色列部分左翼人士，可能出于乐观主义，更推崇将网络和平优先于网络战争。

尽管如此，本尼·齐费尔还是强调说，“所有新兴企业的梦想都是被美国人收购”，他证实了以色列无法避免的美国化。在特拉维夫和以色列采访几位以色列历史学家，如：埃弗莱姆·巴施姆埃尔（Ephraïm Barschmuel）、伊兰·哈勒维（Ilan Halevy）、西蒙·爱普斯坦（Simon Epstein）和汤姆·瑟戈夫（Tom Segev）期间，我确信这个希伯来国家正在摆脱集体主义模式（即合作农场和本·古里安的社会主义模型），其个人主义与实用主义价值愈发地转向美国化模式。这种接近性在任何地方都不如在数码领域如此明显，两个国家相互影响。如果有时候开玩笑说以色列是美国第51个州，在数码领域这种说法没错。

《国土报》文化评论员盖尔·平托（Gael Pinto）也这么认为。我在该报位于特拉维夫的所在地采访到他，他认为以色列的美国化是在实践中形成的，而且如今这已不再引起批判。“这里没有人为美帝国主义或美国的统治这种话题展开辩论：这是事实。我们已经如此美国化，这已经不用辩论了。”（通过我们的会谈，平托已成为以色列综艺电视节目《老大哥》的名人）他在该报的一位同事，著名的历史学家汤姆·瑟戈夫，写过一本关于以色列文化被美国化的书。他跟我说，这证实了以色列如今同美国一样是一个“创业的国度”的事实。汤姆·瑟戈夫所著的书（他将书赠予我）的名字顾名思义，叫作《猫王在耶路撒冷》（*Elvis in Jerusalem*）。

和其他定居点一样，巴纳尔（Banale）是一个以色列定居点，位于约旦河西岸的中心，境内有检查站，且受以色列国防军的保护。我同阿米拉·哈丝（Amira Hass）一同前往这里。她是唯一一位住在巴勒斯坦地区的以色列犹太女记者，这使她获得很高的奖项以及来自国际的赞誉。她为《国土报》所作的新闻报道通常有利于巴勒斯坦一方，而且她专攻于详细破解（这几乎达到科学化）巴勒斯坦地区正在进行的以色列“殖民化”。然而，这位左翼人士——可以说是激进分子——和巴勒斯坦当局也有着很多争辩，她曾揭发当局职能疏忽，管理混乱，还有腐败。我发现，她车子的挡风玻璃左侧有穿孔，是弹痕。后视镜上挂着一个切·格瓦拉的吊坠，像是吉祥物。“我对巴勒斯坦也有批判。不能说所有的错都在以色列。”阿米拉·哈丝强调，语气中的柔和掩盖着一种彻底的反抗。

与她一起，我到达了一个位于巴勒斯坦中心的犹太人定居点。这是来自以色列的开拓者的营地，可能会使人联想起首批合作农场的时代，人们组成团体，在沙漠种植油橄榄树、桉树和番茄。定居点上（也可以称这里为‘前哨’），一面以色列国旗迎风招展，一台卡特彼勒牌起重机堵住通道。一位犹太裔定居者接待了我们。他懒洋洋的男子气概和干活儿人的粗壮双手让我印象深刻（我在这里不提他及其小定居点的名字，因为他是记者阿米拉·哈丝的信息源之一，并且不想被认出)。他是一位“bitzu'ist”，这是一个希伯来语词汇，意指“创建者”、“实用主义者”和“能把事情做成的人”。在我们周围，有一本乱涂着已经消失的语言的书，一个连着以色列军队的民用波段（CB）电台。

这名男子是工党，属于左翼，这证实了定居者们的运动并不只是极右翼（正统派）宗教幻想者们的事。在这里，这更是一种向犹太复国运动根源的回归。合作农场上的孩子们被替换成定居点上的孩子。实际上，以色列在本质上不就是一个逐步回归到一片土地的由移民组成的社会吗？55万名以色列人如今生活在巴勒斯坦境内（2009年到2013年期间，他们的数量增加了18%）。“移民社团存在于以色列的骨子里，它是这个国家的身份构成。说到底，这就是以色列。”阿米拉·哈丝用伤感的语气对我说。

在这片殖民地上，高科技随处可见。我看到几个抛物面天线，一个技术尖端的无线网站点。到处都有电脑，而且这位侨民经常使用地理定位软件，其中有位智。他还用威伯。在这片以色列定居点上——这里就像我参观过的再往南的希伯伦小镇中心的犹太定居点——，我被定居者的精神所触动：这是一种冒险精神、原始的乐观主义、对完美的追求、一种与自然的交锋。从以色列一方看，定居者们的理由十分清晰，就好比从巴勒斯坦一方看来，这理由十分晦暗一样。他们在逆境中冒险：他们知道可能会丢掉自己的房屋，甚至是生命。但他们留在那里，在这片充满敌意的土地上。因此，互联网讨得这群狂热的犹太人的欢喜：它不仅使以色列成为了一块树敌众多的领土，同时也是一片凭借其勇于冒险的新兴企业和智能城市而充满诱惑力的土地。互联网成为新的国界。“以色列是一个年轻的国家，就像互联网一样。”这位侨民对我说，并向我使了一个毫不温和的眼色。

“创业的国度”的精神可能就在其本质里。正如开拓美国“远西部”（Far West）和“狂野西部”（Wild Wild West）的先驱们一样，这是一种大胆与征服精神的融合，它体现在敢于冒任何艰险、无所顾忌、追求理想的人们身上。在以色列和美国加州，这种“狂野的西部”如今被叫作“万维网”（World Wide Web）。

第六章 城市复兴

在谷歌地图上，基贝拉的显示名称为“基贝拉贫民窟”（Kibera Slum）。这是一个地界分明但概念模糊的地方，一大块灰色区域和肯尼亚首都内罗毕其他街区对比鲜明。在谷歌地图上，依稀可以分辨出几条道路，但很难辨认方向。人造卫星什么都没显示？谷歌的街景汽车忘记开到那里？还是它很难进入这个区域进行拍照和绘制地图？如果相信了这个美国大公司的服务，这个区域可算是无人居住，没有生机与贸易。然而，基贝拉是世界上人口最多的棚户区之一。

肯尼亚拥有一个智能城市项目，但是这个国家也有极度穷困的贫民区。巴西有数码港，但同时也有几千个贫民窟。互联网在南非发展成熟，但在乡镇技术仍十分落后。在世界的任何角落，数码科技可以成为小资和时尚街区的经济驱动，而在墨西哥人称之为“zonas de miseria”（贫苦区域）的地方，它也可以成为城市复兴的工具。在贫民窟、贫民区、乡镇、棚户区、陋巷和其他贫困聚居区里，互联网经常处于一种困难的、有时是危险的环境。但是它存在的意义和用途更具决定性。

“欢迎来到基贝拉!”乔瑟法特大声对我说。他还补充了一句:“Jambo”，斯瓦希里语的“你好”。头上扎着长辫子，脚穿一双无鞋带的匡威，手持一部智能手机，乔瑟法特·柯亚特（Josphat Keyat）在位于贫民窟中心车辆无法驶入的死胡同尽头的基贝拉电视台工作。不远处的卡兰贾路上，坐落着“基贝拉地图”（Kibera Map）的办公场所。这是一个由志愿者组成的团队，他们为网络电子地图提供信息，该地图可在网上使用（mapkibera. org），上边有在谷歌地图看不到的内容，比如：小巷、土路、饮用水点、消毒的公共厕所、拆迁建筑、学校和教堂，当然还有网吧。“地图持续更新，当某饮用水点被关闭，或者蓄水池被迁移时，我们会标注出来。这是免费、公共的。这是基贝拉居民对谷歌的回应。是的，我们存在!”

“基贝拉地图”由内罗毕一家名为“优莎喜迪”（Ushahidi，斯瓦希里语的“目击者”）的非营利性协会开发。该协会研发技术方案，以此收集公众提供的数据群，组织数据并对其进行地理定位，确认完成后，地图以所有人都可以免费获取的形式发布。“我们创建了基贝拉地图，但是管理这个地图的是整个社群，不是我们。该区域的居民可以在上边表现他们想要的东西，真正参与到基贝拉的生活中。这是一种授权：我们将权力返还给人们。”“优莎喜迪”组织的一位负责人达乌迪·威尔（Daudi Were）解释道。他补充说:“谷歌街景车到达不了这样的地方，谷歌完全不了解基贝拉。但住在这里的人们，他们了解。他们想有一个自己生活区域的地图。”该组织免费软件开发出的地图绘制工具已经画出超过4万份平面图。这个软件名为“公开街道地图”（Open Street Map），可以免费重复使用，如今已经在159个国家拥有30种语言版本。

在基贝拉极度穷困破旧的小巷里，我看到污水管道暴露在外面，被污染的水渠停止流动，已经发臭；街边堆放的垃圾自气熏天；苍蝇成群，动物四处游荡，两三岁的小男孩在烂泥地里闲逛、踩踏，毫不担心生病。这片棚户区尽管没有或鲜有疟疾，斑疹伤寒、霍乱、痢疾却在间歇性肆虐，艾滋病的传播率很高。然而，在这个苦难的贫民窟里，我也看到几百个小棚铺，它们是附近的小商铺，也可以说是财富来源。我还看到孩子们从棚户区的为数不多的一所学校走出来，周围是简陋的房屋，他们衣着华丽，戴着领带。这里仍有学校和经济生活。

有多少人生活在基贝拉？这很难说。一般说法是 100 万，但这数字肯定被高估了。拥有 50 万人口，这里就可以被视为非洲最大的贫民区之一了。“没人知道真正的数字”，杰西·扎卡里（Jesse Zachary）对我说，“有一批常驻民挤在这里，动弹不得，无处可走。此外，有很多人是过客，因为基贝拉是个社会升级流动地，这听起来可能很惊人。”杰西就是这群人中的一员。他一年前从距内罗毕北部六小时路程的村子来到这里，不得已而求其次，他安顿在了棚户区。杰西目前是基贝拉公共图书馆的保安，我在他的工作地点和他见了面。24 岁的杰西脸上有个小刀疤，穿着军服，鞋子磨破了，但他努力使自己看起来体面甚至时髦一点。“我白天和晚上都在这工作，每周上五天班。我看守图书馆，监视小孩子们以防他们戳坏书籍。当他们离开时，我有义务搜他们身，否则的话，他们会把书带走卖掉。有时候，他们甚至会把书藏在袜子里。”

肯尼亚国家图书馆在当地的分馆位于棚户区中心。我们沿着一条严重皲裂的赭石色土路到达那里。一座图书馆？有些言过其实了。这里像一个铁皮屋顶的库房，被带刺的铁丝网包围着。“铁网是带电的。”杰西强调道。据馆长彼得介绍，书架上大约有8,000册图书，每天近200人前来查阅。彼得是一位懒散的、听天由命的人，他不住在基贝拉。进入图书馆是要交费的（每天20先令，或者300先令买年票，即3欧元）。孩子们是主要读者，这里同时也被当作课后托管场所。

我同杰西和彼得一起参观了图书馆。后者向我展示了一批刚到的三星平板电脑，被他锁在柜子里，待无线网安装后使用。这将使馆内更方便连接互联网，目前想上网得跑到屋顶通过智能手机连接3G网络。“这里所有人都有普通手机，”杰西补充道，“然而，智能手机还很少。至于电脑，因为价格问题，也很少见，而且房屋安全性很差，人们担心电脑被盗。在基贝拉，人们先有智能手机，再有个人电脑。”和非洲大陆其他地方一样，棚户区的居民都跳过了用个人电脑上网这个阶段，而直接通过平板电脑或者手机上网。

本次参观的最后一站是图书馆的屋顶。在那儿可以俯瞰整个贫民窟：起伏波浪的铁皮一望无垠。从任何角度看，基贝拉都是一个彻头彻尾的棚户区。突然，我看到一个塑料袋飞过我们头顶，落在一幢民宅的屋顶，破掉了。“在这走路要当心天上飞着什么。”杰西取笑道。因为没有公共厕所，居民们在塑料袋里解手，然后随手将袋子丢到屋顶。

离图书馆一百多米处的一个陡坡小巷里，山羊和鸭子悠闲地踏着脏水，威尔弗雷德（Wilfred）就在这儿经营一家叫作“多重生意”（Multiple Biz）的信息数码小店。他有两台连接发电机的台式电脑，通过一个3G网卡连接无线网。附近的居民们来这个小棚铺里给手机充电。他接过我的手机，连到他的电脑上，对我说：“好啦，这样就行了。您把它留在这儿充电，充电费每小时 20 先令。”在这个电能匮乏的国家，威尔弗雷德和许多肯尼亚小商贩发明了别出心裁的赚钱方式：为手机电池充电！在店里，还可以复印、上网和订购 DVD。他拿了一张空白 DVD 光盘，放到电脑里。我在一张纸上查阅影片列表，主要是好莱坞大片，也有一些诺莱坞（Nollywood）的片子——这是尼日利亚电影业的名称。我选好电影后，威尔弗雷德会给我刻录，收费 40 先令(35 欧分)。“这是合法的，绝对合法。”看着我怀疑的表情，威尔弗雷德解释道，他挥着一份盖章的公文，好像是授权他经营这家盗版商店。

“基贝拉电视台”、“基贝拉地图”和“基贝拉之声”博客是这个贫民窟少有的媒体中的三个，而且它们是完全数字化的。“我们的电视台只能在优图播上看。”乔瑟法特·柯亚特解释说。他和团队一起已经制作了几百部两到三分钟长的小电影，旨在用“积极的”方式讲述基贝拉的生活。电影制作完成后上传到优图播。

这里，电时有时无。基贝拉电视台的办公场所内设有不间断电源的发电机，每一个插头都配有一种微型变压器，当过压时会自动切断电流，同时也可以在缺电时作为备用电池。在贫民区中心，电流不仅断断续续，常常质量也很差。因此，居民们要么想办法改变，要么耐心忍受困难。他们合伙试验，一起游戏：他们回收废纸，分享电视信号，还尝试用价格便宜的小太阳能传感器发电——传感器靠锂电池供电，由肯尼亚国家电信运营商“狩猎通讯”（Safaricom）开发。但人们更多的是自己应付：DIY（Do It Yourself，自己动手做）是贫民窟的基本生存模式。

人们也分享无线网。“在基贝拉很少有人能连接互联网，这是一个问题。因此，当有谁运气好能连上网时，所有人都来接信号。这就是为什么您会看到房屋之间接着各种线。这就好比用电用水一样。”泽娜（Zena）解释道。她是一位女权运动者，负责协调基贝拉的茂昌干伊科（Mchanganyiko）社区中心，就离这儿不远。“‘Mchanganyiko’是斯瓦希里语‘多样化’的意思。”她说明。这个文化中心每周日组织泰德x（TEDx）形式的会议。这些非正式的公众会面基于美国泰德精神——这是它的社会模式——，为人们提供围绕日常生活问题展开辩论的机会，配以生动的视频展示。“这里的人们活在当下，他们不将自身投射到未来。所以要和他们谈论当下与自身相关的话题。”泰德x肯尼亚负责人、住在基贝拉的凯文·奥蒂埃诺（Kevin Otieno）解释说。“每周有200名当地居民来参加讨论。”泽娜肯定地说。

在社区中心的一幢木屋里，有一间电脑房。电脑都开着，我看到其中一台的显示器上的首页为“基贝拉之声”，这是贫民区的博客。“内容是社区信息。我们运用‘短信汇报’模式：当有人获得重要信息或看到奇怪的事情时，可以给‘基贝拉之声’发送短信，用代码警示工作人员，后者将之发布到博客上。”大多数时候，电脑被用于六至七岁儿童放学后的电子信息课。“再大一点的，八至九岁以上的孩子，我们就不知道该拿他们怎么办了。没有为大孩子设立的课程，我们无法在他们放学后接纳他们。”泽娜遗憾地说。谁会知道，所有她细心辅导的孩子们长到十岁左右，就会在街头闲荡。

游手好闲和无所事事是基贝拉的常见现象。当地的失业率很高，贫穷程度令人恐慌。但将这个贫民区概括为消极与麻痹是错误的。图书馆的保管员杰西总结道："基贝拉是一个有抱负的城市，人们从村子里来到这里就是为了成功。这是一个充满希望的贫民区，人们渴望摆脱困境。"

数码科技可以帮助人们"摆脱困境"吗？智能手机能否成为贫苦地区打开成功之门，使其改头换面？互联网能作为城市复兴的工具吗？这是我给自己提的问题，我带着问题在巴西的几十个贫民区、哥伦比亚和委内瑞拉的贫民窟、墨西哥的"贫苦区域"、美国的黑人和拉美人贫民窟、南非的小镇、巴勒斯坦的难民营和印度的棚户区寻找答案。我不确定答案一定是积极的，但当我在基贝拉棚户区发现移动钱币（MPesa）那天，我明白到科技确实可以用来做些事情。

移动钱币是肯尼亚最具原创性的发明。这是肯尼亚全国移动电信市场领导者"狩猎通信"（其40%的股权归英国电信公司沃达丰所有）提供的全球独一无二的服务。"M"代表"移动"（mobile），"pesa"是斯瓦希里语的"钱币"。

肯尼亚人可以通过移动线币进行安全支付或转账。我试用了一下，开通一个移动钱币账户，然后试着在内罗毕的皮特咖啡厅买一杯饮料。我用自己在当地使用的一款三星手机，在"狩猎通信"的信号下登录为三星定制的该软件，点击"购买商品"选项，输入咖啡厅的移动钱币号（"Till Number"），填入先令金额，最后输入密码。几秒钟后，我收到一条确认支付成功的短信，同时卖方也收到短信提示汇款信息。有效、简单且快捷。

在基贝拉棚户区，街道上，棚铺里，甚至流动商贩的推车上，到处都可以看到绿色的广告栏，从远处就可以看清上边标着"移动钱币支付码”，并列出接受此种支付方式的商家。（据估计，“狩猎通信”在全国设有 6 万个移动钱币付款点，可以想象，即使在棚户区，该软件的渗透率也相当高。）

“肯尼亚人很少能享受到银行服务。在移动钱币发行之前，他们基本无法进行汇款。如果想给留在乡下的父母汇钱，他们就得把钱塞到信封里，拜托马他突司机用小客车送给收信人，这要好几天的时间，有时还送不到。如今，用移动钱币汇款只需几秒钟时间，且十分安全。” “狩猎通讯”技术部主任、法国人蒂博·雷罗尔（Thibaud Rerolle）解释说。在该公司总部，一个位于内罗毕西北角的大院里，雷罗尔惊叹于该项目的成功。“每天有 1,700 万肯尼亚人用手机使用移动钱币！我们估计，30% 的国内生产总值都是通过移动钱币流通的！”

除个人转账和商家支付功能之外，此系统还支持手机购物和网上购物，还可以交电费，购买学校食堂的饭票，交易中收取小额手续费（大约为每笔交易的 1%）。有些公司还将工资打到员工的移动钱币账户里。

“该应用软件的安全性高，因为要开通账户或存取款，得通过三种验证方式：身份证件、个人密码，手上还必须有移动设备。”内罗毕企业孵化器中心枢纽的经理吉米·吉通加解释说。账户存款的最高限额为 10 万先令（850 欧），万一搞错金额或收款人，可以在收款人同意的情况下使用“撤销”功能取消操作。商家们还有增加安全性和提高授权限额等其他解决方案。

“肯尼亚最令人着迷的地方是，我们面对的是一个完全跳过固定电话直接使用手机的国家，这里的银行业与移动货币的进步很是惊人。”“狩猎通讯”的蒂博·雷罗尔强调。移动钱币系统在肯尼亚开发，如今已推广到东非国家，尤其是坦桑尼亚，还有南非和阿富汗。

“我是基库尤人，我讲基库尤语。”利威尔（Riwel）肯定地说。利威尔是一位出租车司机，他头戴小鸭舌帽，讲话带有感染力。多年来，他每天早晨六点把车停到内罗毕的同一幢建筑前，在那里候客。“我有一些常客，他们期待在那儿找到我。我必须在那儿，就像开了一家商店一样。他们知道如果没带零钱，可以用移动钱币支付车费。”他的车子破旧，万向轴几乎断裂，发出扰人的噪音，但他的电话好用，移动钱币账户总是活跃着。

和非洲各处一样，移动钱币得以在肯尼亚发展的转机是移动电话。“在肯尼亚，一场变革正在进行，很明显这是移动电话的变革。70%的肯尼亚人口拥有手机，90%的互联网接入手机实现。今后，还会推出8,000先令（大约70欧元）一部的智能手机。这是使用安卓系统的诺基亚手机和华为手机。人们称之为迷你智能机，大家都想要。”内罗毕一家叫作“集中实验室”（Nailab）的新兴企业孵化器的负责人山姆·吉丘鲁（Sam Gichuru）评价道。“肯尼亚人，”吉丘鲁继续说道，“他们愿意为拥有一部好的手机或能够顺利联网而做出很多牺牲。他们有时会为了这些不吃饭、不用电。很快，他们将人手一部智能手机。”

在肯尼亚这个“预备发展中”国家，电还未必有，却已经有了安卓系统。很多人认为手机会为整个肯尼亚的发展做出贡献。吉丘鲁补充说：“大多数新兴企业因为移动钱币而在这里找到他们的‘经济模式’，这是一种具有经济学意义上的乘数效应的在线支付解决方案。”

信息与传播技术会使棚户区得到重生吗？在拥有移动钱币的肯尼

亚，答案毫无疑问：这能奏效。

贫民窟与“融入”

不同国家，不同的模式。多年来，为了振兴贫民区，巴西也在创新。数码科技是前总统卢拉的社会政治方针之一，如今由现任总统迪尔玛·罗塞夫（Dilma Rousseff）接手。尽管这个政策经历过一些失败，但也有一些卓越的成功。

阿莱芒街区是里约热内卢最大的贫民窟之一。它位于距城市北部约45分钟路程的佩尼亚地区（Penha），可以通过巴西大道抵达。贫民窟的入口有军警审查，但通过检查站很容易（这个拥有若干贫民窟的地区自2010年起被维和警察“平定”）。

“社区在行动”中心（Comunidade em Açào）位于野口医生街371号。你肯定不会错过这里：机构的名字被画在一栋蓝色房子的墙上，房子连着一所学校，要想进去，得从楼房左侧爬很长一段狭窄陡峭的楼梯：这就来到了贫民区。入口处的指示牌也标明：“数字融入中心”（Center for Digital Inclusion）。中心的口号是：“Transformando vidas através da tecnologia”（可以译作：用技术改变生活）。

不远处的维加里乌热拉尔贫民区也在尝试一些数码科技项目。对于若泽·鲁卡斯街的文化集团来说，数码科技甚至已经是一种优先项目。他们已经成立了一个“数码空间”和一所“在线大学”。这里的人们相信科技可以改善贫民窟的生活。“我们今后更倾向于不再用‘贫民窟’这个词。不要忘记，我们已经被‘平定’了！如今‘社区’一词用得更多。”文化中心负责人豪尔赫·路易斯·帕索斯·门德斯（Jorge Luiz Passos Mendes）纠正道。

这样的“社区”在里约热内卢能数出1,000个，它们当中有很多都建在山坡上。一开始，这些“贫民窟”都是非法开发的，没有建筑许可，没水没电。后来，一些相对现代化的社区一切都有了，包括房产证。由于巷子狭窄、陡峭，那里通常无法开车驶入；还有一个原因：一些当地团体自发地在法律边缘确保该区域的安全。因此就得步行或乘坐出租摩托车爬上街道，甚至还可以乘架空索道。谷歌街景车绝对进不去那里，于是那些区域不仅穷苦，而且在地图上也找不着。过去，那里的毒品、枪支交易泛滥，当地黑帮控制了贫民区，并与警察和外界形成对立，制造恐慌。“平定”行动由卢拉政府开展，并由下任总统迪尔玛·罗塞夫继续推行，该行动将贫民窟从黑社会手中逐一夺回，取代黑社会，重新设立公共服务。多年来，这里布置了全副武装的特种部队以维护秩序。最终的结果有好有坏。

走在阿莱芒街区、佩尼亚教堂和维加里乌热拉尔贫民区的街道上，我惊讶地看到了几个“局域网吧”（LAN houses）。这是一种违章经营的网吧，在里面可以上网、刻录DVD、复印、发传真、打游戏消遣或买杯冷饮。“整体来讲，局域网在巴西是穷人们的互联网。”来自环球在线（UOL）的里吉斯·安达库（Régis Andaku）解释说。顾名思义，这些网吧和传统网吧相反，不直接连接互联网，而是连接一个局域网（Local Area Network，简称LAN）。通过主服务器连接到互联网，就能联网玩电子游戏（尽管大多都是盗版的）。如今，尽管它们还沿用“局域网吧”这个名字，但大多数网吧都连了宽带，门口通常摆着“Banda Larga”（葡萄牙语“宽带”）的牌子，就证实了这一点。

19岁的布鲁诺（Bruno）管理J. L. A. com，这是他的局域网吧的名字。他身穿巴西国旗颜色的耐克T恤。“下午放学后，男孩子们成帮结队地来这里，打开电脑就上脸书。”每台电脑上都贴着一个号码：LAN 01、LAN 02、LAN 03 等等。每小时费用是两个雷亚尔（0.7 欧元）。“棚户区的青壮年们也经常光顾局域网吧。他们来这里修改个人简历，打印发票或给身份证件上塑料封套”，布鲁诺指出，“这些社区的经济得到了真正的发展。”文化集团的豪尔赫·路易斯·帕索斯·门德斯在维加里乌热拉尔贫民区肯定地说道。“但情况还不稳定，”他补充说，“今天早上还有人开枪，警察开着突击坦克上来了。”在街道四处，我的确和一些戴着蓝色头盔的“维和”警察交错而过，而且他们很明显是带着武装的。

“贫民窟万岁”博客（Viva Favela）的办公所在地位于里约热内卢的格洛丽亚街区，在这里，十多名激进分子维护着一个讲述贫民窟生活、避免主流媒体偏见的博客。“我们推荐贫民窟居民们提供的信息、文章、拍摄的照片和视频，以前没人做这样的事。我们在当地的 300 名联络人自由自在地展示他们的日常生活。这样，我们可以展现这些社区生活的另一面。”一位名叫维克多·查加斯（Viktor Chagas）的博客负责人肯定地说。“我们想改变贫民窟的形象，而这只能通过透视观察其内部来实现。”博客的副协调员玛丽安娜·加戈（Mariana Gago）解释说。这些活动分子们确信互联网可以给这些街区的生活带来深远的改变，带来更多的“融入”。这个词被受访者们反复提及：“数字融入”（digital inclusion）、“视觉融入”（visual inclusion）、“更好的融入”（better inclusion）。

“政府和非政府组织都常常强调，要将贫民窟内的‘融入’与‘数字素质’置于首位。所有人都在使用这些词。但是太愚蠢了！因为这里所有人，包括贫民窟里的年轻人，人手一部智能手机，他们比成年人更懂得使用互联网。”局域网吧的经理布鲁诺说道。

深谙公共政策的“贫民窟万岁”团队将研究方式精细化，他们认为，数字融入必须和三个综合因素同时存在，即：社会一体化、互联网连接和减少枪械数量（在一楼，有一个让人们带来枪支并现场销毁的项目）。局域网吧看起来是有些收效的第一阶段，但还不够。“这本质上是一个典型的社区性的解决方案。居民们需要上网，于是一些小商人就去开发合法性不高的网络连接和局域网，做这样的生意。”维克多·查加斯确认道。如今，居民们逐渐开始在家里上网或用手机上网，局域网吧的重要性有降低的趋势。（2011 年，巴西还有超过 10 万家局域网吧。尽管 96% 的富裕家庭从此可以在家上网，但平民百姓中只有 5% 做到这一点。毫无意外，贫民窟的居民们仍是条件最差的）。

在阿莱芒区街头，我惊讶地观察到十多条电线混乱地连接在房子和局域网吧之间。“在贫民区里，我们只有这样才有电可用，有有线电视可看，有网可上。当一个居民买了包月套餐或有了连接，他就把网分给别人，赚点钱。”布鲁诺继续说道。在这两种情况之下，我惊叹于贫民窟居民们的创造力，以及他们出人意料的获取和扩散网络的方式。

在里约热内卢的数字融入中心、“贫民窟万岁”博客和文化集团，在圣保罗的商业社会服务协会（SESC）、累西腓、阿雷格里港和几个巴西城市参观类似机构时，人们反复对我说，要通过数码技术与贫困作斗争。它可以提供一种经济模式，孕育新一代企业家。通过精确的研究，人们得出的初期数值结果十分鼓舞人心，近 780 个数字融入空间在巴西创立：它们帮助了近 200 万人脱贫（据数字融入中心提供的数据）。

同样，商业社会服务协会（SESC）这种介于英语国家的“基督教青年会”（YMCA）和法国“青年与文化中心”之间的大型社会文化中心，也选择重点开发数码科技。受集体主义启发，商业社会服务协会在巴西设有多个“单位”。在圣保罗的商业社会服务协会蓬佩亚中心（Pompéia）和贝伦津霍中心（Belenzinho），其公共电脑数量之多令我吃惊，中心还拥有多媒体室，开设了计算机课程。“对于我们这样的组织来说，本来没有这种方案。这和我们自二战之后就一直保留的社会主义教育传统有一点割裂。但我们支持这种方式，因为这是一种有效的一体化工具，运作良好。”商业社会服务协会的一位负责人罗伯特·塞尼（Roberto Cenni）在圣保罗向我解释道。

本人出身于平民阶层的前总统卢拉，对于数码技术在这些地区起到的效果十分赞赏。在一次经媒体报道的局域网吧访问过程中，卢拉公开表示了他的赞叹。在其晚年的第二任期，他选择将数码产业作为其首要任务之一。他领导的政府将价格低廉的电脑分发给这些贫民窟的协会，鼓励免费软件开发，提供财政资金大力扶持网速的发展。在世界杯与奥运会到来之际，他的接班人迪尔玛·罗塞夫总统增设了更多类似项目。

里约热内卢市政府也没闲着。它与 IBM 公司一起构思了一个项目，旨在通过摄像头和数码传感器探测山体滑坡的风险——这在贫民窟很常见。这些设备连接气象预测和一些运算法则，可以预判那些通常与强降雨相关的风险。“数码科技可允许获取和传递信息，两个方向都可以。一旦有导致严重坍塌的狂风暴雨发生，安装在 66 个贫民窟内的联网警笛就会很快发出警报。”维克多·查加斯强调。

目前，还缺少一个在巴西发展过程中对数码科技优先地位进行的有效而全面的评估。据世界银行估计，一个国家使用手机的人口每增加10%，其国内生产总值便会增加0.6%至1.2%。我在圣保罗见到了《观察周刊》网站的主任卡洛斯·格拉艾伯，他确认道："巴西这样的国家的经济能够高速发展，其深层原因很难说清。但目前可以肯定的是，巴西是依靠互联网兴起的。经济发展与数码科技这两个现象是相关联的。巴西将依靠互联网变得更加强大。"

用推特对抗毒枭

数码科技可以帮助贫民区实现复兴，也可以向暴力和犯罪泛滥的地区提供信息。比如在蒙特雷、哈拉帕和韦拉克鲁斯这三个城市，其凶杀率位居墨西哥榜首。

"#Monterreyfollow（#蒙特雷在关注）不是一个人，也不是一个账号。它不属于任何人。它是一个话题"，当地的教师、艺术家与记者托马斯·埃尔南德斯（Tomas Hernandez）指出。我们坐在蒙特雷的一家咖啡厅。蒙特雷是位于墨西哥北部沙漠中的一座大城市。距此不到两小时车程的地方是格兰德河，墨西哥人更喜欢称其为布拉沃河，它位于墨西哥与美国的交界。这个地区如今被视为是全世界最危险的地区之一。

所谓的毒贩战争集中于墨西哥北部和东部，已造成7万人死亡，3万人下落不明。"蒙特雷的情况很糟糕。这是一座暴力之都，道德沦丧，社会结构被破坏。我们不知道犯罪从哪里开始、到哪里结束。"诗人哈维尔·西斯利亚（Javier Sicilia）分析道。这位58岁的激进分子在儿子胡安·弗朗西斯科（Juan Francisco）被毒贩杀害后，成为

“和平与正义运动”的灵魂人物。“我很爱我的儿子，我一直很爱我的儿子。他和伙伴们一起被带走，被无耻地杀害了。这种行为毫无动机。”西斯利亚接着说：“哪怕斗争失败，也要继续捍卫生命。这是我欠我儿子的。我要努力让他死得有意义。”西斯利亚留着胡须和一头白发，坐在蒙特雷一家假日酒店露台的桌边，天气热得令人窒息，他是一个坚定的男人。他不再惧怕那些毒枭。

很少有作家、记者或博主会去调查蒙特雷的毒枭。他们当中大多数都被杀害了，仅仅因为写了这个题材。“报刊上也没人敢谈这些”，西斯利亚绝望地说，“人们不写这些杀害行为，大家什么都不知道，而人们需要有利于生命安全的记者。”

有一个博客（elblogdelnarco. com）似乎极为了解毒枭及其罪行，但没人知道谁在负责管理它。甚至有谣言称这个博客可能与一个异端集团有关，但这未得到证实。总之，没有人真正公开身份写东西。记者们之间默契地形成规矩，除非例外，不去谈论这个话题。

迭戈·恩里奎·奥索尔诺（Diego Enrique Osorno）就是一个例外。我和他在“天堂之端”咖啡厅见面，他一个人来见我，没有保镖，样子仅仅是有些惊慌和匆忙。街上的景象和其他地方一样，警察开着黑色悍马巡逻，全副武装。“在过去六个月内，这里发生了一千多起凶杀案。就在这一周，六十多个人遭绑架与杀害。”奥索尔诺确认道。身为作家和记者的他是墨西哥多本畅销书的作者，其中包括《锡那罗亚州的贩毒集团》（*El Cártel de Sinaloa*）和最近的《洛斯哲塔斯之战》（*La Guerra de Los Zetas*），都是贩毒题材的作品。其余时间，一贯行事大胆的他作为独立记者，在网上发布文章——可能少有“纸面上的”编辑部足够有胆量定期出版他的作品。他有一个博客，还管理自己创立的“老城区”网站（elbarrioantiguo. com），并时常在其推特账号（@ diegoeosorno）实名发布一些信息、照片和短视频。

他为什么单枪匹马地做这些事情？是什么动机值得他冒如此巨大的生命危险？是想成为剧作里对抗恶棍的英雄？是出于不屈不挠的天性？迭戈·奥索尔诺告诉我，他仅仅是遵循自己的爱好，履行自己的职责。而当前的局面仍在继续，它是独立于主观意志存在的。况且这里可是蒙特雷。

奥索尔诺工作的重心是描写毒贩战争对社会和经济造成的后果。“我很注意自己写什么。我尽力保持中立态度，不利用一个集团去反对另一个。我从来不选用匿名的信息源。我害怕，十分害怕，但这也是我工作的动力之一。恐惧，就像一种写作技巧。怀有恐惧会让你尊重你的信息源。但是，我当然也不是什么都写。如果我把自己掌握的所有信息和盘托出，早就没命了。”

在奥索尔诺这些人看来，像优图播、脸书、推特、因斯特格拉姆和汤博乐这样的社交媒体，是必不可少的信息来源，它可以弥补地方媒体对贩毒集团报道方面的空白。

自 2009 年起，为了获取信息，蒙特雷的居民们开始密切关注“#蒙特雷在关注”话题标签，这是推特上的一个关键词。“我们可以实时了解哪里有危险，哪里正在发生杀戮，警察在哪里设了检查站，反过来，也可以知道哪些酒吧或餐厅是安全的。”首府蒙特雷所在的新莱昂州的一位官员卡门·洪科（Carmen Junco）解释道。她补充说：“比如我，当我 19 岁的儿子晚上出门的时候，我就必须关注‘#蒙特雷在关注’。”相较于订阅某一个社交媒体或者博客账号，在推特上关注关键词的好处在于隐私得到保护。所有人都可以看到它，甚至可以加这个标签来发布消息，不用负实际的责任，或担心遭报复。

蒙特雷理工大学的数码中心负责人何塞·埃斯卡米利亚·德·洛斯·桑托斯（José Escamilla de Los Santos）说："蒙特雷几年前还是一座比较安全的城市。自从2009到2010年贩毒集团之间发生过一次冲突之后，情况急转直下。自那以后，这里就成了地狱。"他从办公室的窗户给我指出两名学生被杀的地点，就在这所知名大学的院墙之内。"自蒙特雷市贩毒集团冲突之日起，一切都崩溃了。人们再也无法获取任何信息，不知道该怎么办。晚上外出就餐、喝咖啡或去赌场之前，我们必须在推特上浏览一些可信的账号，或者关注消息最灵通的话题标签。如果知道哪个地方发生爆炸，我们就避开那个街区。这也可以使我们获取交通事故和警方交通管制的信息。如今，情况还在继续恶化。到了晚上，很简单：我们不出门了。"

蒙特雷理工大学通常被视为是墨西哥最优秀的工程师院校之一，可算作是当地的麻省理工学院。在拉丁美洲，这是一所在数码研究领域具有权威性的大学。参观校园的过程中，学校的技术手段、数码工作室和在线媒体使我印象深刻。然而，洛斯·桑托斯说，由于贩毒集团之间冲突不断，学生注册人数几年来持续降低。为挽救声誉，学校选择在墨西哥危险指数较低的地区设立分校区，并开发了一个重要的数码门户网站，可提供在线课程并获得文凭，无需本人亲身到教室上课。

在一个暴力事件频发的环境当中，社交媒体显得尤为珍贵。脸书和推特尽管是美国的平台，但它们在不同国家拥有不同的使用方式。"在贩毒地区，消息通常很简短，没名字没头像，比如：'在这条或那条街上有九具尸体'或'三具尸体被悬挂在这座桥上'。我们选择像脸书和推特这样的全球化工具，可以形成一种超本地化对话。"博主安东尼奥·马丁内斯·委拉斯凯兹（Antonio Martínez Velázquez）评价道（我在墨西哥采访他的时候，他所在的非政府组织的雇员受到毒贩的死亡威胁，联邦警察当时在现场调查）。

蒙特雷是墨西哥拥有推特账号最多的城市之一，在这座城市，这种体系已经扩大至其他关键词，如：#mtyfollow（#蒙特雷关注）、#mtyalert（#蒙特雷警报）#monterreyshootings（#蒙特雷枪击），还有一些做信息综述的账号，如@ Cicmty，或 cic. mx 网站。这种在线匿名分享犯罪活动信息的模式在墨西哥各个危险区域被复制，比如雷诺萨的#reynosafollow（#雷诺萨关注）、哈拉帕的#xalapafollow（#哈拉帕关注）、韦拉克鲁斯的#veracruzfollow（#韦拉克鲁斯关注），还有华雷斯市的#juarezfollow（#华雷斯关注）和#juarezawareness（#华雷斯警觉）。华雷斯市是又一座位于墨西哥与美国边境、靠近得克萨斯州厄尔巴索市的犯罪猖獗的城市。

"Situación de riesgo"（有危险情况）：这几个字常常出现在社交媒体上。"我们在推特上这么写，或直接写 SDR，提示人们在某个地方存在危险。"胡里安·赫伯特（Julián Herbert）讲述道。他是我在韦拉克鲁斯会见的一位博主、作家。韦拉克鲁斯位于墨西哥东部的墨西哥湾，这座大城市是又一个犯罪之都。"在韦拉克鲁斯暴力事件频发，因为这里是毒品过境的重要港口。记者们已经被瞄上了。对他们来说，这是世界上最危险的城市之一，大约 120 名记者被杀害。因此，人人都在社交媒体匿名发消息，根本没法弄清楚信息源是否可靠。我们甚至认为发推特的人里边有警察，因为发布的很多照片只有第一个到达犯案现场的人才能拍到，”赫伯特继续说道。据致力于调查针对记者和博主的暴力行为的墨西哥非政府组织“第十九条”（Article 19）称，这些暴力事件中有相当数量是在腐败行为的驱使下，由当地警察、政府部门、私人企业和政党引发的，并不只是因为毒贩。在其他情况下，暴力确实来自贩毒集团之间的斗争，深入某个犯罪团伙中的记者也就被盯上了。蒙特雷《靛蓝报》（*Indigo*）的负责人雷蒙·阿尔贝托·加尔萨（Ramón Alberto Garza）说：“被杀害的记者中有60%至80%或是熟悉某个贩毒集团的情况，或是专门向某个集团提供情报。他们被杀是因为没能提供足够的信息，或者某个竞争对手集团认出了他们。”我在墨西哥城向独立网站“动物政治”（Animal Político）的负责人提问时，他声称：“对于记者们来说，最大的危险在于揭发毒贩与地方政府之间的勾结。”

还有一天，我坐在哈拉帕的一家小酒吧的露台上。这是一座距韦拉克鲁斯一小时车程的中型城市。同样的，这里的警察六人开一辆悍马，身穿防弹背心巡逻。他们“从脚底到牙齿”都武装上了，在我看来这种比喻毫不夸张。菲利·达瓦洛斯（Feli Dávalos）是哈拉帕一档广播节目的主持人。他讲述道：“日报和广播都不谈论这里的暴力行为，所有人都装作它不存在。不久前，一家网站叙述了一些跟毒贩有关的事实，结果他们的办公地点发生了爆炸。自那以后，他们也不提及这个话题了。”

然而，社交媒体不只是匿名记者的特权，贩毒集团也会使用。例如洛斯哲塔斯（Los Zetas）贩毒集团就因为在优图播上传了令人毛骨悚然的视频而出名。“毒贩团体的犯罪文化十分浓厚，直接、残忍。

例如，执行死刑的场面经常会被录下来并发布到网上，其施虐程度令人难以置信。洛斯哲塔斯在这一领域出类拔萃。他们有点像是在毫无演技地翻拍《教父》或者《疤面煞星》。”曾发表过一份详尽的毒贩战争冲突调查的英国记者艾德·弗里亚米（Ed Vulliamy）评价道（我是在巴黎访问的他）。我曾看过其中一些犯罪视频，充斥着谋杀、电锯割喉，以及被斩首后挂在桥上的尸体。但是，十分幸运的是，一经发现，这些视频就会被优图播一个个撤回。

在优图播上同样可以看到一种“毒枭文化”（narco－culture），视频很容易找到。比如著名的《缉毒员之歌》（*Narcocorridos*），这些歌曲通常很流行，人们私下传播或在婚礼上播放，属于一种反毒枭文化。“北方老虎乐团”（Los Tigres del Norte）的一些歌曲视频在优图播上被观看几千万次，比如《小孩与婚礼》（*El Niño y la Boda*）、《走私与贩卖》（*Contrabando y Traición*）、《得州女孩卡梅利娅》（*Camelia la Texana*）。但是，犯罪分子没有放过这些艺术家：毒枭音乐组合“哥伦比亚乐团”（Kombo Kolombia）的17位歌手和音乐人于2013年1月在蒙特雷附近举办的演唱会结束后，遭到“海湾”贩毒集团的杀害。

“毒品、犯罪与暴力文化的泛滥，已经入侵了整体文化。这一点从电影和书籍上就能看出，全然一种毒贩民俗。”雷蒙·阿尔贝托·加尔萨总结道。他是墨西哥具有影响力的媒体人，曾经就职于墨西哥特莱维萨电视集团和《改革报》的他，如今领导一份完全实现双媒体化的报纸《靛蓝报》。我们在蒙特雷一起用餐时，他坚持让我品尝墨西哥特色风味，向我推荐蚱蜢、蠕虫、炸玉米饼和蚂蚁卵。我选择了叫作“彝斯咖魔”（escamoles）的蚂蚁卵。“很好的选择！这是墨西哥的鱼子酱。”加尔萨脱口而出。

不管怎么说，互联网还是对贩毒集团起到了干扰作用。即使他们成功限制了出版自由，但博主的成倍增长、社交媒体的匿名化、脸书与推特的分散性仍然给他们带来了麻烦。多名年轻博主遭到报复性谋杀，例如2011年9月在边界城市新拉雷多，受害人的尸体被悬挂在桥上，上边还挂着牌子，警告所有可能会在网上“告密”的人。

另外，在推特和脸书上发布的很多匿名信息并不可靠。谣言的传播比真实信息的传播快，有时还会引起恐慌。“一切都基于信任。”胡里安·赫伯特比较道。“人们关注他们认为真实的账号，如果发现自己被骗，他们就取消关注。之前有些账号一下子丢掉了所有‘好友’或‘粉丝’。”安东尼奥·马丁内斯·委拉斯开兹肯定地说：“社交媒体由公众自我管理：虚假消息和钓鱼网站很快就能被辨别出来。”

“其实，辨别真假常常很难。主要参与者是有组织的犯罪。最糟糕的是，罪犯不受制裁，案件不调查，警察无作为。地方政府与毒贩之间的关联是这场战争的问题之一。”《动物政治报》负责人丹尼尔·莫雷诺（Daniel Moreno）解释说。在位于墨西哥城的办公室里，他继续说道：“我派记者调查地方民选代表和毒贩之间的关系，但他们必须十分小心以确保自身安全。他们签了一份面面俱到的安全协议。他们经常被定位，每晚换酒店住，他们告知我们即将会面的人员姓名；当然了，记者们也是匿名发表文章。不管怎样，我们都不会派人到处于毒贩完全控制之下的城市，比如狄耶拉卡里恩特地区或是华雷斯市。如果把记者派到那儿，他们活着回来的希望就很渺茫了。”

墨西哥为社交媒体，在高危地区的地方化使用提供了一个独特的例子。除了国家的一些具体特征（移动互联网的重要性、管理的薄弱、电信行业垄断），这些做法也可算作是一种创新。互联网似乎特别区域化，深深扎根于该地区的社交媒体在那里获得了非凡的成就。

还剩下最后一个在极端环境中的数码科技案例，它不再仅仅涉及地区的复兴或是贩毒地区的信息，而是其中一些贫民窟自己的生意。

419 骗局

进入这家网吧时，我觉得自己很碍事。巨大的围栏保护着这家小店，玻璃座舱保护着店员，甚至还有一些大锁头到处悬挂着。自己行窃还担心被偷，真是奇怪。

这个地方简称为 CBD，中央商务区（Central Business District）。我身处南非约翰内斯堡市中心修布罗贫民区的比勒陀利亚街。这是一个危险的街区，在那里，人们被强烈建议不要独自出行，而且明确禁止夜间闲逛。这里的“主要生意”被人们称作“419 骗局”（419 scam）。

在网吧的入口处，一名三十多岁的男子正在吃装在保鲜盒里的米饭和肉，他问我们想干什么。“这是一家网吧，我们只要上网。”陪同我的南非当地女子诺玛（Noma）解释道。在我们眼前，有十几台联网的电脑，顾客都在自己的计算机前面忙活着，互相大声讲着祖鲁语。店员语气中带着粗暴，他回答说“今天网不好使”。很明显：我们碍事了。我们坚持要求。这男人又尖酸地回了我们一句，很明显，他丝毫不想让别人搅了他的“好事”。我们认为还是离开更好。

比勒陀利亚街的网吧不让上网，这是公认的。这些商店实际上是为了掩盖有组织的网络盗版贸易的托词。一些不法商人在那里挖空心思地捞钱。“这些网吧存在各种各样的非法行为。里边卖毒品、无许可证的酒水、禁播的色情电影，还有办假证的，而互联网诈骗尤其源自那里。”诺玛解释说。

“scam”在英语里是诈骗、欺诈的意思。人们通常参照尼日利亚的一个刑法条例，称之为“419 骗局”，该条例就是为这类网络诈骗定罪的。但这种现象不只在尼日利亚有，它已散播到贝宁、多哥、巴基斯坦、俄罗斯，还有这里，南非。

各种形式的诈骗不计其数。一封邮件通知您中了巨额彩票，或收到来自某个失势独裁者的汇款：您需要提供您的银行卡号以领款。一位孤身在外没有合法证件的朋友给您发邮件，需要您立即打款帮他解燃眉之急。或者一封来自雅虎或 Hotmail 的欺诈邮件，要求提供邮箱账号密码。无论以何种形式，上述例子，还有其他五花八门的手段，都属于“419 骗局”。

诺玛继续说道：“在这里，人们习惯将之称为‘尼日利亚骗局’，我们假装这种事来自尼日利亚，自己这里没有！而实际情况是，这种网络诈骗是修布罗这条街上的主要生意之一。”在这个南非的贫民区里，当有人群发邮件时，人们不是将其称为“垃圾邮件发送者”（spammer），而称为“骗子”（scammer）。这是一个职业。

我们走进比勒陀利亚街的其他网吧，遭到了同样冷冰冰的接待。所有党徒都一样。他们更害怕被陌生人注意到，而不是受到警察追究，不管怎样，后者和赌博及“网络钓鱼”（phishing）没什么两样。

有时，我们还是可以被允许在这里上网，或者买一些“漫游话费”（air time），即几分钟的手机预付话费。有时甚至还能够打电话，因为这些网吧大多数时候在店外的街上设置可供使用的固定电话，花一点钱，可以买合适的套餐打国际长途。在一家网吧内，我看到一张广告海报，号称可以让“阴茎增大、壮阳”。在另外一家店，我读到这样一句话：“禁止访问如优图播等色情网站。”

修布罗超越了善与恶。这里，人们有权做不老实的商人，但不能当色鬼。狡猾的人寻求靠山，但他们没有与坏人为伍的权利。人们有自己的道德，它是电影《教父》中的道义，而不是曼德拉的。

第七章　我的 Isl@m

“欢迎来到加沙”

我刚刚通过埃及的拉法（Rafah）过境点越过边界，就收到一条阿拉伯语短信：“欢迎来到加沙。”落款是：蜂窝网络公司（Jawwal）。

蜂窝网络在加沙地区几乎占据垄断地位。公司位于拉姆安拉（Ramallah），隶属于巴勒斯坦百万富翁莫尼卜·阿尔·马斯里（Moneeb Al Masry）的集团，该集团掌控着电信行业中的固定电话、移动电话以及互联网业务。根据“奥斯陆和平协议”* 规定，所有电话线和光缆都需要经过以色列的埃雷兹（Erez）过境点，以便以色列可以控制加沙地区内部通信的完整性。有一次，这条由政府从埃雷兹铺设过来的唯一光缆被一辆挖掘机意外切断，导致加沙地区好几天断网。还有

* 1993 年 8 月 20 日以色列总理拉宾和巴勒斯坦解放组织主席阿拉法特在挪威首都奥斯陆秘密会面后达成的和平协议。——译者注

一次，是在2008年“铸铅行动”* 期间，以色列国防军切断了加沙地区的网络。

“以色列人能够监听到任何对话，看到任何邮件。在通信方面，他们十分了不起。”哈马斯的主要媒体之一、阿克萨（Al Aqsa）电视台网站总编辑穆罕默德·麦什麦什（Mohamed Meshmesh）向我确认道。在加沙，移动通信的价格便宜，互联网也很普及，在咖啡馆和家里都可以上网。除西奈半岛以外，加沙地区的巴勒斯坦人使用的网络质量高于埃及的网络，这有些违悖常理。在加沙的很多移动通信商场内，可以找到一些巴勒斯坦人买得起的价格适中的手机。这些手机和大多数经过许可的消费品，都是通过加沙地区东南部的凯雷姆·沙洛姆（Kerem Shalom）的商品过境点从以色列运来的。那里靠近拉法，我在那儿看到排列着的源源不断的半挂式卡车，所有商品都必须卸载到地上接受严格检查，还要更换司机甚至卡车（因为从一边来的卡车到另一边之后，就不能原路返回）。总之，成吨的货品（其中包括不同品牌的电话、平板电脑、电脑）就这样被准许在工作日期间通过这个通道合法过境。所有未能通过正规途径入境的，都走“地道”。

十多年来，尤其自2006年加沙的竞选胜利和2007年强制控制整个加沙地带起，哈马斯的媒体和数码曝光程度十分了不起。其电视发射台和广播工作室多次遭到轰炸，网络也被切断。以色列“铸铅行动”期间，哈马斯的电视台甚至被完全粉碎，记者们不得不在秘密的地下办公室工作。

---

* 以色列国防军针对巴勒斯坦加沙地带的哈马斯执行的代号为“铸铅行动”的空袭。——译者注

“以色列人无所不能。如果他们想的话，会把我们轰炸个一干二净，或是毁坏我们的发射台，干扰我们的天线。他们甚至能够远程控制我们的节目，换作播放他们自己的消息。”穆罕默德·麦什麦什哀叹道。他又补充说：“他们还可以进入我们的网站，在我们的脸书页面上以管理员的身份发布消息。”

“从以色列过境运输来的手机、平板电脑和电脑质量很好，但还是挺贵的。要想拿到更便宜的机子，就要走地道运过来。”艾哈迈德·沙瓦（Ahmed Shawa）对我说。沙瓦是一位在蜂窝网络门店卖手机和平板电脑的年轻人，这家门店位于加沙的巴勒斯坦街与烈士街的交汇处。

不久前成立了一家快递公司。这家新成立的快递公司类似于巴勒斯坦的联邦快递，叫作“叶麻默快递”（Yamama Delivery）。该公司凭借提供从地道快递来自埃及的肯德基外卖到加沙而声名鹊起。这个生意肯定能获得成功。

“在加沙，您可以叫一辆出租车，告诉司机带您到地道去。有一个公司还能确保‘实现全天候 24 小时过境’！人们甚至拿出境方式开玩笑：走边境或是去机场。机场，指的是地道！因为这样更快！”博客作者马哈茂德·奥马尔讽刺道。他曾多次通过地道过境。“15 美元，就这个价格。”他说。

哈法过境点时常因为难以预测的偶然事件被关闭，对于加沙的 1,700 万居民来说，如果没有地道，边境封闭则必然导致资源匮乏，尽管有必不可少的互联网。

伊朗的互联网

拉米亚（Ramyar）在德黑兰大巴扎（the Grand Bazar）卖手机。不只他一人，在我遇到这位伊朗小伙子的街道上，所有商店都卖手机。（在此节讲述伊朗的部分，某些名字、地点和情况会有更改。）

大巴扎是一个各国旅客经常来往的不可思议的地方，每天有30万人在此工作，60万客户在此经商。这里拥挤不堪，到处都有人在讨价还价、物物交换。这里比不上耶路撒冷老城市场或达马斯岛市场那么漂亮，但规模更大。从规模和氛围来看，这里更像开罗的汗·哈利利大集市；从男女严格分隔开来这方面看，这里更像利雅得的塞米利市场（Al Thumairi）。

在市场内部，沿着小巷子，各种颜色和气味扑面而来：香料、干果、糕点。每个铺子专卖一类产品，它们不是彼此分开的，而是根据商品种类汇聚在一起；这和购物广场正好相反。这里是卖腰带的，那里是卖橡胶手套的，再远一点，有卖衣挂和衣帽架的，还有卖大衣的……

法蒂玛（Fatemeh）是一名医学专业的女大学生，她头戴面纱，为我在这条专门卖手机的街上和商贩交流时做翻译。在有互联网之前，手机对于伊朗人来说是第一次重大的变革。“没有手机，家长的管控几乎是彻底的。比如，女孩子们不能和任何人讲话，因为她们的父亲会控制打到家里固定电话机上的电话，并监听所有对话。自所有年轻人都有手机那天起，父亲们就无法控制他们的通话了。”拉米亚说道，他就是靠这次变革谋生的。国际电信联盟的数据证实，75%的伊朗人拥有手机，这个数字在上层社会达到92%；7,500万伊朗人中有3,000

万人使用互联网。“在这里，大家都使用像威伯、讯佳普还有手机通信应用程序这样的通过手机免费通话的软件。短信和蓝牙很重要，因为它们可以让你甚至不用说话就可以进行交流！年轻人获得了更多的自主，尤其是女孩子们。”拉米亚继续说道。他让我看他自己手机上威伯软件里长长的通讯录，还有他和伙伴们的很多聊天记录，其中有“不少女孩子”，他称她们为“我的女朋友们”。

在德黑兰大巴扎的一家商店里，有一台电脑，连着两个扬声器。电脑连续播放着苹果音乐频道上的歌曲，其中许多是从洛杉矶转入伊朗的流行歌曲和一些英文劲歌。一名店员在上他的克鲁伯（Cloob，波斯语社交网络）主页，克鲁伯相当于伊朗的脸书。

实际上，伊朗仍是一个博客之国。博客环境异常卓越，人们在谈论到这个话题时，称这里为真正的“博基斯坦”（blogistan），以此来形容伊朗的博客用户群。据估计，他们的人数大约在 70 万左右。

伊朗对互联网的监管始于 2009 年。伊朗议会宣布已拨款 3.8 亿欧元，建立一个名副其实的互联网监管系统。有一支叫作“FATA”的网络警察队伍，这是一个隶属于伊朗伊斯兰警察的特别单位。

我在德黑兰时做了一个测试：美国前副总统迪克·切尼（Dick Cheney）的名字在伊朗经常被屏蔽。是出于反美主义？不是！仅仅因为他的名字叫“迪克”（在英文中字面意思为“阴茎”）。因此这个词被自动删除了。

阿米尔是一位艺术家和数码美工，我在“网络咖啡厅”和他见面，这是德黑兰一个很时尚的地方，位于城市南部靠近霍梅尼广场的一条小巷子的地下室。

这家咖啡厅沿街，由三个可以吸烟的房间组成，在里边可以买一些饮料（但没有酒类）和价格实惠的当日特色菜肴，无线宽带是免费的。一伙大学生正在优图播上看嘎嘎小姐名为《电话》的音乐视频。我周围的女孩们，为了让自己变得漂亮费尽心思，她们用兜帽整理装扮面纱，还化着大胆的妆容。

伊朗的人口非常年轻化（7,500 万伊朗人口中，65% 的人口低于 35 岁），受教育程度高（尤其是女孩子的受教育水平）。伊朗拥有一个庞大的中产阶级，并且新科技无处不在。

穆斯林世界的互联网

开罗艾资哈尔（Al Azhar）大学校区所在地距离前埃及总统萨达特（Anouar El Sadate）遇刺的地方有几百米远。一座激动人心的纪念碑提醒着人们对他的怀念。校区位于纳斯尔城（Nasr City）的中心，这是开罗东北部的一大片郊区。

一进入大学校区，就看到一些卖西瓜和报纸的小商贩。这里的出入受到严格管理，但一旦允许进入，便可以开车在囊括五十多栋楼的宽广建筑群内通行。其中一座楼以 ISNU 的名字为人所知。这是信息系统网络单位（Information System Network Unit，简称 ISNU）——逊尼派穆斯林的互联网中心。

这所大学在穆斯林世界闻名遐迩，吸引了不少外国留学生。艾资哈尔大学不得不在纳斯尔城设立一片巨大的新校区，紧挨着国防部。开罗市中心的老校区如今看起来就像一面橱窗，郊区的新校区是主校区。

穆罕默德·胡斯尼（Mohamed Hosny）是艾资哈尔信息系统网络

单位的管理人，负责管理四十多个“实验室”，它们是网络的核心。他态度友好地带我参观，举手投足间带有一些宗教仪式般的动作。大厦二层是这一网络系统的顶端：一台西门子超级电脑占据了整个房间，房间内的窗户用厚厚的绿色窗帘遮挡了起来，以保护机器免受光照；还有一台空调设备，尽管有噪音，但是可以防止电脑过热。胡斯尼回答了我的各种问题，甚至告诉我路由器和转换器的牌子分别是朱尼珀（Juniper）和方得来（Foundry）两个美国牌子。校区网络围绕局域网封闭运作，也可以通过十多个相连的服务器接入互联网。

大学的旗舰项目之一叫作艾资哈尔线上项目。此项目发起于 2005 年，资金大部分来自迪拜酋长国的基金，旨在将这所大学保存的珍贵手稿和伊斯兰教历史的主要文献资料数字化，并将其提供给公众参阅。同时，项目还设立了一条热线电话，以回答面对现代化生活的穆斯林所提出的实际问题：他们可以通过电话、邮件联系这所神学院，所提的任何问题在 48 小时之内保证能得到回答。

游走在校园内，我恰巧经过了几个数字化学习教室、一个软件中心、一个硬件中心，在一条走廊的尽头，我还看到一个维修厅，厅内放满了成堆不成套的电脑配件。

与整个穆斯林世界一样，埃及新兴企业的老板们也在大量开发符合伊斯兰教的网站和应用程序。

P. S 咖啡厅位于扎马雷克岛（Zamalek），这是开罗市中心的一个富裕、小资的街区。咖啡店内无线宽带免费。穆罕默德告诉我，这里的每个顾客都在手机上下载了好几个应用程序，他向我推荐 iQuran，这是一个很流行的《古兰经》阅读软件（基础版叫作 iQuran Lite，是免费的，升级版在苹果软件商店的价格为1.79欧元)。因为我是外国人，穆罕默德向我推荐下载一款可以用外语读《古兰经》的应用，这是严厉禁止的，因为理论上，不可以翻译《古兰经》(Quran Majeed Lite，应用是免费的，增强版在苹果软件商店的价格为3.59欧元)。这些不同的电子版《古兰经》下载量达几百万次。穆罕默德还订阅了一个免费短信，每天早晨首次祈祷时，会收到一条《古兰经》的节选。他给我看最新收到的几条信息，似乎对此感到很骄傲。

穆罕默德严格奉行斋月，斋月期间还有其他的专门应用可以用。"斋月时报"(Ramadan Times)可以通知开斋的准确时间，无论你身处何地(日出日落的时间根据地点不同而发生变化，该应用软件使用卫星定位)。还有不少其他工具可以让智能手机和网络更加个性化。

伊斯梅尔(Ismaïl)加入了我们。他点了一杯芒果饮料——P.S咖啡厅不卖酒——，还预订了一个水烟。他看起来也对自己的三星Galaxy S4手机感到自豪，运营商埃及沃达丰公司在手机里预装了一个指明麦加方向的古兰经指南针、一个伊斯兰数码计数器(数码念珠)以供计算朗读经文的条数，还有一个卫星定位软件，每天五次显示祷告和祈求的时间。尽管很少从事宗教活动，伊斯梅尔还是下载了一款由知名布道士艾哈迈德·阿杰米(Ahmad Ajami)诵读的《古兰经》应用(Holy Quran，用安卓手机在谷歌商店可以免费下载)。"这个版本的好处是，可以根据自己的需求，一个个下载不同章节，用来在离线的时候听，也可以通过蓝牙分享。"伊斯梅尔对我说。我观察着这款应用，看到其最新版有一个功能叫作"有人拨入电话时停止播放"。伊斯梅尔强调："在阅读《古兰经》的时候如果有人来电话，可以随时停下来，这样更尊重别人!"

P. S 咖啡厅内现在坐满了人。旁边不远处的一家家具店刚刚倒闭，咖啡厅的经理因此把露天座位延伸到家具店旁边，使自己的营业面积扩大了一倍。吸着樱桃味的水烟，啜饮着冰沙，吃着美式小点心（巧克力妙芙），伊斯梅尔、穆罕默德和扎克正在围绕互联网进行辩论。

他们讨论的话题转向了数码科技。他们谈到了麦克图伯（Maktoob），一家阿拉伯语新闻门户网站（被雅虎收购）：穆罕默德认为登录其邮箱很方便，因为操作语言是阿拉伯语，而伊斯梅尔则认为该服务老旧过时，他更喜欢 Hotmail 和 Gmail。他们还谈到了阿拉伯极客们喜欢的 ArabNet 网站，也谈到了迪拜面向阿拉伯女性的网站 Diwanee。

如今，中东地区和马格里布地区近 60% 的人口年龄低于 30 岁，埃及为 61%，摩洛哥和阿尔及利亚分别是 58%，沙特阿拉伯为 60%，约旦 64%，巴勒斯坦领土达到 72%，黎巴嫩和突尼斯分别为 52%。这些新生代人口懂得上网并且谙熟数字技术，他们加快了整个阿拉伯社会的网络使用。网络几乎在各地都得到持续快速的发展，如今，超过 50% 的人口（除伊拉克和也门之外）习惯上网，海湾国家甚至超过了 70%。脸书的用户数量也很高，比如，在沙特阿拉伯（总人口 2,600 万）有近 600 万人使用，在海湾地区其他国家如约旦、黎巴嫩，用户数也十分可观。

第八章 调控者

“正如您所看到的，我在为团队组织今晚的圣诞派对。”正逢 2013 年 12 月底，这里有圣诞树、扎着漂亮缎带的装饰礼品包、小彩旗挂件和圣诞袜——这是供圣诞老人填满礼物的空袜子。这里节日气氛浓厚：创意工场公司的开放空间内洋溢着一种难以描述的兴奋。安德鲁·麦克劳林（Andrew McLaughlin）准备了一段简短的演讲，按照传统，演讲将以一则笑话开头。过一会儿，公司一百多名员工将聚在这里，举起酒杯欢度圣诞。在和团队相聚之前，麦克劳林，这位经常被介绍为互联网界最著名的“宣传官”之一的人，像是在为我们长久的对话下结论一样，用单调的语气补充说：“您知道，美国没有通信部，就是这样的。”

创意工场公司位于纽约第十三街西侧的肉品包装区（Meatpacking District）。这里曾经一直是一个工业区，以肉品屠宰加工与批发著称。如今，该地区变高档了，它已经被小资化，并吸引着波波族和新兴企业。作为一个复合型企业，创意工场担任了多重角色：对于像空中食宿、高朋网、基克斯塔特（Kickstarter，一家项目众筹公司）、布兹斐得（Buzzfeed，一家美国的新闻聚合网络）、帕斯、拼趣、推特和汤博乐（麦克劳林是汤博乐的副总裁，该公司被雅虎收购）这样的互联网公司而言，它首先是一个投资者，一个风险资本家。创意工场有时更像是一个“母公司”，直接管理其下属的新兴企业，如掘客网（Digg）、因斯塔佩珀（Instapaper，一家提供脱机网页阅读工具的公司）、推特码头（Tweet Deck，一家基于奥多比集成运行时的推特客户端）、查特比特（Chartbeet，一家网站流量分析公司）和比特利公司（Bitly，一家提供短链接服务的公司）。这些公司也同样坐落于这片巨大的产业园区中。安德鲁·麦克劳林向我介绍他的团队：其中一片办公区是掘客网的，另一片是因斯塔佩珀的，十多名年轻的程序员、美工、“技术宅”和其他网络高手正在各自的苹果电脑前忙碌着。他们头上戴着白色耳机，总是一副与世隔绝、不谙世事的样子。这里的氛围轻松而随意，墙上写着各种口号，屋里摆着圣诞老人小玩偶；这让我想到了硅谷。“不，这是布鲁克林式的氛围。”麦克劳林马上纠正道。我请他向我解释二者的区别。他说：“在这里，我们不仅仅对技术感兴趣，我们想真正做些事情来帮助他人。我们想改变世界。”

44 岁的安德鲁·麦克劳林最初是一名专门为言论自由辩护的“言论自由律师”（free speech lawyer），而后很快改行到数字科技领域。麦克劳林毕业于耶鲁大学和哈佛大学法学院，这位美国北达科他州人在正确的时间靠敏锐的直觉作出了选择，同时，他的运气很好。在 20 世纪 90 年代初，已经凭借精彩的演讲技巧脱颖而出的麦克劳林在为美国公民自由联盟（American Civil Liberties Union）辩护的律师事务所工作。该联盟是美国最主要的自由保护组织，在网络言论自由方面与美国政府站在对立面。当时争论的焦点是一项以“尺度”为名义对互联网予以调控的法律，尤其涉及未成年人。当时的美国正在经历一场十足的“文化战争”，像摄影师罗伯特·梅普尔索普（Robert Mapplethorpe）、安德烈斯·塞拉诺（Andres Serrano）、南·戈尔丁（Nan Goldin）以及编剧托尼·库什纳（Tony Kushner）这样的知名艺术家们，都因其作品涉及色情、同性恋和性虐待等题材而受到国家文化机构的审查。克林顿的性丑闻使民主党白宫的力量被削弱，这种被动局面使得艺术之战转移到国会由共和党控制——企图治理的互联网领域。麦克劳林与众人一道抨击克林顿政府的司法部长珍妮特·雷诺女士（Janet Reno），反对一切网络管制甚至包括对色情内容的管制。随着反复的法院上诉，该事件渐渐引起轰动，1997年，最高法院为这桩著名的“雷诺诉美国公民自由联盟案”作出了终审判决：根据美国宪法关于言论自由的第一修正案，政府不得调控互联网。当时还是一名年轻律师的麦克劳林就是这样将自己的名字与互联网最著名的一次胜利联系在了一起。他讲道：“这是一个很具技术性的案例，但起到了决定性作用。最高法院决议，互联网应被视为同出版物一样，不得对其进行任何形式的任何调控，且鉴于其受众人群不多，互联网也不能像广播和电视一样受政府调控。自该项决议下达之日起，整个互联网历史发生了改变。其结果之一是网络的中立性，各个网站不受约束地得到了持续快速的发展。”该项判决也许并没有如此巨大的重要性，但很明显，它成为那个时代的一个烙印。不管怎样，这项决议拓宽了这位年轻律师的视野。

安德鲁·麦克劳林说话时语速很快，像是在效仿网速。他剃着秃头，戴着方框眼镜，留着三天没刮的白胡子，手腕上戴着用来记录睡眠和每日的运动时间的健康一点手链。麦克劳林有很多话要讲。这位互联网界名副其实的思想领袖躺在自己“角落办公室”的沙发上——这种说法很确切，因为这就是一个位于拐角的办公室。此外，他是创意工场公司内少有的拥有封闭式办公室的人之一。还没躺稳，他就站起来，然后又躺下，踢着腿，比比画画地回顾他人生中的重要阶段。性格外向的他，在支持一个观点并试图说服我的时候，会使用幅度很大的手势。真是一副焦躁不安的样子！

20 世纪 90 年代初的“互联网”还是专家们的事，他们大部分来自加州和麻省的几所大学，如斯坦福大学、洛杉矶加州大学、南加州大学、哈佛大学和麻省理工学院。当时还没有谷歌和脸书，安德鲁·麦克劳林在各种研讨会和会晤期间与互联网界的“开国元勋”擦肩而过，如鲍勃·卡恩（Bob Kahn）和温特·瑟夫（Vint Cerf）［他们是互联网协议的联合创始人，瑟夫自那时起担任互联网名称与数字地址分配机构（ICANN）的总裁之一，如今是谷歌公司的“首席宣传官”］、拉里·欧文（Larry Irving）（为克林顿政府工作的互联网调控者），还有乔恩·波斯特尔（Jon Postel）（互联网名称与数字地址分配机构联合创始人）。麦克劳林成为乔恩的律师，与其并肩同美国政府谈判，呼吁原来由政府商务部管理的域名分配改由一个独立组织互联网名称与数字地址分配机构进行管理。麦克劳林成为该机构第一名员工。“当时还是联邦政府通过国家科学基金会给我发薪水。”麦克劳林回忆道。渐渐地，一个独立的董事会成立了，互联网名称与数字地址分配机构获得了更多的自主权。四年的时间里，麦克劳林轮换职位，从互联网名称与数字地址分配机构首席政策官，到财务总监，最后到副总裁。

2004 年，在哈佛逗留了一段时间后，麦克劳林受聘于谷歌公司，成为当时这个新兴企业的公共事务总监。他搬到硅谷，并直接为拉里·佩奇和谢尔盖·布林工作。就是他，以这两位的名义，对美国政府进行游说；还是他，与中国谈判，使谷歌得以在华发展。“我当时一直很矛盾，”麦克劳林向我讲道，“我每隔六周去一次中国，有时同拉里和谢尔盖一起，最后，在权衡利弊之后，我建议他们还是不要在中国设立公司。但谷歌的董事会决议要在中国发展，我就随了他们的意见。”（2010 年，谷歌搬出了中国内地，转到香港。）

在谷歌领导层工作五年之后，麦克劳林参与到奥巴马的竞选中。甚至在希拉里·克林顿初选失败之前，他就早早地将赌注押在这位黑人候选人身上，因为他认为奥巴马是唯一懂得互联网的竞选者。奥巴马当选后，麦克劳林于 2008 年末加入其“过渡小组”。2009 年 1 月，奥巴马入主白宫，安德鲁·麦克劳林成为这位美国总统的数字顾问和第一位首席技术官。“实际上，我是副职。由于我出身于谷歌，所以不能成为首席技术官，参议院是绝对不会批准我担任这个职位的。但总统希望我当他的顾问。”

当我从著名的西翼进入白宫时，一只狗在我身上嗅来嗅去。这种安全措施是合法的，但特工们在各种严格搜查的基础上加上警犬检查的环节在我看来有些多余。总之，这就如同电影里的一个场景。

总统行政办公室的大部分人员都在艾森豪威尔行政大楼里办公，这里绝对是一个繁忙之地。大楼是一个走廊和楼梯交错的迷宫，参议员们在楼内大步穿梭，他们是一些影响力或大或小的谋士、政客和战略家。奥巴马的两名顾问负责接待我，我被要求不得引述他们的言论。此次交谈，按美国的说法，“禁止公开”（off the record），或者“仅作为背景资料”（background only）且“不具名”（not for attribution）。大卫·埃德尔曼（David Edelman）是总统的数字政策顾问兼创新顾问，内特·卢宾（Nate Lubin）是数字化战略总监。两人都小心谨慎地回答我的问题，说话的方式像是在穿插使用幻灯片进行演示一样。在听他们说话时，我注意到办公室的墙上挂着一幅奥巴马的照片，奇怪的是，他的头上被加上了一圈神圣的白色光晕，这位圣人奥巴马的形象给这座政府庙宇带来一丝滑稽的意味。

在白宫，谁负责互联网？很多人。首先是总统的顾问们，他们或者负责公共数字化策略，或者负责奥巴马的个人公关。这不是一回事，因此也不是同一批负责人。“奥巴马很会利用互联网的力量让自己当选并连任；在制定公共政策方面，他不是那么成功。”安德鲁·麦克劳林直截了当地说（他在奥巴马首届任期结束之后离开了白宫）。

主要的政治职务由美国首席技术官担当，目前是托德·帕克（Todd Park）。这个职位当初由奥巴马创立，担任这一职位者也是总统的顾问。与其并肩的是首席信息官，目前由史蒂夫·瓦洛伊克尔（Steve VanRoekel）担任。二者为白宫和联邦政府协调管理美国的数字化政策。前者是一名“宣传官”负责推广网络，最大限度地劝说行政机关、城市和企业进行联网，使它们开放数据或实现“智能化”。而后者的职能更加体制化，负责协调各部门的政策，制定规程和公共标准，管理美国政府在数字领域的投资：联邦政府每年总共投入约800亿美金到技术领域（据专门网站“联邦IT仪表板”公布的拨款数据显示）。最终，这笔由白宫直接操控的巨额经费很大程度地扶持了美国的数字生态系统——受益者包括联合大企业、新兴企业、科研型大学、数据中心和云端技术企业——，这相当于数额庞大的间接补助。

“总体而言，首席技术官的职能是面向外部，首席信息官则更面向行政机关内部。”安德鲁·麦克劳林概括说。“首席技术官没什么大用处，就是一个啦啦队长。”为华盛顿的新美国基金会（New American Foundation）负责互联网调控的萨克沙·梅纳斯（SaschaMeinrath）讽刺道。

首席技术官和首席信息官都拥有行政权，并且直接隶属于白宫（其办公室就在白宫里），他们的职能是进行政策的管理。政策的实际执行则由一个鲜为人知但很重要的部级分支负责：美国国家电信和信息管理局（NTIA）。这个相当敏感的领导机关归美国商务部管辖，其现任主管劳伦斯·斯特里克林（Lawrence Strickling）有部长级代表的头衔。这位商务部部长助理一点也不独立：他每周都被召唤到白宫参加协调会。

“最开始，国家电信和信息管理局仅仅是白宫内部的一个部门，叫作‘总统技术办公室’。之后，1978 年卡特总统在任期间，当时的总统官僚主义得到整顿和削弱，该部门被划归到商务部下面。”拉里·欧文回忆说，他曾是克林顿时期的电信部部长，自 20 世纪 90 年代初担任该职位。我和他在亚当斯甘草酒店（Hay - Adams Hotel）的拉法耶餐厅共进早餐，饭店的窗子就朝向白宫。欧文出生在纽约布鲁克林区的黑人贫民区，毕业于斯坦福大学法学院。身为克林顿政府的代表人物，欧文的个人经历和仪表作风都令我印象深刻。他是首位使用“数字鸿沟”（digital divide）这一说法的人，更重要的是，他是第一个向政府提出缩小这一鸿沟的人。“顾名思义，国家电信和信息管理局是和总统紧密相连的。我记得当时每周二早上，我都要到戈尔副总统的办公室参加会议，他召集了所有负责数字领域的人来开会。当时的美国只有一两百万人能上网，我们需要创造一切。”拉里·欧文回忆道。白宫的这些周会，所有负责互联网的部门机关都要出席：国家电信和信息管理局当然在场，此外还有商务部和国务院的一些官员，以及司法部反垄断局和联邦通信委员会的负责人。“我们当时已经为数字鸿沟而担忧了，我们谈到了个人隐私问题。但这还只是网络的开端。副总统戈尔对这个主题热情很高。当时还没有谷歌，因此懂得我们在谈论什么的人并不多。”

如今，在会见商务部三位官员的过程中，美国国家电信和信息管理局在我看来已经完全将数字化纳入了电信方面的传统任务中。这些任务包括人造卫星管理，军用、民用无线电频谱的配置（私人电频谱由联邦通信委员会管理），今后还将包括一系列新的数字化职能。“我们的角色发生了很大转变，”国家电信和信息管理局国际关系负责人菲奥娜·亚历山大（Fiona Alexander）说，“美国没有通信部。不同的行政部门和办事处在负责管理这些问题。”国家电信和信息管理局主要负责宽带、数字化战略、网络安全（与美国国家安全机构合作）和版权保护（与美国商务部下属的专利与商标局以及白宫知识产权执法协调办公室合作）。国家电信和信息管理局还负责协调缩小“数字鸿沟”的联邦政策。克林顿时期，国家电信和信息管理局负责协调一个涵盖美国1.64万座公共图书馆和10万座学校图书馆的整体规划。奥巴马时期，国家电信和信息管理局又负责管理“美国复苏与再投资法案”（2009年经济复苏的鸿篇法案）中涉及互联网的部分。该计划注资40亿美金，分期进行，至2015年完成，相对于填补“数字鸿沟”——这个问题已经部分解决——来讲，该计划更注重国家的首要任务——数字素质（或理解为掌握数字知识的能力）。“公共图书馆再度成为国家电信和信息管理局这一计划的核心。全美所有图书馆都提供免费上网：在偏远的村落或经济困难的城区，当人们无法在家里联网，图书馆是他们可以上网的去处。我们认为图书馆的未来在数字领域：如果我们的场所近便、中立、非商业且开通网络，就可以存活下来。很明确的一点是，'数码扫盲'是我们的职责所在。"美国图书馆协会数字化负责人拉腊·克拉克（Larra Clark）对此表示支持。该协会是美国图书馆主要的院外活动集团。［克拉克在交谈中多次用到"BiblioTech"这个词，意指由国家电信和信息管理局资助的那些没有纸质书的新型图书馆，如得克萨斯州圣安东尼奥市的贝克萨县数字图书馆（Bexar County Digital Library），可以向用户提供500部电子阅读器、48台电脑和1万部电子书，但没有一本纸质书籍。］

国家电信和信息管理局更具战略性的举动是参与全球互联网治理。实际上，它在管理全球域名的互联网名称与数字地址分配机构理事会中代表美国政府。此外，国家电信和信息管理局与互联网名称与数字地址分配机构签有独家协议，协议要求后者这个理论上独立的机构保持作为美国公司的属性，确保美国对互联网架构尤其是网络之间互连的协议（IP）地址和域名分配拥有事实上的监控。国家电信和信息管理局隶属于商务部，后者又服从于白宫，我们由此可以很容易地归纳出美国政府暗藏其中的目的。通信传播不仅仅是美国的国家安全问题，也是一门生意。

菲奥娜·亚历山大和另外两位在国家电信和信息管理局办公室长时间接待我的同事，向我交阅了不少绿皮书、白皮书和其他可以从中看到美国公共政策发展过程的详细规划蓝图，这些政策分阶段地涉及到个人隐私、消费者权利、版权、电子商务和网络安全。绿的、白的、蓝的，这些文件的颜色令我惊讶。"绿色的是原文，其中的意见被提出来供讨论，”菲奥娜·亚历山大向我解释，“白色的用于已经起草并宣布生效的方案。蓝图则是终稿，即行动计划。在美国，我们常使用这些叫法，但我个人一直以为这些颜色的使用方法来自欧洲！”

美国联邦通信委员会

“我请求里根总统使用他的否决权，他照做了。该项法律没有被颁布，‘公平原则’（fairness doctrine）最终被废除。”阿尔弗雷德·塞克斯（Alfred Sikes）高兴地说。我从华盛顿出发，花了将近两个小时才到达伊斯顿，这是美国马里兰州的一个小城市，塞克斯就住在那里。在里根时期担任过具有影响力的商务部长、国家电信和信息管理局局长，以及在老布什时期任职美国联邦通信委员会（Federal Communications Commission，简称 FCC）主席之后，塞克斯在乡下建了一座农场，隐退于此。他在农场种玉米、芦笋、桃树、苹果树，还置了一些养蜂箱——因为他喜欢养蜜蜂，自己酿蜂蜜。他邀请我去农场拜访他，而没有随便选个地方。在我看来，这位美国通信史上的重要人物如今在此料理自己的花园，令人十分感慨。现年 73 岁的塞克斯向我介绍了他的妻子玛蒂和他们的两只狗。其中一只是雌性黑色拉布拉多，叫珍妮；另外一只是白色的西高地梗犬，叫马克。“Mac，和苹果电脑是同一个名字。”我的东道主强调说。

塞克斯属于共和党温和派，他为人亲和而矜持。然而，当我说出爱德华·斯诺登，这位曾向英国《卫报》提供成千上万份与网络间谍相关的机密文件的前美国国家安全局（NSA）编程员的名字时，塞克斯绷紧了脸，用一句话斩钉截铁地说：“他是个叛徒。”

“在我辅佐里根总统的时期，互联网还不存在。我当时领导国家电信和信息管理局，我们的首要任务是人造卫星。但当我被布什总统任命为联邦通信委员会的一把手时，人们开始意识到互联网将会成为什么。我们当时总是说‘网中之网’，我猜想当所有电脑都被连在一起时，一切都会发生改变。”塞克斯曾经领导了美国两大通信机构，我询问他二者之间的区别是什么。塞克斯以一副七八十岁共和党老人的严肃表情回答道：“您知道，国家电信和信息管理局有点像是自慰，联邦通信委员会则好比和一个真实的女人做爱。”

美国联邦通信委员会由罗斯福创建于1934年，至今仍保持着建立之初留下的痕迹。委员会的创立起源对于理解委员会之后治理互联网的方式至关重要。对罗斯福来说，1929年的经济危机，除其他原因之外，是资本主义过度垄断的结果。他当初的首要任务之一便是同市场主导地位的泛滥作斗争。这不是一个反资本主义的理念，他的目的是设立规章，而不是终止市场经济。

罗斯福的创举之一是促使国会通过一项有关通信的立法，这就是著名的《1934年通信法案》。联邦通信委员会同时成立，负责调控频率与无线电波。“联邦通信委员会体现了罗斯福新政的精神。它的使命是实现普遍利益。”克林顿时期的联邦通信委员会主席威廉·肯纳德（William Kennard）强调说。该项法案中出现了“公共载体”（common carrier）这个重要概念，它至今仍是一个争论不休的核心问题，即是否应该区别对待数字信息。这种难以翻译的说法涉及“普遍利益的运作”，就是说用来拨打电话或发送无线电信号的网络和水电供应一样，是一种公共服务。此外，使用电磁波的广播电台与纸媒相反，由于频谱的稀缺而负有具体的法律义务。电磁波谱属于全体美国人民，任何个人无权购买，国家只对合法电台以频率的形式分配许可证。因此，这些得到许可的电台必须以服务于“公共利益”（法律规定的“public interest”）的方式管理这些频率，并提供“平等机会”——比如向大选期间所有政治候选人提供平等机会。1934年法案重申《美国宪法第一修正案》中的“出版自由”，但出于无线电频谱的限制，此通信法对出版自由进行了多元化的解释。

当联邦通信委员会于1949年定义“公平原则”时，这个最低程度的管制被显著扩大。该规定先后要求电台和电视台播放符合普遍利益的节目，为不同意见提供表达的机会，从而尊重一定的政治多元化。这是对从《美国宪法第一修正案》中照搬过来的言论自由概念的一次敏感的改变。原则上来说，言论自由是彻底的，在美国，不得对这种自由进行任何限制。联邦通信委员会之所以能够违背宪法的规定，是因为广播不是报刊，当媒体资源稀有时，某种程度上的“中立”必须向完全的自由作出让步。这种言论自由不再是电视台的权利，而成为其义务，以使公众拥有聆听不同观点的权利。

在接下来的几年里，联邦通信委员会进一步向各个电视台和各个地区深入推行了多元化理念。在某些城市，美国全国广播公司（NBC）和哥伦比亚广播公司（CBS）两家广播公司拥有实际的垄断。在联邦通信委员会眼中，这损害了多元化。委员会因此颁布了严格的反垄断规定，禁止同一集团拥有超过一个全国性电视网络，从地方上，禁止一家企业在一个城市拥有超过一个电视台（总计不得超过12家广播台和12家地方电视台）。这些根据年代不同而发生变化的多元化义务自一开始就被美国全国广播公司提出抗议，并向法庭提起诉讼。然而，最高法院在1943年的一项著名决议中确定了这些义务，强制美国全国广播公司卖掉多个电台，这使得第三家广播公司——美国广播公司（ABC）应运而生。

需要再次说明的是，罗斯福最初的想法和联邦通信委员会以及最高法院的逻辑一样，并非是要取缔商业广播电视公司。相反，后者在20世纪四五十年代得到显著发展，设立了所谓的“辛迪加”（syndication）制度，这个制度后来成为整个美国媒体模式的支撑。国家级的频道被出售给几百个下属的地方电视台，这些电视台基本上一直是独立运营的，保证了节目可以在美国全境播放（除了广告，美国电视行业的经济模式从此主要依靠向地方电视台、卫星运营商和有线运营商出售网络信号播出权）。然而，联邦通信委员会向“辛迪加”强加了一些严格规定，自1970年起，禁止广播电视公司对采用这种方式播出的视听节目继续拥有播出权。此项监管措施名为“fin - syn”（即Financial Interest and Syndication Rules，“辛迪加—财务收益规则”），其目的在于限制电视台将节目制作外包给独立企业，从而促进竞争。因此，联邦通信委员会的整体思路并非反资本主义，相反，其本意是打击资本过于集中，鼓励“公平”竞争。

“到联邦通信委员会上任后，我有一个议程。”塞克斯说道。这位辅佐里根和老布什的老人希望深入改造媒体行业。他后来成功实现了这一构想，并超出自己所有的预期。

“强制性多元化和公平原则在只有三家广播电视公司的时候是有意义的。但是自20世纪80年代起，电视频道的数量不断增长，如今美国已有数百个电视频道。我们当时认为，可以通过增设频道来保证多元化，比依靠政治上的平衡效果更好。电视频道没有编辑的自由，有的只是温和而孱弱的立场。应该将选择与判断的权利归还给它们，让它们‘有自己的见解’。”塞克斯使用了“opinionated”一词，这很难翻译。这个词一般用来形容那些刚愎自用、武断的人，若非教条，至少也是一个十分坚定的人。

后来发生的事是这样的，联邦通信委员会于1987年共和党执政期间废除了多元化公平原则，这个饱受争议的原则遭到起诉，不久后又被呈上国会讨论。当民主党试图通过一项法案强行恢复该原则时，总统里根在当时领导国家电信和信息管理局的塞克斯的建议下，使用了其否决权。“第一次是联邦通信委员会扼杀了公平原则，第二次则由总统里根将其彻底废除。”塞克斯高兴地说道。后果很快便显现出来：如果公平原则不被废止，超级保守的频道“福克斯新闻”（Fox News）绝对不会变得更强大，也不会出现诸如拉什·林博（Rush Limbaugh）、格林·贝克（Glenn Beck）、比尔·欧莱利（Bill O'Reilly）的十分右翼的脱口秀，以及艾尔·弗兰肯（Al Franken）的十分左翼的脱口秀。

在走过一段弯路之后，电视就这样采用了出版行业的制度，并获得了受美国宪法保护的广泛自由。互联网后来也采用了这个模式，而非服务于普遍利益的“公共载体”模式，也不是“受监管的公共事业”模式（比如电信），而是“网络中立”模式，即互联网自由、不受调控、以市场经济为导向的模式。

电视行业的辛迪加规则也是同样。“大型广播电视公司需要更多的自由。它们必须拥有自己节目的版权。”塞克斯如今讲道。解读此发展过程的关键之一是除全国广播公司、哥伦比亚广播公司和美国广播公司之外第四家广播电视公司的出现：福克斯电视台。亲里根政府的保守派人士、澳大利亚亿万富翁鲁伯特·默多克以收购好莱坞电影制作公司20世纪福克斯起步，于1985年投身电视行业，投资多家地方电视台，企图逐步组建一个全新的广播电视公司。要达到这个目的，他必须加入美国国籍，因为联邦通信委员会禁止外国人在美国拥有电视台。剩下的问题就是“辛迪加—财务收益规则”，它仍然禁止广播电视公司拥有其所播放的节目的版权。因此福克斯无法在自己频道上开发由自己公司拍摄的影片。这可是大名鼎鼎的20世纪福克斯啊！默多克眼前有三种选择：放弃这家广播电视公司，卖掉电影公司，或者改变规则。

“我们当时支持成立第四家广播电视公司，而且我们不能要求默多克卖掉他的电影公司。我当时认为，对于电视辛迪加的约束已经够了，是时候该减轻这些规束了。”塞克斯说。“辛迪加—财务收益规则”在20世纪80年代被逐渐削弱，并于1993年被联邦通信委员会彻底废除。从无到有建立起的福克斯成为美国第四家也是唯一一家成立于20世纪40年代之后的广播电视公司。自成立起，它以其主流频道福克斯电视和旗下多个卫星频道、有线频道和互联网频道，取得了惊人的成功（比如保守派节目福克斯新闻）。

在50年的时间里塑造了美国通信史的罗斯福理念自20世纪80年代开始瓦解。塞克斯是共和党在这项促进放宽管制的新日程中的主使者之一，该日程也在美国资本主义的新精神范畴内——或许也是时代的精神。这个事件将对互联网产生持续的影响。

在美国，人们一直以来认为媒体的集中与内容的多样性互不相容，而这一观点渐渐受到质疑。尤其在20世纪80年代，一股新思潮重新诠释了媒体多元化问题。该思潮起源于保守派经济学家圈内，由右翼智库加以传承，之后被里根和布什政府付诸实践，最终在民主党范围内得到共识。后来克林顿和奥巴马还将其作为自身政治政策的始与终。根据这些反直观的研究和悖论的想法，生产资料的拥有者与产品的多样性之间不存在因果关系。甚至连经济学家们也认为，媒体的集中反而会造成更丰富的多样性。这个推论也可以应用于互联网。因为，当地方层面只有一个固定电话运营商和一个有线电视运营商时，这两者之间几乎不存在竞争，尽管如此，想让这两个运营商相互竞争也是有可能的。因此对二者进行管制没有用处。这当然是两家垄断企业，但是，在由有线电视和电话两个行业造成的两家垄断之内，还是足以展开竞争的。

遵循这一新的思路，联邦通信委员会的理念开始逐渐转变，从硬性规定多样化转向由市场经济促进竞争的理念。在联邦通信委员会范围之外，这种从调控到竞争的政策转变，成为了美国通信史上一个重要的转折点。

联邦通信委员会性质上是一个两党制机构，它的五名成员由美国总统任免，任期五年，其中三位成员来自多数党，其中包括主席，另外两名成员必须来自反对派。他们的任职必须全部由参议院确认且不可撤回。联邦通信委员会 2,000 名公职人员的职责需要遵循保守的原则（尽管一项研究表明，他们大多都是民主党派）。联邦通信委员会的预算——2013 年是 3.5 亿美元——正如该机构人员一直戏称的那样，是“赤字中性”的，因为机构不受政府资助，而是靠媒体支付的监管费和其他费用运营。“对美国纳税人来说，联邦通信委员会的花费算不了什么。”塞克斯说道。此外，也是他本人推荐了一种频率分配的新方法：一般的做法是通过听证会分配或者抽签分配，而他的方法侧重于“拍卖”。这种方法后来在全世界得到了推广，它是由共和党人提出的，最终也获得了民主党人的推崇，因为它可以让联邦政府的金融机构有资金回流，而经济上的独立是联邦通信委员会身份的一个重要因素，它比政治上的独立更讨两个政治阵营的当选官员的欢心。

“事实上，无论是国会、民主党还是共和党，他们弄不太明白我们的想法，这让他们完全不知所措！至于联邦通信委员会的成员们，他们只知道和主席意见不一致可以吸引报纸的注意。”塞克斯愤世嫉俗地评论道。然而，他承认，联邦通信委员会大部分决定都是在意见一致的情况下做出的（如今比例大约为94%），只有少数会引起争论并由多数派决定（占比6%）。塞克斯总结说：“我的思路是，由调控转向竞争。我们的目的不再是调控，而是鼓励良性竞争。我们后来对互联网也采用了这种模式。而且，关于这一理念，共和党和民主党自此达成了一种共识。”

不是所有受访的联邦通信委员会前主席和成员都同意这个观点，但他们承认，联邦通信委员会自20世纪80年代起发生了变化。“当我还是联邦通信委员会主席的时候，我就是调控者。如今是联邦通信委员会在调控。”克林顿时期的联邦通信委员会主席里德·亨特（Reed Hundt）强调。但是甚至连他也认为，这个在罗斯福要求下创建的独立机构已经发生了变化，相对于调控价格，委员会更多的是创造更多的竞争。“您知道共和党和民主党二者的传播政策之间有何区别吗？”亨特一脸狡猾地向我问道。我在亨特位于华盛顿的律师事务所办公室访问他时，他拿了一支记号笔，在一面白板上画了若干个圆圈。“对于共和党来说，正确的竞争是单家和两家垄断，最坏的情况也就是三家企业在一个特定的行业内竞争。对民主党来说，要有四家。”亨特（他本人是民主党）画了一个图表，标出了根据竞争者数量的变化而产生的金融利润。“根据图解显示，大致是这样运作的：如果您只有一位竞争者，您的利润率会超过80%；如果有两位，利润率则徘徊在60%左右；如果有三位竞争者，利润率则降到40%；如果您有四个，利润率则会跌至20%。”他画了一个很明晰的曲线图，并向我说道：“您知道有哪个行业会愿意接受调控吗，尤其当它们处于领军地位的时候？我反正不知道。这就是为什么拥护金融界意见的共和党推崇垄断！就是这么简单。”

各党派之间的界线并不一定十分清晰。威廉·肯纳德（William Kennard）是比尔·克林顿第二届任期期间的联邦通信委员会主席，肯纳德证实，民主党对媒体的调控政策发生了很大变化：“尽管外界压力很大，我当时并没打算重新启用‘公平原则’这样的政策。媒体多元化的要求在媒体资源稀少的情况下是必不可少的，当媒体数量大幅增长时则不需要。如今，‘公平原则’的精神在我们捍卫网络中立性的过程中继续存在。”共和党人罗伯特·麦克道尔（Robert McDowell）是小布什任命的联邦通信委员会委员之一（后又被奥巴马重新任命），他也对情况进行了区分。麦克道尔认为，“奥巴马一贯坚持维护硅谷的网络巨头们的利益”，他们在奥巴马2007年初选活动及2008年和2012年总统竞选中，向其提供了大量资助［谷歌公司总裁埃里克·施密特（Eric Schmidt）与奥巴马关系密切，他甚至看起来像是总统的一名正式顾问］。麦克道尔认为，在网络的中立性和美国国家安全局对互联网的广泛监控这一问题上，民主党受硅谷的影响可能大于受消费者的影响。“我个人认为，国家安全局违背了《美国宪法第四修正案》中关于个人隐私的部分。像我一样的一部分共和党人，尤其是右翼中所有的自由主义者，也如此认为，他们反对当局，反对监控，主张公民自由和政务透明。”麦克道尔对我说。在触及任何话题时，双党制性质的联邦通信委员会都力求在共和党与民主党之间寻找一个平衡点。“我们的主要任务是促进竞争，这不仅仅是保护竞争，我们想要积极鼓励竞争。”联邦通信委员会法律顾问詹姆斯·伯德（James Bird）说道。我在华盛顿的办公室向他提问，他面前的桌子上放着一摞厚重的几千页的蓝色文件。他告诉我这是“联邦通信委员会的圣经”：《1934年通信法案》。这个由罗斯福提出的伟大法案，于1996年进行了修订。

联邦通信委员会所有的争论都是围绕如下这些问题展开的。是否应该禁止美国电话电报公司（AT & T）和美国电信公司（T - Mobile）的合并？该行为会导致移动电话运营商的数量由四个减少到三个。联邦通信委员会相信这一点，并阻止了二者的合并。我们是否可以用已知的方式来调控未知，尝试用调控电话的模式来调控互联网？联邦通信委员会想到了这一点，并加以效仿（但如今，联邦通信委员会已不是特别确定该做法是否正确）。是否应该满足于一个由美国电话电报公司和威瑞森公司（Verizon）两家固定电话运营商把持的特定市场，而冒着固定互联网在价格上不存在足够竞争的风险？联邦通信委员会基本上采取了放任的态度，导致如今互联网供应商的服务价格高昂，且缺乏竞争。在谷歌成为搜索引擎的领头羊时，联邦通信委员会该如何应对？另外，当人们看到搜索结果中对垄断的“合理解释”——这些解释也得到了各种验证——，人们是否会想到联邦通信委员会？还有，当谷歌的街景车在街道上为“谷歌街景”采集图片时，是否该反对其除图片外还胡乱采集敏感的个人数据？联邦通信委员会开展了一次调查，仅此而已。在地方层面，如何打击有线电视业的事实垄断？联邦通信委员会对此迟迟没有行动，而当其最终想要调控该领域时，调控手段对新入市场的企业来讲已经不具备经济上的可行性了。结果是，在美国消费者想连接宽带时，他们多数情况下有两种选择，要么从当地有线运营商（通常是一个垄断企业）购买服务，要么从当地固定电话运营商（通常也是一个垄断企业）购买。这里边没有真正意义的竞争，因此服务价格越来越高，宽带速度也越来越慢！是否应该允许电话行业拆分重组，以降低固定互联网的价格？联邦通信委员会的回答是肯定的，但其决定受到了共和党的质疑。因此固定互联网的价格继续攀升，比起使用固定电话上网，美国人更倾向于使用有线上网［主要通过两家垄断企业康卡斯特公司（Comcast）和时代华纳有线公司（Time Warner Cable），前者后来收购了后者，成为独家垄断］。“在我担任主席期间，联邦通信委员会成功实现了有利于互联网的分拆，但我的共和党派继任者们将其舍弃了。结果就是，没了分拆业务，在美国，互联网不是通过固定电话发展起来的，而是通过有线电视电缆。这是与缺乏调控直接相关的一个美国独特的现象。”里德·亨特肯定地说道。（如今，超过50%的美国家庭通过有线电视电缆连接固定互联网，34%通过非对称数字用户线路上网，6%使用光纤，3%使用卫星，3%利用电话线拨号上网；由于高速固定宽带发展滞后，美国的国际排名仅为第15位。）

归根结底，在美国，由谁来调控互联网？这种调控本身可行吗？这些问题绝非无足轻重，因为问题的答案如今从很大程度上决定着美国本土的互联网运作，甚至还影响着全世界。然而，尽管这些疑问是正当的，争论的范围似乎已经发生了变化。除联邦通信委员会主要感兴趣的原则之战外，如今还有地盘之战。

联邦通信委员会有调控互联网的权力吗？国会给委员会委派的明确任务是管控电话网络、卫星和电视频道，但互联网这些规则延伸到互联网基础建设时，则显得没有坚实的法律基础。此外，同是互联网供应商的有线运营商康卡斯特公司和电话运营商威瑞森公司将联邦通信委员会告上法庭，起诉委员会施加给他们的调控违悖了网络中立性，并获得胜诉（联邦通信委员会的所有决定都很容易被诉诸联邦法庭）。在这个阶段，尤其是自 2014 年 1 月“威瑞森诉联邦通信委员会案”发生之后，可以看出，除涉及媒体领域外，联邦通信委员会对互联网的调控职能被削减了。除非最高法院突然改变判决，或者国会立法，否则联邦通信委员会可能无法继续胜任保护“网络中立性”的工作。总之，这场争辩中的不同立场仍符合一贯的政治派别的分歧，共和党反对任何调控，因为调控会扼杀创新，影响经济增长并破坏就业，而民主党则以保护消费者权益的名义，企图调控互联网。名义上，两个阵营看上去一直都是拥护“网络中立性”的。对于很多人来说，废除中立原则意味着允许网络供应商对某些内容进行拦截或区分对待，或者允许供应商向发布内容的企业——如优图播和网飞——收费（康卡斯特公司和网飞已决定达成一个这样的协议）。有些人认为，这对互联网来说，可能等同于电视业“公平原则”的终结：美国乃至全世界的整个网络发展史都将受其影响。

对于另一些人来讲，这场争论今后将呈现出另一番风貌：与其遭受强制调控，难道不该有所控制吗？“我们的理念是鼓励调控，这样就不需要再去调控互联网了。因为，即使联邦通信委员会不进行调控，其他机构也会去做。”联邦通信委员会前主席、民主党人里德·亨特提醒说。然而，共和党人罗伯特·麦克道尔对联邦通信委员会涉足该领域的行为充满敌意：“国会从未准许联邦通信委员会去管理互联网。”联邦通信委员会高级法律顾问詹姆斯·伯德详细阐述了这一观点，因为他认为《1934 年通信法案》的规定已经很明确了，该法案的第一条就提到“communication by wire and radio”（通过无线电波、电线和电话线），这不仅仅适用于广播、电视、电话、卫星和电缆，也适用于互联网。国会于 2010 年授予联邦通信委员会促进宽带入网的明确职能，这也表明国会承认其监督互联网的合法性。“我们不能直接管控互联网，但可以调控无线电波、电话线路和电缆，从而使互联网摆脱垄断。”伯德补充道。“我们认为这很清晰，这个规则是符合‘内容中性’的，我们维护互联网内容的中立性。”奥巴马的一位顾问对我说道。还是存在一些模糊的地方，对调控机构的职能也有广泛的解读，因为联邦政府在通信领域的调控部门是在网络出现之前被指定的。理论上的辩论之后是地盘之争，要弄清该由谁负责治理互联网。

其他几个部门可以声称自己有权涉足互联网。首先是司法部的反垄断局，它是政府制定竞争政策过程中的有力臂膀。这个声名远扬的机构已参与了终止美国电话电报公司在固定电话行业的垄断，约束了微软（通过推广自己公司的 IE 浏览器）对其行业霸主地位的滥用，限制了谷歌和雅虎之间被判定为反竞争性质的广告合作，严厉惩罚了苹果公司与出版商在电子书价格上达成的非法协议（通过结盟打击亚马逊），还控制了美国国家广播环球公司与康卡斯特公司的合并（以此禁止有线运营商推广美国全国广播公司的内容，这成全了像网飞公司这样的新企业）。但是，反垄断局与联邦通信委员会不同的是，它没有直接制裁权，而必须走法律程序以获得胜诉。它也不是一个独立机构，而是直接受美国司法部长的管辖，并可能会受到政治考量的影响。反对者们指责反垄断局的“放任”行为，认为该局满足于缓和互联网巨头对霸主地位的滥用，而不是制裁它们。“我们的职责不是颁布规章制度，而是确保法律得到遵守。”反垄断局一位女官员弗朗西丝·马歇尔（Frances Marshall）指出。

联邦贸易委员会（Federal Frnde Commission，FTC）是罗斯福创建的另一个独立机构，它在所有涉及公司合并和收购行为中都具有话语权。它以美国消费者的名义维护“公平竞争”（fair competition）。这使联邦贸易委员会能够试图控制谷歌，（部分成功地）阻止其在搜索结果中推广自己公司的服务，并对谷歌浏览器打击苹果公司的 Safari 浏览器的行为处以重罚。自 1998 年起，国会又赋予联邦贸易委员会一个明确职能，以保护两个敏感领域的信息数据，分别是：健康和儿童（《美国儿童在线隐私保护法》）。13 岁以下儿童理论上禁止加入社交网络，根据这项法律规定，联邦贸易委员会可以对脸书公司的几条损害个人隐私的条款给予处罚。同时，根据“通知与同意”原则，联邦贸易委员会还强制要求各网站建立“使用条款”的页面，网友必须点击鼠标表示同意。可以看出，联邦贸易委员会虽然没有明确表露，但已经介入数字领域，并可能还会加强在涉及消费者权益保护、网络中立性和个人隐私保护方面的权威性。尽管联邦通信委员会未被授权调控互联网，一旦发现有滥用市场主导地位的情况，联邦贸易委员会可以代替它行使权力，这就体现了广泛解读带来的优势。“如果联邦贸易委员会代替联邦通信委员会调控互联网，它会削弱联邦通信委员会的权力。从这个方面来看，就成了治理市场过剩，而非调控互联网本身了。”里德·亨特对此表示担忧。“我们的职能很清晰，就是保护消费者权益和管控企业。互联网并没有改变我们的使命，但互联网公司逃不过管控。”联邦贸易委员会竞争局（Bureau of Competition）局长黛博拉·范斯坦（Deborah Feinstein）简单地强调。我在该局位于曼哈顿宾夕法尼亚大街的办公地点采访了她及其四名同事。竞争局所在的大楼由罗斯福创建，造型宏伟，楼前有两座著名的装饰雕塑，其中一座名为“控制贸易的男人”（*Man Controlling Trade*）。

在税收和关税这个问题上，其他几个联邦行政机构已经开始行动。当谷歌、苹果、脸书和亚马逊将公司地址迁至维尔京群岛、开曼群岛或百慕大群岛等避税天堂，以实现“税务优化”、避开欧洲的部分税收时，它们在美国也不交税。这并没有逃过美国国税局（IRS），也没有逃过国会的法网。2013 年，参议院和众议院的联合调查委员会经调查发现，2009 年至 2012 年期间，苹果公司成功逃税至少 740 亿美元。通过将国际业务总部设立在爱尔兰，苹果公司既不必在当地纳税又不必在美国纳税。在美国，一个具有苹果公司如此规模的企业平均要上缴 35% 的企业所得税。此项调查结果惹恼了议员们，用他们的话说，他们被这种典型的逃税行为所“激怒”。可以预见的是，在未来几年，美国的预算部和国税局将加强其对数字产业的监督，重新审查税收规则，迫使互联网巨头向美国缴纳税款。

在地方层面，各个州和各个城市也正在加强调控，尤其是在涉及个人隐私的领域（38 个州已将谷歌街景的信息采集装置告上法庭），以及在保护数据、“营业税”和诸如增值税等销售税方面。传统上，一个州是无法向数字企业征收“营业税”的，因为它们在其境内并不存在“实体”。包括加利福尼亚州和纽约州在内的十多个州都对这项规定提出异议，因为它剥夺了州政府每年大约超过 130 亿美元的财政收入。2013 年，最高法院最终准许各州政府向在自己州内运营的互联网巨头们征收税款。这是打破常规的一次根本性转变。这次税务的重新定位预计会在未来几年在整个美国得到发展。最终，针对网上购物将制定规范的税收制度，以免产生50个州采用各不相同的税收制度的情况。同时国会也将在这方面采取行动。与此同时，各州已控制了这个问题，并决定直接采取行动，最高法院已经赋予它们这个权力。

其他行政机构也在数字领域的问题上有一些作为。当然，这些机构包括以美国国防部（包括美国国家安全局）和美国国土安全部（一个结构复杂、繁多的内政部门，下设22个机构，其中包括移民局）为核心的美国整个安全机关。2013年，为了获得更多“绿卡”和临时工作签证，——著名的“H－1B”签证——，网络巨头们发起了一场运动，并成立了名为FWD. us的政治权益组织。这个组织由脸书的创始人马克·扎克伯格（Mark Zuckerberg）领导，意图向美国国土安全部、国会和白宫施压（并非只限于像智囊团一样思考，而是思考加行动）。

应该说，硅谷清楚外国移民给自己带来的好处：谷歌创始人谢尔盖·布林出生于莫斯科，雅虎创始人杨致远出生于中国台湾，多项研究表明，美国25%的新兴企业都是由移民创立或合创的（该数字在加州高达40%）。在美国，45%的获得硕士或博士学位的工程师是外国人（美国国家科学基金会的数据显示）。目前，H－1B签证价格高昂，而且申请者经常需要聘请律师，导致签证费用高达几千美元。而且每年的配额限制在6.5万人，硅谷的企业老板们认为这个数字远远不够用：他们采取间接的方法，试图降低工作成本，但这与努力控制技术产业里的外国人数量、积极为工程师和程序员争取加薪的工会背道而驰。最终，FWD. us呼吁取消按国别限制签证配额的数量，因为这对诸如印度和中国这样的大国不利。游说团体还要求为投资者增发绿卡

（即“E－1”和“E－2”签证），要求向投资技术公司的企业家们开通“创业签证”，并要求向外国工程师们开通特别的“高等技术签证”。总统奥巴马似乎被这些施压所触动，他在2013年1月的国情咨文中重申了这个观点，但是，众议院中共和党占大多数，总统的移民法目前还停留在国会议程中。在这个问题和其他多个问题上，网络巨头们最终未能获胜。近些年来，它们在华盛顿设立负责公共事务的办事处，聘请高级游说者，成立政治行动委员会（PAC）以及能够为竞选活动合法注资的法律机构。巨头们虽然与奥巴马关系亲密，但还是抱着犬儒主义和投机主义的心态，对民主党和共和党进行等量资助。这样，谷歌（已在华盛顿拥有三十多名院外活动集团头领）、苹果、脸书和亚马逊等企业每年将会继续花费数亿美金来影响美国政策。

总之，尽管这个话题变得重要或者敏感（比如斯诺登事件之后的个人隐私问题），国会还是有可能抓住数字问题，最高法院也会履行属于自身的职责。在个人隐私方面，《美国宪法第四修正案》关于“隐私”有极为详尽的叙述。因为有宪法支撑，在美国隐私受到格外保护。最高法院已经从广义上解释了隐私权，并在1967年的“卡茨诉美国案”中将该权利拓展到保护个人通信方面。但最高法院在1979年的“史密斯诉马里兰州案”中，做出了与前者相反的决定，为保护个人隐私加上了一些限定（犯罪嫌疑人拨打的电话号码可能不再受到保护），这场法律辩论有可能十分复杂。不管怎样，我们可以假设，斯诺登事件会导致立法和司法的发展变化。多位专家预测，在众议院被共和党把持的局势下，如果国会不抓住这一议题，最高法院将不得不对其进行干预。

被制止的调控者

“这台电话机可以追溯到1953年，我出生的那年。”阿马杜恩·图雷感叹道。他向我展示的这台机器，绝对算得上一件博物馆藏品，机盘是黑色的，有用于拨号的旋转盘，转盘在拨号后会自动转回原位。与20世纪90年代之前的所有电话机一样，这部电话的数字键旁边刻有字母。“最近，我接待了一伙小朋友，孩子们好奇这种电话怎么使用，我给他们做了一番演示。一个孩子问我键盘上的字母是用来做什么的，另外一个孩子满是自豪地回答：‘是用来发短信的’。”阿马杜恩笑着说。

图雷出生于非洲撒哈拉沙漠以南的通布图地区，在马里境内（他是穆斯林）。他曾经留学苏联，讲一口流利的俄语。“他是一名共产主义穆斯林。”反对者们讽刺道。的确，阿马杜恩·图雷的个人经历足以令华盛顿担忧！不过这并没有阻止他在2007年被任命为联合国主要机构之一，国际电信联盟的领导人。

图雷的办公室位于日内瓦，从宽敞的办公室的窗户朝外望去，可以看到莱蒙湖和勃朗峰的峰顶。“我们是联合国成立最久的机构，1865年，我们在巴黎成立，那还是管理摩斯电码的时代。后来，我们一直不断地在适应，迎接电话、广播、电视、卫星以及互联网的到来。我们于1945年被纳入联合国。”这位专长于卫星领域的工程师提醒道。

国际电信联盟用一种真正的公私合作的方式，集合了193个国家和700家私人企业，在全球范围内管理频率和无线电频谱，电视、电话网络转播标准，卫星位置以及互联网调控等议题。

“数字科技是我们的工作核心。网络在全世界得以正常运作，这归功于我们建立的标准以及国际电信联盟成员对互联网必要基础设施进行的维护。”阿马杜恩·图雷肯定地说道。他立刻补充说：“当然，我们不从事内容领域的工作，因为这不是我们的任务，也不是我们的职责。”2012 年 12 月，国际电信联盟于迪拜举行峰会期间，有人提出互联网全球治理的问题，一些国家希望这个联合国性质的机构可以获得调控互联网的权力（包括俄国、伊朗、阿联酋，尤其是中国），但以美国为首的其他国家则反对国际电信联盟的权限在这方面得到扩大。对于前者来说，它们渴求在联合国层面治理互联网，并企图在网络架构中重拾一碗残羹剩饭，最终能够在自己国家的层面获得对本国互联网的治理权。这间接地将苗头指向美国对互联网名称与数字地址分配机构的操控。

在迪拜进行的辩论最终停止，保持现状的意见占据上风。193 个国家中只有 39 个签署了新文本，这个数字不足以使其被采用。国际电信联盟未能获得治理互联网的职能，域名和网络之间互联的协议地址分配的工作继续由互联网名称与数字地址分配机构负责。但这要持续到何时？因为，在此期间的 2013 年，发生了斯诺登事件。

美国国家安全局第一次被爆料之后，我曾采访过阿马杜恩·图雷，他很失望地承认道：“对数字产业的全球治理目前处于一个僵持局面。”他表示，新的磋商预计将会进行，以探讨未来几年的发展态势，但“这些磋商不再涉及敏感议题”。应该说，不只美国一个国家打着自由入网和全球互通的旗号阻止联合国的进程。欧盟也拒绝国际电信联盟对互联网管控采取任何干涉。出于对网络审查的担忧以及对人权的全面维护，绝对不能让中国、伊朗、俄罗斯、新加坡以及叙利亚干涉全球范围的数字管控。欧洲尤其肯定了其属于西方阵营的事实，表示更愿意以一种“少边主义”（minilatéralisme）的形式直接与美国进行协商，而不是落入东西方或南北方阵营的争辩之中。几个新兴国家，如墨西哥、哥伦比亚、智利和土耳其相对保持沉默：它们不相信微边主义，而更愿意和美国面对面地达成协议，而这正中美国下怀。最后，互联网巨头们以捍卫“开放互联网”的名义，发起了反对国际电信联盟的决定性战役。尤其是谷歌煽动“自下而上”型互联网终结论——这一点是硅谷一直看重的——，并且声讨各个州政府以及联邦政府对互联网的控制行为。“在迪拜，美国拒绝签字，但在谈判进程中获得了自己想要的东西。”出席国际电信联盟峰会的墨西哥电信和互联网监督官员莫尼·德·斯万对此表示抗议。他补充说：“我认为是谷歌对美国政府施压，造成这次国际会议的最终失败。幕后最大的操盘手是它。此外，在墨西哥，除了谷歌没有其他任何人来我们这儿进行游说，它对我们的游说近乎疯狂。”新加坡媒体发展管理局局长陈继贤也持同样观点，我在这座“城市国家”访问他时，他揭露了“美国对互联网的操控”，并要求“互联网治理的国际化”（他领导的机构同时负责管理创意产业和数字科技的推广，予以调控，即审查）。

“中国和伊朗在迪拜峰会上很显然制造了一些问题。我们当时认为，不可能对互联网采取国际层面的治理，不过每个国家应当保留一定形式的自主权。”共和党人罗伯特·麦克道尔向我解释说。当时还是联邦通信委员会成员的麦克道尔紧密跟进了这些谈判，和很多人一样，他很害怕联合国的“磨边机”特点——切成方形块状或撕成碎块的工艺。

“美国将继续反对国际电信联盟加入这场游戏。人们不希望联合国介入互联网调控，因为这可能使开放式互联网的理念走向终结，不可避免地导致互联网的分裂瓦解。”美国国家电信和信息管理局前局长拉里·欧文强调说。超脱于一切争论之上，他似乎从心底认为，有智慧的独立自治，比缺乏独立自治的情况下在外交上运筹帷幄更加可取。

白宫的人向我证实，他们也不希望互联网受到国际调控，担心“互联网分崩离析”。“我从政府领薪水就是负责保证互联网绝对不能被瓦解。”奥巴马的一位数字顾问清清楚楚地解释道。

“multi－stakeholder”这一说法在华盛顿很流行，意思是指，在互联网领域推崇一种“多方利益攸关者”参与的治理模式。无论在白宫、美国商务部内部（国家电信和信息管理局），还是在联邦通信委员会和联邦贸易委员会这样的庞大机构，如今所有人张口闭口都在说这个词。在互联网名称与数字地址分配机构，这一说法甚至成为新的口头禅。互联网必须以一种“集体治理”为向导，斯诺登事件就是一个实例。

华盛顿西北部的第17街，是互联网名称与数字地址分配机构的办公地点。虽然该组织的总部位于洛杉矶，但游说者们住在美国联邦的首都。“我们朝着一种多方利益相关者的模式发展。”互联网名称与数字地址分配机构主席的特别顾问杰米·赫德兰（Jamie Hedlund）对我说。他再次提到这种模式，在他看来，这意味着美国独家监控的解除，和对联合国调控互联网的否决。“美国政府对我们以及对互联网做的最重要的事情，就是拒绝由国际电信联盟接管我们。”赫德兰解释说。他认为，由联合国接管最后很可能转变成各国投票表决，这会扼杀“开放式的互联网”，各方可能会在漫长的决议流程中迷失，一切有关内容管控的问题最终会造成网络瘫痪。杰米·赫德兰以互联网名称与数字地址分配机构的名义，倡导由各国政府派代表进行多方治理（目前已有一百余名代表加入互联网名称与数字地址分配机构的一个治理委员会），同时邀请其他私有领域和民间团体，如企业、大学、技术组织以及个人用户共同参与治理。“多方利益攸关者”的精髓就在这里。

如果美国政府不依仗互联网名称与数字地址分配机构的监管权来扮演一个过分大的角色的话，该理论才能看起来始终如一。但直到现在，美国商务部（通过国家电信和信息管理局）仍在管理域名分配，并通过合同仅授权互联网名称与数字地址分配机构行使这一职能。经常有取消这项监管权的呼声。“这是历史的遗赠。起初，网络之间互连的协议地址和域名由互联网名称与数字地址分配机构管理，而互联网名称与数字地址分配机构直接归美国政府管。克林顿时期，我们获得了自主，成为一个非营利性组织。如今还存在的问题是我们与国家电信和信息管理局签署的协议，但这点上我们很透明，”赫德兰几乎带着自信的语气补充道，“我认为现在的思想已经逐渐成熟，国家电信和信息管理局与互联网名称与数字地址分配机构之间的纽带不是一成不变的。”[2013 年秋，互联网名称与数字地址分配机构主席、美国人法迪·切哈德（Fadi Chehadé）本人建议其领导的组织脱离美国政府的监管。2014 年 3 月，美国声称已准备好在一段过渡期之后放开监管。]

身为克林顿时期的联邦通信委员会主席、奥巴马驻欧盟大使，威廉·肯纳德回忆起当时的情况：“我在 1993 至 1994 年刚到任联邦通信委员会时，没有手机，没有电子邮件，也没有电脑，用的还是老式的拨盘电话！这在今天简直难以想象！我在数字革命初期被任命到联邦通信委员会，我领导的这个机构后来负责管控互联网，但那个时候人们还不会讨论互联网。要知道，一直到1995年，大学、非营利性组织和联邦政府才开通互联网。当时是国家科学基金会（美国一个公共机构）在管理一切。我记得很清楚，人们后来渐渐决定向私人部门和企业开放互联网。互联网的创立解释了美国的监管。人们到后来才发现应当由互联网名称与数字地址分配机构接手该项任务，机构才获得独立。”作为互联网名称与数字地址分配机构前负责人以及总统奥巴马的前顾问，安德鲁·麦克劳林更持怀疑态度：“我很失望。互联网名称与数字地址分配机构曾经的任务一直是服务网络用户，但它现在更多地服务于管理域名的企业，这是方向的偏移。”

斯诺登事件可以说改变了大局。美国对互联网名称与数字地址分配机构的监管对很多人来说已经属于异常，现在则成为了一桩丑闻。“爱德华·斯诺登在美国东海岸，尤其是在华盛顿被视作叛徒；但在西海岸，尤其是在硅谷，他被视作英雄。”谷歌董事长及首席执行官埃里克·施密特“非官方地”评价道。作为华盛顿最优秀的互联网专家之一，萨沙·梅纳斯也这样认为，他也是少数为斯诺登辩护的人之一：“我不认为斯诺登是个叛徒。他以保护个人隐私和《美国宪法第四修正案》的名义行事。他的所见深深冲击了他。他认为民主应该以方式和目标区别于极权体制。不是说为达到一个正当的目的，任何手段都是正当的。在他看来，对几亿人的个人隐私进行大范围监视会动摇美国民主的根基。”在这点上，斯诺登从某种程度上来说是反对脸书公司的老板马克·扎克伯格，后者根本不相信有什么个人隐私。“斯诺登所揭露的，正是我们害怕的，”梅纳斯继续说道，“他证明了，从今以后在美国没有任何对数据的保护。完了。”萨沙·梅纳斯担心，该事件不仅对美国造成严重后果，而且会导致整个互联网变得脆弱。“我们必须重建信心。”他总结道。

一方面，一些人建议互联网名称与数字地址分配机构切断与美国政府之间的脐带，改变其社会属性转为协会——比如用瑞士的法律——，将总部迁至较为中立的国家。在国际电信联盟行不通之后，另一些人提议由世界贸易组织接管其工作。最后，还有人不满于现状，决定主动出击。盖里·里贝克（Gary Reback）就是其中之一。

人们给他起了一个外号，叫“反垄断斗牛犬”。他的办公室位于门洛公园一个改建的仓库里，在硅谷的中心地带，距离脸书公司总部只有几分钟的路程。他在这里为久负盛名的卡尔—费雷尔律师事务所（Carr & Ferrell）工作。里贝克戴着小框眼镜，身穿优雅的小方格黑色衬衫。他出生于田纳西州，先后在耶鲁大学和斯坦福法学院求学。如今，这位数字科技捍卫者的工作是追踪企业对其市场领导地位的滥用以及利益纠纷——直到出现利益纠纷为止。他的强大之处是：无所畏惧，既不怕微软也不怕谷歌，咬起人来绝不松口。

“事实上，谷歌比国家安全局更阴险。我希望斯诺登揭发的东西可以成为一个转折，对个人隐私问题产生一定效果。也希望这可以强迫谷歌有所改变。”里贝克对我说。这位加州最有威慑力的律师之一给我的第一印象是平和，近乎没精打采。但只要我张嘴说出“谷歌”二字，他就可以立即激动起来。“首先，谷歌声称自己为了消费者的利益，提供免费服务。但在线上交易领域，它滥用自己的行业领导地位。其次，谷歌操控其搜索引擎的搜索结果，使其利于自身的产品。优图播也一样，当初就不应该让谷歌收购它。谷歌手机、安卓系统、AdSense以及位智使问题变得很复杂。然后还有侵犯个人隐私的谷歌地图。谷歌的秘密在于，用个人数据达到商业目的，就是一个私人间谍，一家私有的国土安全局。最后的点睛之笔，谷歌宣称用户在Gmail上无法保证任何个人隐私权。就是这样，这是彻彻底底的垄断行为。”里贝克认为，唯一的解决途径就是以滥用行业领导地位的罪名起诉这家位于芒廷维尤的企业。他认为首先应该集中解决垄断问题，因为剩下的问题都会逐一浮现，包括对搜索结果的操控以及对个人隐私的侵犯。

谁去起诉？“问题就在这里。”里贝克逐个考量美国有哪些机构可能实现调控。白宫和国会？“谷歌可以凭借意识形态的借口，靠共和党来保护自己，共和党认为垄断本身不再是坏事，他们反对任何形式的管制。依靠奥巴马和民主党，因为谷歌资助了他们的竞选，因此，这方面不可能对他们有所指望。奥巴马不会动真格的。”那么，联邦通信委员会和联邦贸易委员会呢？“我对它们也没有任何期待。联邦通信委员会目前已经不具有互联网管控权。至于联邦贸易委员会，多年来他们一直针对谷歌开展调查，但什么作为都没有……”司法部的反垄断局呢？“历史上，他们比联邦通信委员会更重要。我们可以对其抱有一丝希望，但我觉得他们变得越来越不积极。他们执行白宫下达的命令。”那么，商务部和国家电信和信息管理局可以吗？“他们的任务是让美国商品在全球卖得越多越好，所以也做不了什么。”总的说来，盖里·里贝克为美国数字产业调控的可能性做了一个悲观的总结。他用一个词概括：被制止的调控者。

这位伴随着罗斯福时代的美国回忆长大的律师懂得如何调控资本主义，他不会自找麻烦。“我是支持资本主义的，这一点您不用怀疑。我相信市场经济，相信竞争，这是我的理念。但应当采取一切措施避免资本的过度集中。我们的法律应该帮助新入行的企业和新的资本，而不是鼓励已经过于强大的企业。从前，在面对网络巨头时，我们致力于维护消费者的权益；如今，应该捍卫新兴企业，防止它们被这些巨头挤压。这更有效也更与时俱进。而且，说到底也会让消费者更加受益。”他就是怀着这个理念成为网景浏览器公司的辩护律师。网景公司起诉微软公司案是在21世纪初最引起轰动的诉讼案之一。结果：“几个月后，谷歌公司成立了。”十五年后的今天，他认为对谷歌也应当采取同样的做法，对谷歌浏览器予以处罚，使同行的新企业有机会崭露头角。“垄断损害了创新。首要任务不是调控互联网，而是打击垄断。这相当于鼓励了竞争。比起‘调控’这个词，我更喜欢‘反垄断’。”

我再次提出了我的问题。既然他对美国反资本集中的机构不抱任何希望，那么谁能够来做这件事呢？里贝克毫不犹豫地笑着对我说：“你们！你们可以去做。该去做这件事的是欧盟。在美国，没人会去指责谷歌。你们是唯一可以有所作为的一方。”

在入口处，一名配备武器的士兵朝我冷冷地看了一眼。过安检门之前，他核查了我的身份证件，放松了一点警惕之后，他对同岗的士兵说：“带手机。”有人跟我解释说，来使馆访问的有两种人：一种是允许随身带手机的，另一种是不允许带的。来和大使会晤的人可以享有这一小点恩惠。

威廉·肯纳德是美国驻欧盟大使，由奥巴马任命，是知名的互联网专家。肯纳德毕业于斯坦福大学和耶鲁大学法学院，这位受过专业培训的律师曾是克林顿时期的联邦通信委员会主席，并管理了电信领域大量的投资基金。他被选为美国驻布鲁塞尔的代表，这本身就意味深长地表明了美国在国际谈判中对通信和数字领域的重视。

这位美国大使如今必须重建被斯诺登事件大大损害的信心，并实施隐私保护条款确保欧盟公民的个人数据传递给美国时，隐私可以得到保护（这是美国商务部在欧盟的施压下建立的协议，名为“安全港协议”）。肯纳德知道这条路很长，但美国和欧洲被迫和睦相处，共同保护一个“开放的互联网”。他领导联邦通信委员会的时期，是提出“网络中立性”和填补数字鸿沟的年代：“本土美国人处于落后地位，残疾人士无法使用科技，住在贫民窟的黑人和西班牙裔美国人基本接触不到科技，美国乡下的穷人也丝毫沾不上边。互联网工作百废待兴，”肯纳德回忆道，“这就是我们所做的工作。”那么他最美好的回忆又是什么呢？是联邦通信委员会在万维网络联盟（W3C）的建议之下强行采取入网措施之后，他参加的一场由聋哑及听力障碍人士协会举办的大会。“我走进大厅，看到所有人都静静地抬起双手，五指分开，并从左向右活动手腕。我不明白他们在干什么，主办方告诉我：‘主席先生，他们在对您起立鼓掌。’”

肯纳德知道，互联网如今面临的挑战和他领导联邦通信委员会的时候已经不一样了。数字鸿沟正在被平板电脑和智能手机填补，最终，网络中立性将更少地受到宽带发展和光纤时代到来的威胁。相反，对个人隐私的保护成为一个敏感问题。随着互联网变得更加“智能”并对卫生、教育产业产生强烈影响，对数据的控制也变得更敏感。对数据的重新划分以及网络的瓦解都在与时俱进。

《纽约时报》关于奥巴马竞选胜利的头条被装裱起来，放在肯纳德的办公室内。这位灵魂深处仍旧拥护新政的民主党人（人们就是这样称呼罗斯福派的）清楚地知道，美国不愿意对互联网进行管控。肯纳德领导联邦通信委员会时，甚至曾在一份著名的“打造21世纪全新的联邦通信委员会”（Une nouvelle FCC pour le XXIe siècle）的战略规划书里，鼓励委员会朝这个方向转变。规划书还提到，由管控转变为鼓励竞争，由限制公平竞争转为捍卫公平竞争。当时提出的新思路是不再满足于打击垄断，而是致力于改善竞争。他也知道，美国没有通信部——他认为这样很好。

但是，肯纳德理解欧洲的担忧，他的工作甚至也是为了化解欧洲的忧虑。这位大使在客观因素（互联网必须保持开放、自由）和主观同情（美国必须重振信心）之间左右为难，当我向他问及该话题时，他很踟蹰。他知道，他应该要使人安心，要向人解释，同时，为了不受管控，也要主动进行管控——尽管这与他的信念肯定是背道而驰的。顺着这一假设——他提出了该假设所带来的风险以及安抚作用——，他也权衡了这些问题在内政外交方面产生的影响。他比很多人都清楚，美国在数字问题上做出的种种决定不仅关系到美国本土的网络，也会对全球互联网产生国际范围的影响。“这里发生的事情会影响到整个世界。”在白宫，奥巴马的一位顾问略带夸张地对我说道。

世界各地的互联网形态都会受到美国政府决议的影响，但美国关于互联网的现行体制却很特殊，是美国所独有的，其各机构紧密交织，判例堆积，责任弱化，以至于外界对此几乎摸不清头脑。这种方式在别处几乎没有可复制性，也很难输出。美国数字行业模式的地域性很强，很独特。

我向肯纳德告辞，他自己也在打包行李。他的大使任期结束了，准备于2013年秋回华盛顿。肯纳德将他这项劝导工作留给继任者，由新人负责和欧洲修补争端、作出担保。尽管他没有明说，但我能清楚地感觉到，国土安全局的事务触犯了他的原则——他从来没有喜爱过阿斯莫德，这位神话中躲在房子里窥伺的恶魔，如今也是美国电子游戏《暗黑破坏神 3》中的大恶棍。

起身告辞时，我注意到墙上挂着哈里特·罗森鲍姆（Harriet Rosenbaum）的巨幅原作。这幅油画宏伟大气，是美国外交项目“艺术在使馆”中的一部作品，名为《日落》。我和这位面容与奥巴马有几分相似的黑人美国大使握手——他也是蓝眼睛，但年龄更大一些——，他优雅而有教养，非常和蔼可亲。看着远去的他，我心里想，这可能就是美国“软实力”的厉害。气度优雅、艺术品、文化和数字影响力让人们忘记了“硬实力”的法令（oukases），忘记了美国国务院的施压以及国土安全局广泛的间谍活动。

第九章　从文化到内容

雅典人大书店（El Ateneo Grand Splendid）也许算得上全世界最美的书店。该书店坐落于布宜诺斯艾利斯市中心圣菲大街1860号，它见证了整个阿根廷文化的发展。“大剧院”（Teatro Grand Splendid）始建于1919年，是当时探戈的圣地。那时候的每天晚上，人们都在剧院踏着探戈的二拍节奏起舞，而这种国民音乐的唱片就是在楼上的大剧院录音棚（Studio Grand Splendid）中录制的。不久之后，灿烂无线电台（Radio Splendid）开始播放探戈舞曲，探戈得到广泛传播。20世纪20年代末，有声电影诞生，大剧院被改造为电影院。在阿根廷，人们第一次在看电影的时候听到一向寂静无声的主演突然说道：“等一下，你什么都没听到”——这句历史性的台词让整个大剧院一片沸腾。

今天，这间占地面积2,000平方米的书店仍然保存着这种古老文化的奥秘。如同两次世界大战期间的好莱坞新剧院、芝加哥的巴拉班和卡茨剧院、纽约的齐格菲尔德剧院以及底特律的福克斯剧院一样，“大剧院”也拥有富丽堂皇的大厅、宏伟的旋梯和彩绘的天花板。巨型吊灯上悬挂着数千盏灯泡，在幕间休息时恣意闪耀，女像台柱、金色镜子、奢华的地毯，当然还有舞台上那两片巨型红色天鹅绒幕布时而闭合时而开启。池座中原本的几千观众席位现已被成排的书架所取代，其藏书量达12万册。楼厅成为CD和DVD专区；包厢则为读者提供了一片安静的阅读空间。我在那里还遇到了很多艺术学院以及创意写作专业的学生，他们坐在地上，翻阅博尔赫斯的《巴比伦图书馆》以及德勒兹与加塔利合著的《千高原》。书店自2000年开张至今，每年都有一百多万人前来购书。在雅典人大书店，书和文化产品如同一场演出，只是这场演出会持续多久呢?

在改为咖啡厅的戏剧舞台上，我见到了阿根廷最主要的社交网站——taringa.net的创始人埃尔南·博特博尔（Hernan Botbol）。他的办公室在剧院楼上，书店的正上方，我们在被书籍、唱片、影碟和杂志包围的印象咖啡厅会面。他审视着雅典人大书店摆满文化产品的书架，顿了一下，对我说道："这里所有的一切将会消失！一切!"接着他补充了一句："除非你到博物馆去。"

塔林加（Taringa）是拉丁美洲的一个拉丁社交网站，类似于脸书，人们可以在上面与陌生人交流文化内容［"推文"在那里被叫作"shout"，而且"shout"和"reshout"（即转发）都必须少于256个字符］。"脸书最重要的是将你的线下生活晒到网上，但塔林加更注重的是你发表的内容。人们关注你是因为喜欢你发表或者创作的内容。"这个社交网络介于点对点的社群网站与汤博乐这类轻博客平台之间，有效地促进了文化推介与交流。该网站开发了一种十分高效的流媒体音乐传播功能，以促进用户间的"交流"。埃尔南·博特博尔预言："这种新型文化的营利模式依靠的不是数码产品的销量——它很容易被同质产品取代——，而是不限次数的包月。购买音乐，即使是按单曲购买，即使是在苹果音乐频道购买，都是没有未来的。人们渐渐不会再购买音乐，就是这样。CD 和 DVD 已经没市场了，音乐下载也难逃此劫。我对不限次数的流媒体包月充满信心。但这也要经历新的版权交易形式。”每个月，该网站的登录人次将近 1.3 亿。

就目前而言，塔林加采用的是以广告为基础的盈利模式，像声破天、潘朵拉以及迪哲（Deezer，一家法国在线音乐网站）一样通过付费用户传播文化内容的假设还在研究当中。其网站团队正在完善这场必然到来的革命中至关重要的算法，同时也在筹备推出自有内容。博特博尔继续谈道：“创意产业将互联网当作产品的传播工具，但其实它可能首先还是一个制造新型文化的场所。”该网站的目标是以阿根廷为基点，辐射整个拉丁美洲，当然也会向美国的西班牙市场进军。为了做好这一准备，2013 年秋，塔林加公司在迈阿密设立了一个办事处。

塔林加的例子阐明了数字时代关于文化的几项关键要素：订阅、推荐、算法、交流、新型版权以及内容的质量。该网站还更加明确地揭示出，曾经是一种“文化产品”的文化现在正逐渐变为一种“服务”。埃尔南·博特博尔向我谈到了“数字复制时代的艺术作品”——这是他以本雅明一篇先驱文章的标题发挥而来的——，他认为文化的宿命已经注定。雅典人大书店就是一个很好的缩影：探戈大厅变成了电影院，唱片由电台广泛传播，市中心的电影院由于多厅影院的兴起而倒闭，书店也步入其后尘。今天的时代，一切都围绕互联网而存在。博特博尔坚信数码行业会打垮一切其他行业，而他租下这幢楼上的办公室也说明他已经朝这个方向出击了。

如今，这已不再是互联网是否将改变文化的问题，对此我们早已心中有数，所以对我的大多数受访者来说这一问题显得不再那么具有现实意义。数字时代的浪潮已经袭来，来势凶猛，涉及面广而且不可逆转。现在的问题更应该是弄清楚互联网将怎样对行业进行洗牌，洗牌至何种程度，以及这场刚刚开始的革命会在文化等级、新闻评论以及营利模式方面产生怎样的影响。我十分乐意在本章将我在世界各地采访到的各种看法呈现出来：与埃尔南·博特博尔在布宜诺斯艾利斯和我谈到的一样，他们也认为网络推荐会代替文化记者，网络订阅将成为文化“服务”的标准，而且相应的统计算法会日趋完善。他们也提到这种趋势不可避免地造成知识产权的转型，同时也催生了一系列新型的音乐营利模式，例如平台、流媒体服务，众筹以及 360 度全方位战略等。除此之外，他们还对我提起了亚马逊以及它在印度与俄罗斯的同类网站弗勒普卡特（Flipkart，一家印度电子商务零售商）、奥宗网以及交朋友网，这些网站都与传统模式“分道扬镳”。尽管我的采访对象大多拥有敏锐的直觉，有时对未来发展有自己的规划安排，但他们始终无法形成一个统一的看法。他们的分析在很大程度上受到年龄以及所处国家的影响，这说明国家疆域在数字文化时代仍起到关键作用。或许，将他们并不系统的观点集中在这里，最终可以对当前形势有一个概览。

文化向非营利领域的扩展

在旧金山市中心约翰·基泽（John Kieser）的办公室，基泽向窗外为我指出几百米开外位于市场街的推特总部大楼。基泽是美国大型交响乐团之一——旧金山交响乐团的总经理，他深知不能错过这次全新的文化革命，即互联网革命。“在旧金山这里，我们很早就意识到像我们这样的乐团不能仅仅满足于在戴维斯交响音乐厅演出，而应该在数字领域也有所作为。”

他补充道：“当然，硅谷让我们先于其他乐团意识到数字时代的重要性。因为我们生活在这里，所以每天都能感受到不断进行的革新，这势必会对我们这样的乐团产生影响。”旧金山交响乐团管理委员会中有些委员是脸书、贝宝的创始人，还有雷伊·杜比（Ray Dolby），直到去世一直是该乐团管理委员会的委员之一。旧金山交响乐团仍继续与杜比所创立的杜比公司合作，该公司在音频编码、音频压缩以及降噪等领域颇有建树。目前，二者正在共同研发一个增强智能手机与平板电脑音质的杜比真正高分辨率（True HD）项目。

由此可以看出，数字技术已经成为旧金山交响乐团的优先发展项目。其官方网站（sfsymphony. org）已不再局限于网络售票或者交响曲目的查询，而是成为了一个真正通过视频、电视节目、两个专门电台、博客以及众多音乐资讯文章分享传播古典音乐的综合平台。在另一个专门网站（keepingscore. org）上，该交响乐团进行了更多的尝试。旧金山交响乐团“教育与拓展部”经理罗纳德·盖勒曼（Ronald Gallman）向我解释道：“我们希望围绕真正的在线互动进行探讨，因为数字技术已经成为教育教学的一部分”。在这个网站，人们能够一拍一拍地细听柴可夫斯基的第四交响曲，而且可以随时暂停，听听乐团指挥的讲评，这是一次增长知识的美妙体验。旧金山交响乐团的指挥就是音乐总监迈克尔·蒂尔森·托马斯（Michael Tilson Thomas），他喜欢与人打交道，在这里人人都知道他的外号“托马斯”。

无论是在这座城市还是在网络，托马斯都有很大的影响力。他的推特账号（@ mtilsonthomas）拥有 7 万名粉丝，在脸书极为活跃，还拥有领英的账号。MTT 深入硅谷的交际圈，经常与谷歌、潘朵拉和推特的老总们定期会面，并邀请他们欣赏自己乐队的演出。

“对于托马斯而言，这是一项真正的使命。他的祖父母是意第绪语戏剧工作者，其父母是电视工作者，但他认为自己的使命以及他这一代人的使命在于数字领域。”约翰·基泽解释道。在与优图播的交流中，托马斯成功地说服他们为乐团创立了一个专门频道（YouTube Symphony Orchestra，优图播交响乐团）。2011 年，他在悉尼歌剧院指挥了一场音乐会，并进行了网络同步直播，当时全球约超过 3,300 万人收看了这场演出。基泽指出：“我们并不期待在数字领域的投入能带来任何回报，我们仅仅认为这跟教育一样，是我们的使命。”［他还向我透露“保持成绩”（Keeping Score）网站预算早已超过 2,500 万美元，主要靠慈善机构或互联网巨头的资助进行运营。］

托马斯打算沿着这条道路继续走下去，并陆续推出了其他创新。一个全新的旧金山交响乐团优图播专门频道将在不久之后上线，与加利福尼亚大学尔湾分校的游戏部合作的电子游戏也正在开发中。托马斯想要走得更远，开设网络电台以及一种推广古典乐的“可汗学院”，通过众多小视频提供音乐教学。

约翰·基泽总结说：“我们认为古典音乐现在处于历史转折点，转战互联网对于它的延续发展是一次重大的考验。如果我们不能围绕这个主题开展交流，不能将古典音乐成功引入互联网，我们可能再也无法说服大众到音乐厅听音乐了。”在倾听他侃侃而谈的同时，我观察到他办公桌后面的书架上放着一套迈克尔·蒂尔森·托马斯指挥的马勒交响曲 CD 全集。

在美国，旧金山交响乐团并不是唯一一个具有超前意识的文化机构，芝加哥交响乐团也同样创建了一个集视频播放器与电台为一体的网站（cso. org）。该网站为大众提供丰富的资源，例如音乐学习指南“制作音乐”（Making Music）、院校间艺术交流平台“融入独创性”（Ingenuity Incorporated）以及芝加哥艺术场所的互动地图“艺术面貌地图”（Artlook Map）。

博物馆方面，纽约现代艺术博物馆（简称 MOMA）的官方网站（moma. org）也提供在线访问现代艺术博物馆的服务，向大众介绍画作以及其他馆藏的艺术作品。但遗憾的是某些在线工具仅限于注册会员使用。波士顿美术博物馆（mfa. org）为社交网络提供了类似的在线工具与专业内容。当一些艺术作品是电子格式的，博物馆通常会向大众在线提供片段，如克里斯蒂安·马克雷（Christian Marclay）的《钟》（*The clock*）、南·戈丁的《独自》（*All By Myself*）以及其他趣味性的作品，如坎耶·维斯特（Kanye West）为艺术家村上隆（Takashi Murakaui）作品展所作的著名视频《早安》（*Good Morning*）。同时这些博物馆也在努力推出 3D 版的在线作品介绍，观众在家就可以收看立体 3D 介绍，甚至可以通过 3D 打印机以 1：1 的比例将这些作品打印出来。音乐方面，纽约现代艺术博物馆于 2012 年推出了一套“发电站乐队”（Kraftwerk）的金曲集，并将这个德国电子乐队的音乐，尤其是《计算机世界》（*Computer World*）和《家庭计算机》（*Home Computer*）这两张惊世骇俗的前卫专辑在展览中和网站上进行了发扬推广。

美国这些文化场所的第一要务都是力图与大众展开“对话”，而数字领域的革命帮助了它们。通过官网、手机应用以及在社交网站进行的展示，这些文化机构拉近了与会员间的距离，并与师生展开了交流。它们还与社会教育工作者以及服务敏感社区的社区发展合作组织

（CDC）保持联系，更加深入社区生活。尽管这一切令人讶异，但在这些文化机构看来，互联网不是一个国际交流工具，正相反，它是通过本土交流实现本土化过程的手段。因为无论是休斯敦现代艺术博物馆还是费城交响乐团，它们在数字领域进行巨额投资的首要目的，是吸引潜在观众而非短暂逗留的游客。

这些例子都说明了美国非营利性文化机构的重要性以及非营利性活动在互联网的开展情况。我的一部分受访者也认为，文化行业这种非商业性质的扩张将会成为一种发展趋势。尽管互联网使得文化产品的重要性在互联网的影响下有所减弱，但整个文化领域很有可能从营利向非营利转变。

在美国，交响乐团、博物馆、歌剧院、图书馆、芭蕾舞团、剧院（除百老汇以外）、艺术实验影院以及数以千计的电影节、高校刊物和大多数（由国家资助的）大学都属于非营利性机构。这些文化机构在大多数情况下既不是公共性质也并非“私人”性质，从经济学角度来看，它们是独立的、非营利性的机构。

这些机构的性质是由一份重要文件——《美国税法》501c3 规定的。根据这项法律，为了公共利益，慈善捐赠可以免除赋税。如果你资助了一家非营利性博物馆，便能享受减税。在美国，非营利性文化机构的地位十分重要（它在全球其他地方经常受到忽视），与之相对的，当然也存在实力雄厚的营利性机构，其中包括影院、（除大学出版社以外的）出版社、受到版权保护的歌曲、摇滚、爵士或说唱音乐会、当代艺术、百老汇剧院和电子游戏等。这些创意产业都是营利性机构，既不可能享受慈善捐助，也无法享受税收减免。

这两类文化机构之间存在着本质差别，美国税务机关的监管措施十分严格——即使如此，仍出现过失误，甚至丑闻。一个非营利性组织的管理委员会（即董事会）每年都必须募集高额捐款——有时高达数十万美元——，为该文化机构提供运作资金；而创意产业的董事会每年年末则与公司股东们一起享受年终分红。这是两种截然不同的运作模式，美国整个文化模式都是建立在这种基本分类之上的。

我们能否就此假设文化行业的非营利性领域正在扩大呢？这目前还仅是一种假设。维基百科摒弃了古典百科全书的商业模式，便是一个绝佳例证。同样，免费软件（例如里纳克斯操作系统与火狐浏览器）、“非专有”许可证、公开资源、资源共享网站等等，都提供了大量工具和创意内容。

总而言之，我的一部分受访者都认为营利性文化与非营利性文化的界线并非不可逾越。他们提到，美国一些博物馆和芭蕾舞团在 19 世纪时也曾是营利性机构，那时国家还没有对慈善捐助实行免税政策，还无法调动社会募捐使文化机构向非营利性转变。我们可以提出这样的假设：优秀的出版社、古典音乐和爵士乐、艺术和实验电影以及剧院等都放弃营利——尤其是假如互联网抢夺了它们的利润——，机构运作转变为依靠慈善捐助，成为非营利性机构——这将会是数字时代文化存在的一种新模式。

尽管许多人认为文化的未来发展趋势可能是非营利性范围的扩大，但另一些人还是希望能重新审视知识产权的相关法规，或者放宽这方面的限制。

知识共享

在美剧《白宫风云》（*The West Wing*）中，他用本名出演，他是一名法学博士，学界名流，而且在第六季中与美国总统畅聊了大半夜！然而在现实生活中，劳伦斯·莱斯格（Lawrence Lessig）并非首脑智囊团成员。他藐视权贵，挑衅权威，让他们自相矛盾下不来台。“我捍卫‘文化自由’正如我捍卫‘言论自由’”，这位戴着小眼镜的哈佛大学教授和社会活动家这样向我解释道，“‘free’对我而言意味着‘自由’而非‘免费’。”

在数字时代的众多文化研究者中，莱斯格是最前卫的一个。虽然常被视为激进分子，但他首先是一位创新者。他很早就预感到，知识产权在数字领域的转型中会受到深刻影响。于是，他提出了知识共享协议（Creative Commons，简称 CC）。这些协议允许文化创作者自己规定他们想要赋予其文化内容的著作权性质。总共存在六种协议，授权作品能在原作者署名的前提下自由传播（CC BY）。根据情况的不同，可以自由地对原作进行重组或改编（CC BY - ND），也可以用作商业用途或非商业用途（CC BY - NC），通常还要求改编后的作品以相同方式发布，并使用与原作相同的许可证（CC BY - SA）。莱斯格解释道：“这些著作权许可证以及知识共享协议完善了知识产权体系。这对知识产权体系是一种超越，而不是一种否定。与此同时，很重要的一点是，它们还赋予了创作者和作者一种简单的选择其作品传播方式的自由。假如你是小甜甜布兰妮，你只想让付钱购买你音乐作品的人能够听到你的音乐，那么这是你的权利，我对此无话可说；但假如你是一名主持人、教师或者科学家，出于对艺术或科学的热爱想要进行创作，甚至希望得到认可，但并不关心这能给你带来多少钱，也不愿意控制作品的传播方式，这时候知识共享协议就会发生作用了。”

如今，全世界范围内享受这类自由许可的网站达数十万家，文化作品更是高达数百万件。其中最为著名的要数维基百科的相关文章、弗里卡尔（Flickr）的部分图片、半岛电视台关于加沙战争的报道以及《20分钟日报》的一些文章，当然还有劳伦斯·莱斯格的著作。“对于内容产业在著作权方面所持的极端观点，我真心感到十分气恼。这种极端著作权与历史上争取知识产权的斗争没有任何联系，这种极端看法将抹杀掉数字时代开放的可能性。”莱斯格强调道。他认为，著作权存在的意义是为了鼓励创新，而不是维护“主流文化产业”模式。与许多其他知识分子一样，他提倡减轻对个人抄袭剽窃行为的处罚，建议重审有关私人著作的法律并放宽“合理使用”（fair use）的限制（即为顾全公共利益而存在的特殊情况，例如对引用或电影片段的传播）。此外，他对糅合这类将音乐或视频混合编辑而成的作品也表示支持。当然，莱斯格还在为缩短著作权年限而四处奔忙，目前在美国，著作权的有效期是作者去世后的70年。尽管对著作权持有消极态度，劳伦斯·莱斯格却十分看好数字时代的创意作品：他认为互联网让文化变得更加丰富多彩，更加尖端。

知识共享协议在经济合作进程中的应用已相当普遍，并形成了所谓的“著佐权”（copyleft）现象。“著佐权”允许使用者自由使用软件，要求使用者分享或修改后的衍生作品同样必须是自由传播。这样看来，著作权实际上在阻碍著作权的实现！

莱斯格也强调：“我并不主张废除著作权。在我看来，著作权在现代文化与创意经济中仍然起着至关重要的作用，它的存在在某种程度上是十分必要的。但是著作权必须是一剂强心针，鼓励艺术家创造出更多的伟大作品，激励作家笔下诞生更多的不朽巨著。我们理应尽力维护著作权在上述方面有所作为，而不逾越原定的界限。因此，必须在‘必要保护’与‘过度限制’之间找到一种微妙的平衡。否则不但无法拥有自由文化，反而让文化受到管控，甚至囚禁，导致唯一获利的是内容产业与某些艺术家或精英的包装团队。这样的‘封建纳贡’（sharecropping）文化既不能鼓励个人发挥潜力，也无法激发更多的人参与到创造中。”（莱斯格用图画阐释了“封建纳贡”这一术语：实行土地收益分成的农业模式中，农户通常为黑人，他们必须要与通常为白人的地主共同分享农作物的收益。）

他的这些言论无疑让某些文化界人士为之震惊。一部分人认为莱斯格是救世主，但在著作权人的圈子里他是一个不受欢迎的人。其反对者指责他在玩剽窃与非法下载的勾当。他们与莱斯格的主张相反，认为当著作权在互联网受到威胁之际，应加强对创作者的保护力度。如若没有著作权，艺术作品将会岌岌可危，艺术家也将如同文艺复兴时期那样依附于资助者。有些人甚至主张推崇欧洲国家的“作者权”（droit d'auteur）概念，因为它还包括了著作权人的人格权（droit moral），比美国著作权更具保护作用。在布鲁塞尔的欧洲议会上，“作者权”的支持者、“著作权”的支持者以及希望放松监管的劳伦斯·莱斯格阵营就这些问题进行了激烈的辩论。三方正在达成一种“和谐”——有人担心这种和谐将可能只关乎最细微的共同利益。这次欧盟内部的唇枪舌战或将对相关议题未来的结论有很大帮助。

总之，一部分互联网自由主义者或自由分子在全世界范围内引起了轩然大波，并拥有了众多拥护者。在世界各处，尤其是在新兴发展中国家，我遇到了这批真心信仰“自由”文化，有时甚至是“免费”文化的文化界人士。他们之中的杰出代表是一位年逾70岁的音乐家、著名的巴萨诺瓦（bossa nova）歌手吉尔伯托·吉尔（Gilberto Gil），他同时也是热带主义运动的发起人之一。我采访时，他时任巴西卢拉政府文化部长。他向我坦诚自己是知识共享协议的坚定拥护者，同时补充说他“当然”也支持版权，但前提是为了推动“音乐的自由传播”。这位老者甚至开玩笑地对我说他自己就是一位“黑客”，支持一切非商业性的文化形态。他深切关注黑人青年——他自己就是在巴西贫民窟长大的——，想要帮助贫民窟的年轻人运用数码产品进行交流。我们会面那天晚上，吉尔伯托·吉尔上台演唱了一首《在网上》（*On the Internet*）：“我想在网上/推动一场热议/在互联网聚集/一群来自康涅狄格州的粉丝/我想在网上/让尼泊尔的屋宇与加蓬的酒吧相遇。”

文化产品的目的

电影《社交网络》中扮演脸书创始人之一的贾斯汀·汀布莱克（Justin Timberlake）有一句著名台词“唱片产业没有一丝幽默感。”尽管这句话的真实性有待考证，但它很好地总结了音乐与互联网长久以来的关系。今朝不同往日，音乐已经重拾昔日的笑颜了。

从今往后，音乐产业已离不开数字技术。大多数专辑都可在网络上收听，而且是合法的，这点是十分令人欣喜的。目前，音乐产业主要存在三种商业模式：第一类是免费的数字化的“智能电台（smart radio）”，该服务支持在线收听，但无法提供下载，主要收入来自于广告与版权［如天狼星斯科姆广播（Sirius XM）、三星牛奶音乐广播（Milk Music）以及苹果音乐广播（iTunes Radio）］；第二类模式可支持付费下载单曲或专辑（如苹果音乐频道）；第三类模式则只需订阅流媒体、包月下载或通过程序应用（如声破天、潘朵拉和笛哲等），即可享受无限服务。

智能电台模式为消费者带来了众多便利，尤其是它的服务是免费的，但这种模式仍然存在不足之处，大多数音乐的报酬比较低：在免费收听的模式下，艺术家们获得的版税远低于付费服务模式下的版税。（智能电台的听众能够重复收听或跳过某些曲目，但无法自由选择收听的曲目，因此版权费的支付方式不同。）这种模式尽管存在上述缺陷，但必将取得长足的发展，尤其是在新兴发展中国家以及非洲地区。如今，网络电台正遍地开花，其专业性也在不断加强［譬如特恩因广播软件（TuneIn Radio Pro，一家网络电台推出的专业版软件），吆喝广播（Shoutcast，一家网络电台），苹果音乐广播等］。

由苹果公司推广开来的付费下载模式遭遇了瓶颈。诚然，这是一项决定性的发明，集四项革新于一体：一种全新的音乐文件播放器（如苹果音乐播放器以及后来的苹果手机）；一项提供更完美音质的新型编码模式（音频文件为高级音频编码格式，而非 mp3 格式）；一个建立免费个人数据库以及音乐购买空间的平台（苹果音乐频道）；最后是最大的创新之处——音乐销售的自选性——可以按单曲销售而不是一次销售一整张专辑。然而，苹果品牌的这项伟大创新如今也正面临发展瓶颈。“过去，人们购买音乐是为了发现，而现在，人们发掘音乐是为了选择购买。”加拿大广播电台总经理帕特里克·博迪安（Patrick Beauduin）在蒙特利尔受访时这样说道。这种观点还是太过乐观？“人们购买热门单曲，他们只买这个。若今后不再发售单曲，仅售专辑，那么这种模式将难以为继。”在伦敦，百代唱片（EMI）执行官之一尼克·加特菲德（Nick Gatfield）这样向我解释道，语气略带酸楚。英国百代唱片公司的唱片业务已被环球唱片（Universal）收购，并且一小部分艺术家——酷玩（Coldplay），大卫·盖塔（David Guetta），蒂娜·特纳（Tina Turner）——也被美国华纳兄弟挖走。尽管苹果音乐频道在在线音乐购买领域仍占主导地位（占付费下载市场的三分之二），它似乎已经不再符合消费者的实际需求。因此，在我的大部分受访者看来，这种音乐购买形式不会是未来的发展方向。

最后还剩下订阅模式。尽管这一模式目前还无法填补音乐产业的损失，无法挽救唱片公司的颓势——英国的HMV音像制品公司、美国的博德斯集团以及法国的Virgin都相继破产——，但它可能是这个行业持续发展的一种解决方案。例如环球唱片法国区总经理帕斯卡尔·内格尔（Pascal Nègre）曾向我透露："我们都确信这第三种模式——订阅模式的前景最为光明，它同时解决了消费者与整个音乐产业的问题。"

如今，许多网络平台已占据订阅市场，例如该行业领头羊、2008年在瑞典成立的声破天，以及美国的狂想曲（Rhapsody）、潘朵拉、雷迪欧（Rdio）、魔声音乐（Beats Music）和法国的笛哲，还有一批新兴公司，如主打高端音质的和必斯音乐（Qobuz，一家新兴音乐网络公司）和奈普斯特（Napster）等。网络巨头也不甘落后：谷歌推出了谷歌音乐商店（Google Play Music All Access），微软开发了跨平台订国代音乐流式服务（Xbox Music），索尼拥有索尼音乐无限网站（Sony Music Unlimited），苹果公司的苹果音乐广播也正朝订阅模式转变，如同亚马逊的亚马逊会员服务（AmazonPrime）的免邮费服务以及云服务那样。

谈到这里，我们不得不提及优图播。优图播属于谷歌旗下，是免费音乐生态体系中无法回避的主要角色。优图播采用混合模式，提供一系列不同的服务，每月浏览量高达 10 亿人次，月平均观看视频时长达 60 亿小时。优图播首先是一个视频搜索引擎，而且是世界最大的。其次，它还是一家通过在线流媒体提供免费视频和音乐的网站，有广告，但并非线性收听或收看（人们虽然不能下载，却能自由选择自己喜爱的节目）。该网站的大多数内容今后都将获得合法授权，而且其广告收入的 50% 左右都用于文化产业的发展。移动设备是优图播目前优先发展的项目，约占投入总额的 40%，由此推断优图播可能会主要定位在智能手机与平板电脑市场。不管怎样，这一独特的模式已经在全球范围内取得了成功：优图播成为免费流媒体市场的领军人物，占据 80% 以上的市场份额，仅仅在一部分国家遭遇了本土网站的挑战，如中国的优酷与土豆，日本的尼科动画（NicoNico），法国的每日动画（Dailymotion）和伊朗的梅尔通讯社（Mehr）。与此同时，优图播还效仿智能电台的模式（或者可以说智能电视的模式），推出了一系列免费主题音乐频道。最终，优图播应该会朝着付费流媒体的方向转变，通过订阅，走出一条类似声破天和网飞的道路，成为一家同谷歌搜索引擎实力相当的音乐视频网站。还可以预期的是，优图播与其他创意产业的和平相处只是暂时的，它很有可能在出其不意的情况下突然转变，开始向这些企业收取视频和音乐的相关费用！这标志着免费音乐走到尽头，付费模式登上舞台。由此可看出，创意产业的发展模式一直还处于探索之中，尚未固定。

终有一天，谷歌、苹果以及亚马逊都将由“在线音乐管理器”——一种储存个人音乐的资料库——过渡为“在线音乐数据库”。

这种集体数据库不再属于任何人，但人们随时都能访问。

这种模式通常被称为“任由你吃”（all you can eat），与自助餐的不限量模式相似，或者严肃一点可以称之为“开放音乐模式”，非常适宜于移动设备。与必须联网使用的智能电台和昂贵的付费下载模式相比，声破天与笛哲这类平台完美达成了消费者与企业利益的统一。这不得不说是精神文明的一次进步！十年前奈普斯特横空出世，让消费者相信“音乐是免费的”。有人认为从此他们绝不会愿意为音乐花钱，而会一直在网上非法下载自己喜爱的音乐。但事实证明并非如此。消费者其实是愿意为声破天自掏腰包的，尽管销售数据目前不太乐观：2013 年，有 2,400 万人在收听带广告的免费音乐，只有六个人通过订阅享受无广告的音乐体验。至于大型唱片公司，它们的转型力度也是空前绝后的。不到五年的时间内，它们都已经急切呼唤改革，实现带广告的免费流媒体模式，或声破天类型的订阅模式。如今，三家主要的唱片公司——法国维旺迪集团旗下的环球唱片、日本索尼以及美国华纳都引进了这些新模式，并试图在这条道路上走得更快更远。“直至 2000 年底，我们的音乐节还只关注音乐。现在它俨然已经成为全球数字创新的主要盛会，是对音乐界发展创新的完美总结。”西南偏南音乐节（又名 SXSW）主席罗兰·斯文森（Roland Swenson）在奥斯汀这样对我说道。[每年春季西南偏南音乐节举行的同时，另一场 SXSW 互动盛会也在如火如荼进行中，并已变成得克萨斯州热门新兴企业的展示平台，2007 年和 2009 年，推特和四方形（Foursquare，一家基于用户地理位置信息的手机服务网站）先后在活动中引发了热议。]

大型唱片企业都开始展望未来：他们预测当流媒体订阅服务的全球订阅用户达到上亿人次时，音乐产业的收入将可能填补唱片销量下滑带来的损失。值得一提的是，尽管声破天对每首歌曲仅收取 0.05 欧元的费用，但该公司自成立至今已创下了约 10 亿美元的版税收入。有人说愿望是美好的，但不管怎样，努力实现欲望总要好过安于现状，无动于衷。当年唱片业面对互联网的步步逼近，正是因为选择了逃避现实，才最终落得悲惨的结局。

我访问的许多国家都在采用这种订阅模式。订阅模式用自己的方式证明了文化发展的主要方向，即文化产品向服务、流量、订阅的转型。音乐不再是被人占有的物品，而是通过普通的订阅服务随时随地“获取”、并在任何设备上都能收听的东西。

目前进程是实现内容数字化的自然变革。人们可以珍藏自己独一无二的老唱片或者精心收藏的电影 DVD，这不妨碍 mp3 或高级音频编码格式的音乐以及下载影片的文件夹内容变得千篇一律。拥有这些文化产品并把它们保存在“资料库”里吗？有人预言，就连“资料库”这个词也将被历史的浪潮淘汰。我们将不再拥有文化产品，而是满足于接触它们。文化的未来发展方向是“订阅”而非“拥有”。

文化由“产品”到“服务”的过渡是一次关键性的转变，我们从文化商品行业过渡到了文化服务业。如果唱片产业不是观望了十年才接纳互联网，那么它也许能早几年参与这场重要的变革。

在这场文化转型的进程中，全球各地还出现了其他的发展途径：“360 度”全方位经纪合同、众筹、手机铃声销售（在亚洲一直很火的文化现象），当然还有现场演唱会等。有的艺术家，如杰德·修耶瑞（Jade Choueiri）甚至同时尝试了上述所有模式。

杰德·修耶瑞坦言：“我开始了我的第二次职业生涯。”这位现年

33岁的黎巴嫩歌手如今已是一位视频短片导演兼制作人。当我在贝鲁特见到他的时候，才真正了解了他在“粉丝”中的重要地位，在路人看来，我正在跟一位巨星打交道。修耶瑞曾是红极一时的阿拉伯流行艺人。出道十年，在黎巴嫩、叙利亚、海湾地区、马格里布和埃及，他的作品经常登上最佳金曲前50名排行榜前列。他的首张专辑在埃及——一个盗版盛行的国家——获得了20万张的销量。他的热门金曲之一《沃莱尼》（*Warreiny*）在优图播上获得了超过100万的点击率，此外还有例如《时髦的阿拉伯人》（*Funky Arabs*）、《我打电话给你》（*Banandilak*）、《沃尔拉·阿威尔》（*Wala Awel*）以及2013年11月发行的热门金曲《我们不在乎》（*We Don't Care*）等。由于他的视频在互联网以及电视上炙手可热，旋律电视台（Melody TV）与他签订了一份独家协议，该电视台拥有自己的制作部门。

“这类协议叫作‘360度合约’，也就是说该合同囊括了专辑发行、演唱会、衍生产品以及一切经纪筹划，制作公司则收取一定比例的提成。”修耶瑞在其位于贝鲁特东天主教区阿什拉菲赫的公寓举行晚会的期间这样解释给我听。

埃及大型唱片公司旋律音乐公司（Melody Music）其实并非唯一一家尝试这种模式的音乐制作公司。在阿拉伯地区，它的竞争对手如沙特阿拉伯的罗塔纳（Rotana）公司以及黎巴嫩的阿拉比卡（Arabica）公司也做过类似的尝试。“我们与艺人签订一份所谓的‘经纪合同’，对艺人进行360度的管理。这意味着我们签约一个艺人不仅仅只负责专辑发行，而是负责一切有关演艺事业发展的事宜：CD发行、在线音乐的销售、演唱会以及广告的拍摄。今后公司旗下90%的艺人都将签署这样的合同。”当我在贝鲁特罗塔纳公司总部采访艺术家和剧目部门的经理托尼·赛姆安（Tony Semaan）时，他如此详细解释道。

在数字浪潮的推动下，这种独特的模式逐渐普及。杰德·修耶瑞打趣地道："阿拉伯国家这次竟然走在了世界的前列。早在互联网出现之前这里的盗版就很猖獗，我们根本不指望专辑和单曲的销售能赚到钱。成千上万盗录的卡带以及刻录的CD让任何产品都足够被盗版。我于2005年签订的第一份合同就是经纪合同，公司从我所有的演唱会及广告收入中收取一定比例的提成。如今欧美公司都是这样做的！"

在黎巴嫩，在整个中东、亚洲和拉美地区，我所有的受访对象面对盗版的那种冷静让我感到无比震惊。对于杰德·修耶瑞而言，盗版只是音乐行业的基本组成部分，他并没因此感到不快。他告诉我，这里的情况与美国企业和欧洲政府极力倡导的反盗版形成鲜明的对比。据音乐界专业人士统计，中东地区市面上超过八成的产品为盗版，甚至街上卖的CD和DVD也经常是盗版。修耶瑞说："所以，我们一点都不惧怕点对点模式，也不会担心网上的盗版！"［根据哥伦比亚大学"美国议会"（The American Assembly）的一项研究显示：俄罗斯的软件盗版比例已达到68%，墨西哥音乐行业的盗版比例为82%，而印度的电影行业盗版比例则高达90%。同时研究也显示，46%的美国成年人曾经非法下载过歌曲或电影，18至29岁年龄段该比例升至70%。］

阿拉伯地区还存在另一些独有的特征：艺人举行私人宴会和生日派对，尤其是婚礼会给艺人和经纪公司带来额外的收入。在诸如美国等其他国家，刚出道的新人则会在私人公寓举办"室内演出"（house show），以扩大粉丝群，并收取赏钱和小费增加一点收入。

对于杰德·修耶瑞而言，尽管自己还是会继续唱歌，但现在他已经开始自己的第二职业——制片人与经纪人了。修耶瑞为许多阿拉伯明星，如纳沃·阿尔·扎戈比（Nawal Al Zoghbi）、欧瓦迪亚·阿尔·萨菲（Ouadia Al Safi）、黛安娜·哈达德（Diana Haddad）等制作过不少视频。“视频短片的拍摄与出品能带来1.5万至15万欧元的收益，因此这是一种收益不错的经济模式。”现在，网络视频走红已经愈来愈成为艺人建立观众缘的关键，许多新兴的娱乐公司都十分注重这种在线推广战略。修耶瑞认为：“网络推广与线下运作是相辅相成的，这两者对于艺人与观众进行良好沟通都起到了重要作用。”然而，与西方国家不同的是，阿拉伯世界的艺人要想通过电视节目或电台节目得到收入几乎是不可能的。“在阿拉伯世界，经纪公司和艺人必须付钱给电视台，他们才会播放你的音乐！这实在是一个太奇怪的现象了。”修耶瑞紧接着又补充道：“但幸好有了互联网，这种模式也许快要走到尽头了。现在，阿拉伯艺人的视频在优图播上走红之后，他们就开始赚钱了。”这个曾经捧红过贾斯汀·比伯的社交网站今后也将对其传播的视频予以投资。

在世界其他地区，我们也能找到这类模式。“付费”让电视台推广音乐的现象——一种普遍存在的非法的“商业贿赂”体系（payola）——在拉丁美洲十分常见。“商业贿赂的原因是大公司的行业垄断以及长期以来市场被英美音乐所统治。但如今互联网的出现打破了这一垄断，至少使得垄断行为有所收敛。互联网让观众有了更多选择，这对我们而言是一个好消息。”蓝登（Random）唱片公司的维克多·珀尼曼（Victor Ponieman）在布宜诺斯艾利斯接受采访时说道。

至于其他辅助收入，诸如手机铃声和卡拉OK歌曲使用费，则在亚洲十分普遍。索尼公司印度尼西亚地区总经理托特·威德佑优（Toto Widjojo）在雅加达接受采访时说道：“来电铃声与彩铃将成为亚洲音乐的经济来源。”日本流行乐（J－Pop）、韩国流行曲（K－Pop）、中国台湾和印尼的流行金曲几乎充满了整个手机铃声市场。尤其是等待接通之前的彩铃（不同于手机本身的来电铃声）让人不再听到无聊的拨号音，而是一段日本或韩国的流行歌曲。甚至还有一种“电话彩铃（color call tone）”能够在人们讲电话的同时轻声播放背景音乐！另外，可以作为手机壁纸的套图也获得了不错的销量。我发现这些起源于日本的发明如今在亚洲的韩国、印度尼西亚、中国台湾地区、越南等地创造了可观的收入。

这些新的创收方式同样存在于电影业、出版业以及媒体行业。就连旗下拥有《名利场》（*Vanity Fair*）、《时尚》（*Vogue*）、《智族》（*GQ*）以及《连线》杂志的康泰纳仕集团（Condé Nast）也开始将这些“外部活动”作为今后的发展重点。在纽约时代广场中心52层的公司总部大楼，人们向我介绍：如今的研讨会、定期讲座、沙龙以及展览都是集团和其作家、记者创收的新途径。《纽约客》主编亨利·范德与我在康泰纳仕集团总部的咖啡厅共进午餐，这家咖啡厅由建筑设计师弗兰克·盖里（Frank Gehry）精心设计，梅丽尔·斯特里普也在这里拍摄过电影《时尚女魔头》。亨利·范德向我透露，他们杂志的记者如马尔科姆·格拉德威尔（Malcolm Gladwell）等现在更多依靠这些外面的活计赚钱，发表文章这种笔头工作相较之下已变得微不足道。但他也指出，比起那些不太出名的记者，靠这种模式赚钱对于马尔科姆·格拉德威尔这种畅销书作家容易得多。成功很难复制，音乐界如此，文学界更是如此。“这十分不公平，但我也不知道这种模式什么时候才能真正普及开来。”

接下来探讨一下“众筹”。众筹主要面向那些很有潜力、很可能走红的艺人。在当今这个有才之人多如牛毛、互联网上的项目泛滥的世界，如何才能被发掘并得到赞助呢？众筹可以帮助解决这一问题，这种集资行为直接呼吁大众投资自己感兴趣的方案从而达到集资的目的，既可以是捐助，也可以是真正的投资。

近年来先后出现了许多公众可参与的融资平台，如基克斯塔特（业内领军者）、罗克特哈勃（RocketHub，一家专为研究人员设计的融资平台）以及英迪亚奋进（Indiegogo，一家创业众筹公司）等。许多连续剧和纪录片制片人以及电影导演，诸如斯派克·李（Spike Lee）和詹姆斯·弗兰科（James Franco），都曾利用这些众筹平台筹集资金，完成拍摄。此外还有一些专门网站如优鲁乐（Ulule）（创意与团结）、人民电影（People for cinema）（电影）、托斯科普罗得（Touscoprod）（视听）以及我的专业伴侣（MyMajorCompany）（音乐）等，都致力于在某个具体领域筹集资金以完成项目。

我们看到，音乐界正发挥最大的创造力以求在数字时代找到新的经营模式。音乐行业欣然接纳互联网，不仅因为互联网能筹集资金，而且它还具有多元性。那些不看好互联网的评论家们预言数字转型将会导致作品千篇一律，然而当我在许多国家做田野调查、采访专业人士的时候，他们并不认可这种分析。在他们看来，英美地区的音乐借助互联网成功实现全球化不足为惧。

2013 年 6 月，《经济日报》（*Economic Journal*）对一百多万个音乐畅销排行榜进行了分析，结果出人意料，目前音乐产业在很大程度上是具有地域性的。因为互联网的到来，本国企业的影响力正逐渐扩大。事实上，在数字革命之前，全球的音乐市场主要由美国和英国主导，剩余市场由瑞典、加拿大以及澳大利亚瓜分，而现在的市场分布更加多元化了。诚然，美国依旧是音乐市场的霸主，在各大排行榜的前 31 名中便有 23 位美国艺人上榜。但这股美国主流——当然具有很大分量，但也是相对而言的——只能算是全世界音乐大潮的一部分。从 1990 年开始，大部分国家音乐畅销榜上的本土歌手占据的席位越来越多：这点至关重要，因为真正的音乐多元化不仅取决于作品数量种类的增多，更取决于这些作品能够被人喜爱、收听并获得一定成功。音乐电视集团正是深刻理解到这一点，因而早在互联网加速这种现象之前就为其大多数节目设立了本土频道。音乐产业重新将现场演唱会作为音乐经营模式的核心，在本土推广方式多样化和提高本土艺人的唱片销量方面，互联网的作用十分显著。在如今这个相互联通的世界，即使来自小国家的艺人也有机会得到世界各地粉丝的喜爱，其本土粉丝量更会大幅增长。

另一个因素是算法和推荐带来的悖论性效应。算法和推荐是全球性的，是匿名的，因此我们本能地认为它们可能导致文化的趋同。但事实并非如此。随着算法和推荐更为精确和细化，文化也开始越来越重视个人喜好、群体类别与差异。这反而会导致人们封闭在自己的“小宇宙”，沉溺于自己的小团体，只为其提供已经消费的产品类型。推荐的个性化建立了专门的对话，小团体和小圈子意识甚至可能引发一场更为广泛的疆域分化运动。让我们期待这场运动能够为文化的多样性注入更多活力。

最后，互联网的全球性将会推动本土歌手在海外市场的发展。这一模式从印度、伊朗和中国艺人的国际化经验便可以看出。这种推广在技术层面上是属于全球化的，但从音乐本质来看其实丰富了音乐的多元化，因为它让旅居海外的国人能参与到本国的交流中。有时我们不得不感叹：文化多元化的道路真是曲折艰辛！总之，我们可以设想，音乐正迈入一个新的纪元，数字技术的出现让音乐得以跨越国界，变得更加丰富多元，并且不再那么主流。

然而事物总是具有两面性，互联网的普及在某种程度上又让艺人打入国际市场的道路变得更加艰难。除了几个特例，如“鸟叔”凭借《江南 Style》在优图播上获得了 20 亿人次的点击量，一般情况下，要想在国际舞台上崭露头角并不容易，除非是美国音乐。对于许多艺人而言，尽管互联网为其占有一席之地提供了便利条件，但扬名海外的梦想似乎越来越遥远。环球唱片公司巴西地区总经理若泽·埃博利（José Eboli）就是这样认为的：“在巴西，音乐市场 70% 的销量都是由巴西本土音乐所创造的，美国音乐仅以 28% 的份额位居第二。我们为此深感自豪，然而在世界其他地方，几乎难以寻觅到巴西音乐的踪迹。曾经我们凭借波萨诺瓦唱响了国际，成为国际音乐的主流，只可惜好景不长。从那之后，我们就不再是国际音乐市场的主力军了，仅仅只是‘世界音乐’的一员。然而我们仍在音乐市场中占有一席之地，而且利润可观，要继续开拓市场的话，数字技术是一把利器。”

市场份额可以是极具潜力的。我们从爵士乐和古典音乐在互联网占有的份额就可窥见一斑。1990 年末，古典音乐的销量仅占整个唱片市场销量的 3%（1960 年初，这一比例曾是 33%），今天，古典音乐在数字时代又重新焕发了生命力，据估计，其唱片在苹果音乐频道上的销量比例超过了 10%（苹果音乐频道不对外公布销量数据，这一数据来自美国一家专业媒体对唱片公司的调查研究）。

目前存在许多家可以通过在线方式、流媒体播放或订阅方式收听古典音乐的网站，专业的网络电台也如雨后春笋般涌现。“音乐广播电台注定会被历史淘汰，所有‘录制’的唱片除非是现场、独家或者获得特许，否则是没有未来的。电台的未来发展模式是按类别划分的网络电台，例如古典音乐电台。”加拿大广播公司总经理帕特里克·博杜安（Patrick Beauduin）在蒙特利尔这样告诉我。这家国有企业设立的 espace. mu 网站推出了一系列流媒体网络电台，其中很大一部分都是古典音乐频道。“然而无论是传统广播电台还是网络电台，古典音乐节目每小时的说话时间都不得超过六分钟，否则这就不是音乐电台而是谈话节目的电台了。”博杜安认为，电台作为一个具有便捷性的媒体，必须具有很强的灵活性，可以在平板电脑、智能手机和脸书上进行操作，这是电台的未来。“电台与社交网络是不可分割的，这就是它的特性。‘互动’是电台的灵魂。”在他看来，谈话性的电台同样具有它的魅力——尤其是在晨间或一边驾驶一边听广播时。“不过随着互联网带宽提高，4G 网络得到推广，人们主要还是在流媒体收听节目。播客（Podcast）是一种转播技术，其缺点在于不够及时且无法互动。电台节目众多，但真正能够坚持多年且主题恰当的却并不多见——永久的电台是不存在的。”美国国家公共电台（NPR）的应用程序便是一个很好的例子：该应用为用户提供了上千个美国国家公共电台的流媒体节目，播放列表的排列以及便捷的分享功能充分表明，电台未来的发展模式是移动设备的流媒体。美国国家公共电台的月平均听众人数高达 3, 500 万，平均年龄为 50 岁；但使用该电台 App 的听众平均年龄下降到了 35 岁。在瑞典，人们也开始意识到电台最终还是要在网飞之类的网站上设立端口，否则电台就不会再有听众了。当我在英国参观英国广播公司的时候，我了解到该公司已经推出了四十多个主题（即类别）网络电台，尤其是爵士乐和古典音乐的网络电台。

古典音乐在网飞等流媒体视频网站上也得到了发展。这一出人意料的现象早在几年前就已出现：乐迷希望看到演唱会或古典歌剧现场画面的愿望，过去是由录制的 DVD 满足的，如今在线视频的出现更完美地解决了这一问题。博杜安强调："虽然这有悖常理，但古典音乐最终还是以图像和视频的方式呈现给了观众。古典音乐网络电台将推出画面，这会是一件十分吸引人的事情。"

最终，古典音乐在数字技术的帮助下重获新生，赢得了更多观众的心，实现了普及古典音乐的理想。怀揣这一理想的，有伦纳德·伯恩斯坦（Leonard Bernstein）——他指挥了纽约交响乐团免费音乐会，以及指挥大师阿尔图罗·托斯卡尼尼（Arturo Toscanini）——1940 年他的指挥作品在美国全国广播公司电台进行了令人难忘的转播。而这一切仅仅是一个开始。

算法

在 C 街距离美国国会大厦不到 500 米的地方，有一栋建于 19 世纪的红砖房。这座房子如它的主人——亚马逊公司的游说者一样，低调而细致。这家在世界贸易领域数一数二的企业，其总部虽位于美国西北部华盛顿州的西雅图，但其"政治"办事处则设在美国联邦政府的首都，华盛顿特区。亚马逊公共事务部经理埃米特·欧克斐（Emmett O'Keefe）与负责为亚马逊网络服务游说的代表香农·凯洛格（Shannon Kellogg）热情地接待了我。两位皆经验丰富，表现出色，他们有着牧师般的耐性，认真谨慎地回答我提出的每一个问题。2013 年底，斯诺登事件引起纷纷议论，他们紧急发文澄清，消除了我这位欧洲同胞的担忧。是的，亚马逊支持国会介入，保障私人生活；是的，亚马逊同意所有公司都在当地缴税；是的，亚马逊告知每位云服务的使用者他们的数据都被储存在云服务器上。这些观点都是提前准备好的，而我的受访者依然那么热情，无论我怎样提高嗓门，他们始终保持淡定。果然，我面对的是久经沙场的游说者。

"每当我们进军一个新的领域，总会制造'破坏'，我们的原则很简单：一切对消费者有利的就是对亚马逊有利的。"埃米特·欧克斐这样总结道。他不想与其他 GAFA 公司休戚与共，他强调这四家公司在观点上存在很大差异，但也承认它们在许多方面的意见是一致的。

"GAFA"是谷歌、苹果、脸书和亚马逊英文名称的首个字母缩写。这四家公司组成了一个名义上的公司联盟，它们都是美国公司且都致力于数字领域，除此之外，它们没有任何其他联系。四家公司在华盛顿和布鲁塞尔皆设有办事处，它们在当地资助政治团体和智囊团，组织和维护强大的游说机构。四家公司彼此之间也存在激烈竞争——苹果与谷歌的竞争主要集中在移动设备上，亚马逊与苹果主要集中在平板电脑、音乐和电子书上，亚马逊和谷歌主要集中在电子商务和云服务上，脸书和谷歌则集中在社交网络、视频和图片。但是它们结成联盟，捍卫共同的利益，非物质文化是一个整体。

对大众而言，亚马逊首先是一家拥有实体仓储的有形产品销售网站，属于网络零售商，在美国人们也称之为"零售商"或"传统实体商店"（brick & motar）。亚马逊最初只经营图书销售业务，随后拓展到 CD 和 DVD。再后来，杰夫·贝佐斯（Jeff Bezos）建立的这个网络平台越来越丰富，产品业务目前已经涵盖电脑游戏、电子产品、服装、家具、玩具、首饰甚至原创艺术品、生鲜和酒类等。亚马逊的成功主要在于产品众多、物流迅速（实际上，亚马逊不会在交通不便的国家或地区设立分部）、极为出色的搜索引擎以及相当高效的网络支付平台。我们可以预测到，亚马逊的电子钱包作为在线支付手段的过渡，在将来会与谷歌、苹果或脸书［脸书币（Facebook Credit）］形成激烈竞争。如今脸书账号已经成为登录数千家网站的身份验证方式，这就是为何脸书要求用户使用真实姓名的原因。电子港湾旗下的贝宝则是一种支持在线支付和在线拍卖的交易方式。亚马逊在金融服务方面也走在前列，它的重要标识是可靠性，王牌是后台技术的安全性。这些技术优势使它在企业对企业的营销（business to business）领域也取得了不错的成绩，成为一个庞大的二手产品销售平台。亚马逊主营全新商品，但也逐渐在向电子港湾的模式靠拢，朝二手商品敞开怀抱。千万不要低估这种双重模式，因为它帮助亚马逊获得了旧书商、转卖商以及其他小商家群体的关键性支持。借用推特创始人杰克·多西（Jack Dorsey）的一句话：贸易首先必须是“对话”。推特最近刚推出了自己的在线支付网站——一款名为方形支付（Square）的电子钱包。

既重实体也重网络。作为在线零售的领军者，亚马逊正向电子内容全力挺进。它推出电子书阅读器（Kindle），主打电子书销售，与苹果公司的平板电脑形成抗衡；推出亚马逊即时视频服务，试图挑战网飞在流媒体视频点播领域的地位；紧接着通过电子阅读所有者借阅图书馆藏（Kindle Owner's Lending Library）推出电子书租借服务，就如同在真正的图书馆一样；还有亚马逊云播放器（Cloud Player），它提供了一个与苹果音乐频道类似的界面，用户可以免费储存音乐或购买音乐；不久之后，亚马逊还有可能仿照声破天的模式，提供不限流量的流媒体服务。

毫不夸张地说，亚马逊的云服务已经成为一个毋庸置疑的佼佼者。这家由杰夫·贝佐斯创办的公司，从2006年推出亚马逊弹性计算云服务（EC2）时开始致力于云服务的研究与推广。如今，亚马逊拥有100万台互相连接的服务器，其数据存储能力令人叹为观止。个人可以免费登录亚马逊云驱动（Amazon Cloud Drive），储存文件、图片、音频和视频（超过5G需要付费），而专业用户则可以使用无限制的储存空间，亚马逊的竞争者如网飞、卓普盒子都在使用“亚马逊网络服务系统”（Amazon Web Services）。甚至连鼎鼎有名的美国国家安全局也在使用亚马逊服务器储存某些数据，最近出版的一部介绍亚马逊公司的书中提到了这一点。

亚马逊、谷歌和苹果出色的基础设施服务显示出文化未来发展的一大主要特征，正如我们观察到的那样，文化“产品”正逐渐消失，取而代之的是文化“服务”。亚马逊预见到了这场变革，并开发出可以随时使用的云服务平台。这家跨国电商自1995年起转变经济模式之后，加速了CD和DVD销售的没落以及实体书店的衰退。如果消费者只是转变了消费平台，而非购买行为本身，那么亚马逊早就准备好了。

众多网络平台，诸如声破天、潘朵拉、笛哲以及谷歌音乐商店等，都顺应潮流在流媒体音乐领域大量投入。网飞主要关注电影，而图书行业无疑也将拥有类似网飞的模式，将使读者可以无限订阅其平台上的所有图书［这个领域斯克赖伯德牡蛎（Scribd Oyster）和题名（Entitle）已经进行了尝试，尽管亚马逊应该是这个领域的领军者。］也许，只有GAFA才能以其国际影响力、惊人的数据存储能力和庞大的用户群，真正提供全球性的全方位的文化阅读服务——音乐、电影、电脑游戏和图书——，而且这些订阅都是无限的。

亚马逊模式的核心是推荐。得益于强大的不断细化的算法，这家在线商务网站会基于老用户的消费习惯提供相关推荐，针对临时用户则会基于总体销售情况以及市场趋势为其提供购买建议（网页上会出现那句著名的：您可能也会喜欢）。慢慢地，不仅仅是读者阅读书籍，电子书也开始“阅读”它的读者了！这些推荐工具已被大量运用，比如网飞用于电影，声破天用于音乐，可汗学院用于远程教学，它们对于文化订阅服务的发展至关重要。

然而，我们是否可以对这种“技术乐观派”的假设提出质疑呢？我们的实体图书、DVD 和唱片是否真的被判处死刑了？亚马逊模式真的将会统治全球？网络推荐和算法真的会成为一种规则吗？为了回答上述问题，我进行了一次田野调查，并对全球各地的情况进行对比。我访问了四个国家的四家企业，分别是弗勒普卡特、奥宗网、阿里巴巴以及乐天。通过调查，我发现了一个好消息，亚马逊并不是个例，也得到了一个坏消息，亚马逊模式很有可能会普及开来。

这是在印度的一个“随性星期五”，与美国企业一样，孟买、新德里和班加罗尔地区信息行业的员工上班时也穿着随意。阿默得·马尔维亚（Amod Malvia）就穿着一件白色的无领长袖衫。

32 岁的马尔维亚现任弗勒普卡特公司副总裁，弗勒普卡特是印度最大的电商之一，相当于当地的亚马逊。他身上那件印度十分流行的长衫，如果不是体现了种姓等级，至少也传递了一丝传统意味。当我将他们公司与西雅图的亚马逊作比较时，他显得十分激动：“我们与亚马逊有很大区别，绝对不是亚马逊的翻版。我们在与供货商的联系、产品销售（其中包括印度传统的无领长衫，在‘民族服装’专栏有售）以及送货方式等方面都存在很大差异。”

与中国和俄罗斯一样，弗勒普卡特也提供货到付款的配送服务，原因在于，印度仅有不到20%的人拥有银行卡，而且人们对电子商务普遍不信任，再加上许多地区运输条件恶劣。尽管阿默得·马尔维亚的首要任务是了解印度大众的特殊需求，但他也在密切关注亚马逊、脸书、电子港湾等美国同行。电子商务的法则到底是全球通用还是具体国家具体分析呢？阿默得认为，亚马逊在印度的失败正是因为没有适应当地国情，所以电子商务毫无疑问应当实现本土化。

弗勒普卡特也在进行创新，它以社交网络为灵感，创造了一种“社交商务”（Social Commerce 或 s - commerce）。这种商务形式主要通过印度民众喜爱的社交网站（当然大多是美国网站）来进行产品销售。因此，印度的国内国际贸易也变得十分活跃。

“目前我们正在努力丰富产品种类，以求更好地为消费者服务。”阿默得总结道。弗勒普卡特拥有5,000名员工，发展迅猛，是印度的行业巨头。然而国情的特殊性决定了它无法在全国130个城市都能实现送货上门，更无法在邮政系统一团糟的情况下实现全国60万个村庄的物流运输。

“俄罗斯经济的现金交易很发达，”俄罗斯版亚马逊——俄罗斯主要的电子商务网站Ozon. ru总经理梅勒·加维特（Maëlle Gavet）客观地说道，“从长远来看，俄罗斯人不是十分信任电子商务。他们在网上浏览商品，然后去实体商店购买！我们应该帮他们建立起对电子商务的信任，先从书籍和CD着手，接着扩展到品牌商品、玩具以及化妆品。这样他们就会慢慢地开始信任我们。”

加维特指出，奥宗网成为西里尔文地区一大网站取决于三个特征。

首先，现金支付。主要通过货到付款时的现金支付而非银行卡支付实现交易（除非是旅游网站 ozon. travel，类似于 Expedia）；第二，创立自己的物流系统。“我们不能完全依赖于俄罗斯邮政，因此我们创立了自己的物流运输体系‘Ocourier’，类似于美国联邦快递或 DHL。”最后，售后服务极其重要，必须格外加以重视。加维特进一步解释道：“俄罗斯人需要安全感，所以当他们想要安装机器、换货或者因货物无法正常运行而需要退货的时候，我们必须详细回答他们的每一个问题。”在加维特看来，亚马逊没能在俄罗斯站稳脚跟的原因在于，“他们不懂得适应现金支付、物流配送以及售后服务等当地的特殊国情”。

奥宗网与亚马逊的这种正版与模仿版的微妙关系十分有趣。事实上，其他许多网站也有类似情况，例如酷闪购（Kupivip）就是法国 Vente - privée 的翻版，pinme. ru 则很容易与拼趣混淆。不过，俄罗斯还是存在一些原创的（本土领军企业）的，譬如销售汽车零配件的网站 exist. ru（俄国关注度第一的网站），以及销售家居用品的网站 holodilnik. ru。

我们可以发现，在俄罗斯，所有网站都本土化了。vkontakte. ru（VK. com）就是一个很好的例子。该网站最初是一个翻版的脸书，但现在已经拥有了区别于脸书的特征。这个社交网站的名字可以翻译为“保持联络”。表面看上去，其网页设计和颜色搭配都像极了脸书。然而，它与脸书存在许多不同之处：首先是它对于版权问题没那么严苛。虽然不是鼓励非法下载，但也在无形中纵容了大规模非法下载文化产品的现象。这家俄罗斯版脸书拥有 2.5 亿注册用户，通过加强俄罗斯创意产业的合作，如今正在朝着合法的流媒体模式发展，并逐步开发网络订阅服务。由于奥宗网未能像亚马逊一样开发订阅服务，因此交朋友网（Vkontakte）正在悄悄蚕食奥宗网的领地。这个俄罗斯版脸书也许将会成为提供订阅服务与流媒体服务的俄罗斯版亚马逊。

另外一个案例是扬得科思，它是俄罗斯主要的搜索引擎。扬得科思与谷歌十分相似，但仅此而已，首先因为扬得科思的创立时间比谷歌早得多，最初用来搜索圣经里的原句。同时，这家领军企业以俄罗斯民众的需求为出发点，顺利摆脱了美国模式的束缚。例如，它开发了一种针对道路交通与拥堵路段的地图服务（Yandex Traffic Jam）。最后，据统计，扬得科思据约占60%的市场份额，远远超过了谷歌在俄罗斯的份额（不足30%）。与亚马逊和交朋友网一样，扬得科思也准备在流媒体与订阅服务方面大展拳脚。

无论对于美国企业的俄罗斯分公司，还是对于脸书和亚马逊的本地模仿版公司，本土化都是必经的发展进程。而俄罗斯的奥宗网、中国的阿里巴巴和日本的乐天也证实了亚马逊模式的无所不在。这些亚马逊的本土变体之所以让全世界刮目相看，原因也十分简单，就是从产品种类到物流配送都注重了本土化。电子商务物流本土化程度远高于其他互联网行业——而且这种情况仍将继续。衣食住行的生活必需品都要实现送货上门，无论是仓储还是物流都不可能是全球性的。

当然，本土化也具有一般趋势。通常而言，电子商务最初都是从经营书籍、CD和DVD等文化产品开始，随后扩展到其他领域的。而且，各地的文化产品销售平台都在逐步向文化服务和流媒体订阅方向转型。乐天曾投资开发在线音乐，目前正在开发一个针对电影的巨型“在线视频吧”（这家日本网站还拥有一个下载英国音乐的平台play. com）。与亚马逊一样，乐天依靠其搜索引擎与算法为消费者提供更适合他们的消费建议。电子商务网站的宗旨在于，使推荐尽量促成交易的实现。在交朋友网、弗勒普卡特和乐天，人们认为，这种推荐和整个评价体系都是由网站本身提供的。在数字时代，文化产品并不是唯一濒临消失的：记者与专业评论员也难逃此劫。

推荐

“推荐是发现的反义词。”阿里斯泰·菲尔维泽（Alistair Fairweather）用一个十分隐晦的表达向我解释道。身穿牛仔裤、运动鞋，臂上一个显眼的纹身，35 岁的菲尔维泽是南非最大的报纸之一——《守卫者邮报》（*Mail & Guardian*）数字部门的经理（报纸的官网是 mg. co. za）。他在约翰内斯堡西北郊的露丝班克——报社所在地的新闻间接受了我的采访。菲尔维泽曾经在报社担任了数年电影评论员，之后开始负责网站。因此，这位同时负责报纸电子专栏的职业记者几乎没什么时间写文章了。技术问题铺天盖地袭来，还要操心如何运作这个南非最大的媒体网站之一。采访期间，他没有跟我聊他热爱的电影，而是谈了手机未来的发展以及 iOS 系统与安卓系统的区别。

“在南非，智能手机正逐渐成为人们阅读报刊书籍的首选，亚马逊电子阅读器与苹果平板电脑也占有一席之地。预计今后五年，所有人都将拥有一部智能手机，即便在非洲也是如此。因此我们认为媒体与出版社的发展趋势是移动性，并且，可以在手机上阅读。”菲尔维泽向我展示了南非的应用程序：布克利（Bookly），其口号是“您的掌上图书馆”（nativevml. com）。这款应用程序可以将任何一款基础手机变成电子书阅读器，并免费提供上万种优秀图书供读者阅读。“这一成功意义深远。免费性是其成功的主要原因。布克利（Bookly）是专门为简单手机量身打造的，当所有人都拥有智能手机时，手机阅读将会更加便捷，拥有更多的读者。”（该应用与非洲十分流行的社交网站Mxit配套使用，适用于目前尚未“智能”的手机。）

手机上网是南非的一大特色：因为宽带网络很贵且网速不稳，因此3G网络登上舞台，并迅速渗入到智能手机领域。“在南非，如果你是白人，那么你肯定连上了宽带，同时也在使用3G；但如果你是黑人，人们就会认为你肯定只能通过手机上网，并且肯定不会用电脑和宽带。”这名年轻记者强调道——他是一个白人。（《守卫者邮报》是一家反对种族隔离的南非白人报刊。因为是英文报刊且有反南非白人倾向，该报在上世纪80年代曾屡次被禁。）

亚马逊和苹果在南非也很有影响力，阿里斯泰·菲尔维泽经常与之打交道。《守卫者邮报》可以在亚马逊电子阅读器、苹果平板电脑以及各种规格的平板电脑和手机上使用。这名年轻人对我说：“好笑的是我们本来是一个周刊，在网上却变成了一份日报。”他还指出，南非各大电视台、电台以及报纸的网站都很相像，都是一些文章、图片和视频。“好像所有媒体在网上都被格式化了。”菲尔维泽强调，这种相似性在智能手机上更加明显，这是“文化越来越可视化”的信号。在他看来，这些变革将会带来重大影响。首先，“完成”的文章正逐渐退出历史舞台，文章将被不断更新和修改。其次，即使报刊的品牌仍具有参考价值，但读者对文章感兴趣的程度将大于对整份报纸感兴趣的程度。“关键在于，读者会有选择地进行阅读。他们信任一份报纸的品牌，例如《守卫者邮报》，但他们不会去读整份报纸。他们是‘品牌的忠实者’但只会选读某些文章。”过去那种读完一份报纸直到第二天都对新闻了如指掌的时代一去不复返了。菲尔维泽认为，活跃在社交网站并不断完善推荐功能是至关重要的。在推荐功能上下功夫可以让读者更好地定位，避免漫无目的地浏览，甚至满足于“偶尔得之”。“谷歌的谷歌读者和RSS阅读器的问题是信息泛滥。最开始我们觉得这很好，但很快我们就淹没在了信息的海洋。数量多到无法承受，却找不到几个适合自己的。推荐功能将我们从信息雪崩中解救了出来，网友反而觉得自己能够做出选择，不再处于被动。推荐模式建立了一种对话机制，并且帮助网友做出选择。”

这位曾经的影评人贴近观察了这一问题，并对亚马逊、声破天以及网飞的算法进行了认真研究。这些数据有一天真的会取代文化评论吗？我们真的在走向“去中介化”吗？（在严格意义上指所有媒介包括文化推荐都退出历史舞台）菲尔维泽提出了上述问题。作为将《守卫者邮报》引入亚马逊电子阅读器的策划人，他对亚马逊的工具十分感兴趣。“事实上，我们对亚马逊的算法既可以说颇为了解，也可以说知之甚少。众所周知，算法是建立于许多标准之上并不断更新的。例如用户所在的位置、访问记录、购买记录以及鼠标在屏幕的位置等等。亚马逊电子阅读器可以识别用户的是哪本书，读完了哪些章节或者跳过了哪些章节，以及读到了哪一页。用户每登录一次，每读一本书，亚马逊电子阅读器对他的了解就会更加全面。我不是很清楚他们具体是怎样高效地运用这些数据的。”

菲尔维泽比任何人都清楚，新闻界已经开始向网络靠拢，人们会为了更便于谷歌搜索而更改一则评论的标题，会附上链接和关键词以提供更全面的参考。他很了解社交网络：“我们用脸书与朋友联系，用推特与读者沟通。”他与其他网站负责人一样，知道网上的每篇文章都有浏览量统计，也知道文化评论已经很少有人看了。如今已出现了一种全新的排序模式，文章的顺序不再由报业人员制定，而是按照阅读次数排列的。

文化评论未来的发展也在于推荐功能的算法吗？菲尔维泽认为会。“文化评论的未来发展模式，我将其称为‘智能综合处理’。它是指一种以算法与人工干预对内容进行结合的智能的内容编辑模式，能够对内容进行聚合、编辑和选择，然后推荐给读者。算法能够帮助我们识别什么是受欢迎的，但无法回答它为什么会受欢迎。算法依靠的是大量数据，是平均值，是简单的‘我喜欢’或‘我不喜欢’。技术工具顶多能够预测喜欢这个内容的人可能还会喜欢什么别的内容，这十分可贵，但还不够。”在菲尔维泽看来，既要抓住统计数据这个“大局”，也要关注专业的信息分析员人工干预的“小局”。他们作出鉴定，选择过滤多余信息，并给出自己的建议。我们不能满足于亚马逊的五星推荐。例如，信息技术行业的专业网站科技新闻（Techmene）（techmene. com）就成功地将数量与质量完美地结合在一起：它首先自动识别内容，然后依靠“真人”编辑将这些内容生效，排序和重组。另一个名叫布兹斐得的网站也借助算法，开发了布兹阅读（BuzzReads），使长文阅读重新焕发了活力。另一个新兴的专业网站我们的大脑（Ourbrain），为网站找出最好的文章提供了关键的解决方案。这些文章是指可能为网站带来更多访客的，我们的大脑同时添加了语言和地区因素作为参考变量。还有一些服务，如信息源（Storyful）、呼格（Vocativ）、实时数据（Dataminr）以及再编码（ReCode）等，采用的是“数据”新闻或网络推荐模式，这些模式除了采用传统编辑的意见，越来越频繁地引入了信息分析员的干预——他们被称为“数据分析员”和“内容总监”，人们有时候甚至会称他们为“人工算法”。

阿里斯泰·菲尔维泽聊起这个话题来滔滔不绝。在《守卫者邮报》的总部，在南非的土地上，他不禁让我联想到那些每天都在发现新大陆的开拓者——他拥有开拓者的精神，——勇敢无畏，热爱挑战。唯一不同的是，他不是在进行地理大发现，而是在互联网上探索前进。在探寻未知的旅途中，他首先相信自己的直觉，而且从未忘记他的基本原则：满足读者需求，符合网民实践，遵循直觉习惯。当我要离开的时候，我问他是否相信纸质媒体会淡出历史舞台，菲尔维泽犹豫了一下，回答说："我从不怀疑数字技术终将取得胜利，并得到普及和推广，这其中也包括新闻媒体与网络推荐。"

网络推荐将会是《公民凯恩》的悲情版本吗？媒体大亨滥用权力，如今被强大的算法打败了吗？媒体在受到垄断资本的威胁后，又遭到统计数据的挑战？我几乎跑遍了世界各地，采访了许多媒体集团总裁和像菲尔维泽一样的记者，目的就是为了弄清楚他们对于网络推荐、互联网对话机制以及文化新闻转型的看法。他们的看法十分暧昧不清，而且不断变化——就像互联网给人的印象一样。

"信息化进程的加速是一个必须要考虑的因素。2000 年的时候博客风行一时，而今天它已经被社交网络取代了。我们从单数变为复数，从个人发展到整体。新闻在向'众包'（crowdsourcing）发展，文化评论也在朝'众评'（crowdjudging）转型。"意大利《晚邮报》（*Coriere della Sera*）数字技术总监丹尼尔·曼卡（Daniele Manca）在米兰接受我的采访时指出。这种加速发展必然对文化内容以及网络推荐产生影响：书面内容上，书本变成了杂文，杂文变成了自由论坛，论坛变为了博文，博文最后变成了推文。信息时代对速度的要求改变了文体。在图像影音方面，电台变为了播客，播客变成了流媒体；电视变为了交错式视频点播（SVOD）和网飞这类网络点播；而音乐电视则变为了优图播！“一个简短、高速、移动、联网的世界已经到来！”摩洛哥最著名的音乐电台之一新城电台（Hit Radio）总裁尤内斯·布芒迪（Younès Boumedi）在拉巴特接受访问的时候对我说。他又补充道：“电台必须得跟上快速的步伐，适应推特时代，在这里，一切都变得越来越快。”接纳了互联网的媒体人，尤其是像尤内斯·布芒迪这样的年轻人，一般都对这种演变持积极态度——即使他们的行业受到了互联网的威胁。而一部分较为年长、坚持只用纸写作的评论人，对于这种变化则显得保守许多。谈到这个问题，《纽约时报书评》总编山姆·塔能豪斯（Sam Tanenhaus）虽然知道这种变化不可避免，但仍努力强调文化评论的重要性：“长期以来，传媒行业一直在努力参与到对话之中，有时甚至想要创造对话机会。互联网只不过将这种行为放大了。”塔能豪斯在纽约受访时这样指出。

关注度的竞争以及新闻与广告的融合也经常被人提及。我的很多受访对象，都在思考“推荐”的标准到底是什么。尽管人们不再阅读整份报纸，也不会全部翻着一遍，但却会看那些阅读次数最多、转发量最大的文章，或者谷歌新闻出现在最前列的内容。这样人们能够更好更全面地掌控信息吗？如果不是关注度，那么什么才是评判标准呢？“‘美国在线’收购《赫芬顿邮报》（*Huffington Post*）并不是因为它的内容，而是因为它的关注度以及算法。这么做能提升它在谷歌上的检索量，如今，这才是最重要的。”意大利《晚邮报》的丹尼尔·曼卡遗憾地说道。他还记得《纽约时报》总经理比尔·凯勒（Bill Keller）对竞争对手——《赫芬顿邮报》创始人、被誉为“聚合女王”的阿里安娜·赫芬顿（Arianna Huffington）说的一句话：“她把明星八卦、可爱猫咪的视频、业余记者的博文以及其他报纸刊登的消息聚合在一起，然后润色修改一下，添加点左翼色彩，就有几十万人关注这个网站了。”阿里安娜·赫芬顿间接回应了比尔·凯勒：“我没有扼杀报纸，亲爱的，是新技术把它们杀死了。”

多名受访对象认为，我们正在从一种文化新闻向另一新闻形式过渡，并且在这一转变过程中，“推荐”具有举足轻重的地位。当我采访博客作者安东尼奥·马丁内斯·维拉兹奎兹的时候，他对这场变革表现出了极大热情：“传统媒体背离了自身的使命和社会角色，它们已经停止了与公民的交流。文化评论变得玩世不恭、偏离主题、模棱两可，甚至有些变质了。但我们需要信息自由！社交网络的爆炸式兴起，文化黑客势力不断增长，不断敲响的警钟正在逐步改变原有的文化圈。一种新型的文化评论正在悄然出现，它将对整个传媒体系发起冲击。”加拿大广播电台总经理帕特里克·博迪安虽没有安东尼那么极端，但他也认为文化评论的发展方向就是“推荐”：“我们这样的机构今后不再是消息的传播者，而是一个推荐者，向人们提出建议和看法。我们将是‘信息处理者’。”安东尼奥·马丁内斯·维拉兹奎兹甚至认为“今后的文化推荐人会是黑客”。在他看来，黑客在互联网中扮演的角色与黑小孩（black kid）乐队和同性恋在流行文化中所扮演的角色一样。黑客是“潮流引领者”、“都市影响者”和“猎酷人”。他们引领时尚，诠释品位，制造话题。是黑客定义了“时髦”，诠释了“酷”。

这一变革也让其他媒体企业主忧心忡忡，阿尔及利亚《祖国报》（*El Watan*）经理奥马尔·贝洛切特（Omar Belhouchet）谈道：“文化评论一直渴望培育国民的品位。我在想网络推荐是否也能如此，或者能否做得更好。”

尽管对话与交流在互联网比在现实生活中看上去更加深入，更能体现本性，但几乎全部受访者都认为，它并没有更加全球性。普里沙集团（Prisa）影音平台内容总监巴勃罗·罗梅罗·苏拉（Pablo Romero Sula）在马德里接受采访时强调："所有内容都必须本土化，我们要让全部内容具有当地特色。"然而这些内容是当地的原创作品还是简单的照搬呢？人们经常谈到"内容整合"，谷歌总裁也放话说"新闻报道将会减少，内容整理将会增多"。新闻媒体首先会变成一个聚合者，一个内容提供者以及一个确保信息的可靠与准确的筛选者。在伊斯坦布尔，美国有线电视新闻网（CNN）土耳其频道经理兼网站负责人费尔哈特·博拉塔夫（Ferhat Boratav）十分赞同内容的本土化："在网络上，品牌至关重要。比如美国有线电视新闻网就家喻户晓，我们在网站上会重点突出美国有线电视新闻网这个品牌。但这是一家土耳其语网站，几乎所有内容都是用土耳其语写成的。"

矛盾之处就在于：这些工具或品牌是国际化的，内容呈现却是本土化的。"在巴西这样一个社交网络影响巨大的国家，如果不依靠脸书、推特或欧酷特，我们网站的文章很难获得读者的关注，尤其是年轻人的关注。"巴西《观察周刊》网站总经理卡洛斯·格拉耶布在圣保罗接受我的采访时这样谈道。他还补充说社交网络催生了"完全本土的对话"。脸书与推特在进军一个具体国家或地区时都会对内容进行相关调整，以求更贴近当地文化。推荐功能会比自动的算法在内容上具有更大的针对性。比如脸书的"喜欢"按钮可以将用户喜欢的内容分享给他们的朋友。同样，推特的推荐功能也日臻完善，正在朝更具体、更有主题的讨论转变。除此之外，社交网络的成功还得力于一批“社会评论家”，他们在社交网络上各抒己见，针砭时弊。推荐功能如同一个过滤器，今后网络的发展需要这样的筛选工具，无论它是自动的，还是更加人性化的。

与谷歌、苹果和亚马逊不同，脸书是GAFA中唯一一个不想成为文化传播者的公司。对于脸书而言，它更愿意让用户自己进行“朋友推荐”或任由它的合作伙伴进行商业推广，其中包括推广视频的网飞，推广音乐的声破天，推广电脑游戏的辛加，电影行业的华纳影业、米拉麦克斯影业（Miramax）和狮门电影公司（Lions Gate），信息类的《华盛顿邮报》和雅虎，音乐会和演唱会的票务公司票务大师（Ticketmaster）以及多家旅游餐饮类的公司。假如声破天或网飞的用户没有仔细确认自己的隐私设置（复杂、繁琐、经常变动且经常很难看懂），那么他们就会被悄悄自动推送到他们脸书账户的音乐影视推荐吓到。总之，社交网络能有效促进其商业伙伴的内容推广，虽然有时候可能让“推荐”与“推销”的界限变得模糊。

我的受访者不禁发问：我们真的能够通过一个简单的“喜欢”或140个字符的信息认真表达自己的观点吗？多名受访记者认为，当推特上的推荐变成了“小广告”，某些评论者或专家对某部作品的溢美之词被用来推销一本书或一部电影的时候，这便是最糟糕的文化评论。安东尼奥·马丁内斯·维拉兹奎兹补充道：“推特确实是一个简洁的媒体，但我们依旧可以附上链接以便感兴趣的读者点击阅读全文。”

社交网络是一项杰出的全球性的革新，它创造了丰富多元的对话模式：流通性是社交网络的标准，尽管这种流通性有可能产生垃圾信息，用美国人的说法叫作“全球性”。社交网络上呈现病毒式扩散的信息不一定都是有思想见解的观点，往往都是根据算法得到最多点击率的内容。

许多人认为，这种算法模糊了新闻与营销的界限，（二者一个用文字说话，一个用数字说话）。从“内容推荐”到“内容推广”其实只有一步之遥，很容易就越过了。

另外，社交网络并没有隐瞒将这些推荐数据用于商业目的的事实（甚至因为脸书的商业推广还出现了一种“F－commerce”）。网站的用户信息使得算法得以完善，由此产生了两种并行的商业模式：以推特为例，一方面，这些推荐使社交网站上用户的个人页面出现了因时因地制宜的定制广告。这些广告混在对话聊天中，经常很有欺骗性，有的甚至打着“受赞助推文”、“本地广告”和“内容推广”的幌子赚取了大笔钱财（向美国所有的推特用户推送一则24小时的广告，便可赚取20万美金。）另一方面，推特将用户每天几百万条信息的推荐数据进行销售。创意产业、传媒公司、咨询机构等都对消费者详细而精确的实时喜好十分感兴趣，其程度远超过公众对“热点话题”的追捧。推特对数百万用户的对话进行细致分析，包括用户上传的照片、视频或其他珍贵资料。所有的一切都被用于商业用途。

脸书和推特深入开发了基于算法的互联网广告模式——谷歌、优图播和实时竞价（RTB）都采用了这种模式。在谷歌模式中，广告发布者只有当用户点击了广告条或广告框，例如相关广告（AdSense）、广告语（AdWords）或双点击（DoubleClick）——时才需要付费给谷歌。优图播模式中，广告会放在免费视频之前，或在视频播放过程中插播流媒体广告。而实时竞价模式则是指对广告时间进行竞价拍卖，例如元信息市场（Metamarkets）和移动平台（MoPub）。

这些形式各异的个性化广告因暂存识别数据（cookie）的诞生而得以普及［暂存识别数据是网景公司的员工卢·蒙图利（Lou Montulli）在1994年发明的］。从那以后，每个消费者的搜索记录、兴趣爱好以及在线购买的偏好都可以被识别出来。这些个人的网上行为——有时被称为“长期点击”（the long click）——有可能会侵犯消费者的自由权甚至是他们的隐私权，如同一张隐藏在消费者身后的脸，无时无刻不在监督他们的一举一动。在教育和医疗保险行业，这些行为可能导致的后果已经开始引起忧虑。然而这才刚刚开始。

在完善“社交营销”，即针对社交网络的广告营销时，脸书与推特研发了一些新工具。社交网络上的广告通过实时功能与地理定位功能变得更有针对性。手机广告变得至关重要，目前脸书的10亿用户中约有一半是通过手机客户端登录的，其营业收入的一半也来自手机广告。手机暂存识别数据泄露的风险也大幅增长（每部智能手机都有一个基于手机号码的长效识别码）。因此，这些广告也就变得越来越本土化。这些平台可以是非常国际化的，但广告市场却是针对该国或该地区的，即使在脸书上也是如此。

在《广告狂人》（*Mad Men*）的时代，广告主要依靠创意部门的创意，并不用提供大量数据以证明它的有效性，但时至今日，情况已大不相同：即使内容没有太多创意，广告也必须依赖算法。现在，谷歌、脸书和推特都可以为广告商提供他们的“点击率”、“点赞数”、“回复数”以及“粉丝数”等数据。

总而言之，新的推特魔法正在变成：“多思内容，少想广告”。数字时代的广告不能只考虑怎样促销，还得从广告内容以及与大众的交流层面上下功夫。我们正朝着“交流式广告”的方向前进。

随着推荐、订阅、算法、众筹以及新型版权的不断涌现，要想制造舆论，引起关注，“对话”似乎成为了数字时代文化深层改革的必要途径。文化，曾经仅仅体现为一件件“文化产品”，现在已经变成了一种“服务”。目前对于文化服务而言，其“内容”在各种设备和平台上也许尚未令人满意。要想人们能欣然谈起文化服务，要想为商业发展开辟一片天地，首先唯有建立起对话和交流。

第十章　社交电视

正在主持董事会的罗伯托·伊利内乌·马里尼奥（Roberto Irineu Marinho）身着彩色T恤、白袜子和运动鞋。在里约热内卢的环球集团（TV Globo）总部，我见证了这个垄断巴西电视产业的传媒巨头的董事会议，并且发现自己是在场唯一穿西装的人。我原本以为会看到一个傲慢的董事长，身后跟着一大群随行人员，却碰上了一位穿T恤衫的首席执行官。有意思的是，有钱人总喜欢时不时打破常规，随意着装，仿佛以此表明自己的自由主义和优越感。亿万富豪罗伯托·伊利内乌·马里尼奥统治着这个在行业占绝对优势的集团，他个性强烈，集智慧和力量于一身。他领导的董事会盛名在外，人送外号“蓝人组”（三个成员的姓都包含了“marinho”这个词，巴西语为“海蓝色”的意思）。

大厦的11层，董事们在真皮沙发落座，围着一张U形桌开会。被心腹簇拥着，罗伯托·伊利内乌·马里尼奥像司令官一样指点江山。一束淡紫色的兰花在矮架上美丽地绽放，一个巨大的屏幕有时连接博士牌小型音箱，播放高清电视剧，有时用来展示幻灯片。

透过这间著名会议室的窗户，可以眺望植物园、蒂茹卡国家公园和园内的科尔科瓦多山，山顶塑有著名的耶稣像，那是里约的地标。

根据晨会的议程，罗伯托·伊利内乌·马里尼奥将要讨论“智能电视”和网络电视。他一开始发言时嗓音低沉，不知道是不是因为烟酒过度或者吃得太油。他说自己对“社交电视”格外感兴趣，这是一种时兴的概念，特指电视观众运用社交网络即时评论他们正在观看的电视节目。对于这种意想不到的现象，环球集团的董事长并不担忧。他认为自己有的是时间，而且集团的盈利又是那么可观。这个直觉敏锐的男人很清楚，电视产业绝不应该停下创新的脚步，他为此付出代价，但他还是打算先了解一下形势。社交网络正在改变电视产业的局面吗？社交电视是整个电视产业的未来吗，抑或只是补充？它宣告了免费主流电视黄金时代的终结吗？他有着出色的洞察力、本能和预感，他感觉如果错失互联网这片领域，他将很快会疲于应对互联网带来的冲击。他收回最初的怀疑，告诉自己如果形势需要，随时准备改变策略，投身数字化，投身这片空白领域。

2009 年，环球集团董事会决定成立一个数字委员会。“最初要解决的问题是，是否要在集团内部设立一个专门负责数字电视的领导部门，还有要弄清数字业务是全线发展还是横向发展。我还记得当时的争论无休无止，最终的决定是横向发展数字业务。集团的所有负责人都加入了这个委员会，每周一下午五点开会。参加会议的除了十几位负责人，集团的其他业务骨干和外面请来的专家也列席旁听。”环球集团负责人之一路易斯·克劳迪奥·拉赫（Luiz Claudio Latge）回忆道。我与拉赫相识多年，很高兴再次见到他，他变化不多，还是那么富有感染力，不讲客套话，有着巴西式的乐观。只是胡子长了。

数字委员会产生的实际效果之一就是使他的负责人得以晋升：就在我参加的这次董事会上，卡洛斯·施罗德（Carlos Schroder）被罗伯托·伊利内乌·马里尼奥提拔为环球集团总经理。会前的几个月间，他有充分的时间准备，从数字的角度审视电视台的各个部门。“一开始，董事会惧怕网络竞争。那些董事们看到我们在网络上排名不是巴西第一，都很吃惊，因为我们是巴西电视行业的老大。他们看到搜索引擎的数据显示我们甚至排不到前十位，觉得真是不可思议。”路易斯·克劳迪奥·拉赫回忆道。

于是，数字委员会在面对电视台和集团领导层的时候充当了教学的角色。拉赫接着说：“会议讨论的主题多是社交网络，手机应用程序，应该或不应该向优图播上传什么视频。既令人不安又让人振奋。我们探讨研发一个专门的应用程序更好，还是利用现有的脸书？应不应该在屏幕上显示推特的话题标签：这是我们免费给他们做广告，还是他们给我们做广告？我们提出问题。我们考虑一个节目怎么才能在网络上引起反响。那是一个不断探索的阶段。”环球集团最终决定开发一个专门的流媒体播放器，电视观众可以通过播放器互动，把他们的消息发送到脸书或推特，甚至更新他们的状态，当然是在环球集团的范围内。“我记得很清楚，”拉赫又说，“电视台的领导层当时不喜欢巴西人直接在社交网络上评论他们的电视剧！他们想阻止这种行为！想禁止社交网络谈论我们的连续剧！现在他们则认为社交网络能够增加观众数量，推广我们的节目……他们最关心的就是如何让人们在脸书上评论我们的节目！”

在环球集团数字委员会内部，团队关于数字产业的理念越来越清晰：节目内容先于技术手段。“我们是世界五大内容制作商，没有理由靠技术博得关注，节目内容才是指导我们的关键，我们越来越清楚这一点，”拉赫评价道，“有一天，我们开会讨论智能手机，会议结束后，大家心里想：原来这就是未来的电视啊。”（想要在巴西实现这个预言，需要大力发展智能手机，而现在情况不是很乐观，需要普及 3G 和 4G 网络，需要无流量限制的包月取代现在预付话费的方式，这是通过手机看电视必不可少的要素。）

环球集团成功的关键在于它们的连续剧。这些拉丁电视剧有着管理完善的经济运作模式。它们在环球电视频道黄金时段首播，内容覆盖主流频道和专营市场，专业频道和私营地方频道也会反复重播。今后还应该考虑网络播放。互联网的出现打乱了电视剧的传统模式。

“我们一开始以为互联网是电视的敌人，随后意识到不是这样。但必须守住一点：把我们的节目保留给自己的网站。因此，我们整个战略都是为了让节目成为我们网站的独家，而在优图播或是脸书等别的网站上无法浏览。”环球集团网站负责人和董事会主要董事之一华雷斯·冈波斯（Juarez Campos）说道。“我们所有的连续剧在电视上播出 25 分钟后都可以在我们的网站上搜寻到，它们先被分割成一些小片段放上网，大约两小时后，就能看到完整的剧集。所有都是免费的，当然我们会有一些广告。”冈波斯补充道。环球集团还会在其网站上提供电视剧的各种相关视频，如主题曲和台前幕后的花絮。行话称之为“通道内容”，就是两集之间播出的内容。制片方有时会为配角增拍一些特定的场景，让他们有机会拥有更完整的真实的生活。“电视剧不是线性产品，而是流动的！”环球集团副总裁豪尔赫·诺夫雷加

（Jorge Nobrega）微笑着说出这句精彩的话。

集团的路越走越远。它首先依靠巴西有线电视的成功，增加付费频道，为自己带来了可观的收益（由2010年500万用户增至2012年的1,500万，环球集团旗下十个付费频道的收入三年内猛增，占集团总收入的45%）。当人们都倾向于认为互联网使电视内容变得趋同之际，专营市场粉墨登场。每当一部电视剧聚焦到一个个具体的话题，如慢跑、烹饪、医学，关注某个地区或是某个特定的社会人群，如《魅力十足》（*Cheias de Charme*）中的女佣们，环球集团就会为这个话题创立一个专门的网页。“我是运动员”网站（Eu-Atleta）就是集团特别为同名电视剧设立的关于跑步的网页（网页自然在电视剧中被充分宣传）。“魅力十足”网站的主要用户群是那些想要改善自己社会地位的女佣。“自我”网站（Ego）上则汇集了连续剧明星的生活八卦。

“环球集团善于捕捉巴西中产阶级的期望。能够收看有线电视付费频道是较高社会地位的标志。集团领导层迎合了巴西大众想要跻身上流社会的愿望，满足了他们消费的欲望，并且在连续剧中充分植入具有上流社会身份归属感的要素。环球集团一边和观众交流，一边超前地了解到他们的期待，这就是集团的成功之处。”传媒专家安德烈·布鲁佐恩（Andrés Bruzzone）在圣保罗接受采访时这样说道。

集团的制作模式也受到了影响，它不再简单地制作一档节目，而是要创作一套可以在不同网站和频道播出的“内容”。举例说明：国际版的真人秀《老大哥》（*Big Brother*）被环球集团改编成了本土化的《巴西老大哥》（*Big Brother Brasil*）（在别的国家也称为《阁楼故事》（*Loft Story*）或《秘密故事》（*Secret Story*））。首播选在环球集团的主流频道，它拥有主要场景的独家放映权。一个付费频道同时播出竞赛部分，另一个付费频道则24小时不间断地直播完整的画面。应观众要求，环球集团网站 globo. com 上则可以随时浏览关键画面。集团利用网站和社交网络巧妙地把观众的视线和话题从一个频道转移到另一个频道：观众可以评论、投票、参与游戏。“你能想象吗？这些电视真人秀在网络上引起几亿的投票！真的是几亿张！”华雷斯·冈波斯重复着。“对于报刊、音乐和图书，互联网是个威胁。但对于电视，它是机遇。”豪尔赫·诺夫雷加总结道。

环球电视同时还发展了 G1 网站，它是电视台的资讯网站，不是全国性的，而是完全地方性的。“G1 不只一个，而是有 32 个，每个地区的主页都是不同的，甚至在每个城市，地方化的力度更大。”G1 负责人玛西亚·梅内塞斯（Marcia Menezes）解释道。在过去几年间，环球集团的运作实际上遵循了集团化的原则，非常分散，比如在美国：集团把业务分配给了 122 家遍布全美的独立子公司。这是环球集团经济模式和新闻模式的奥秘。“我们既是全国性的，又具有地方特色。”路易斯·克劳迪奥·拉赫总结道。

资讯网站 G1 遵循了一种双重的经营理念，既在全国性的资讯方面保有实力，又在世界面积和人口第五大国突出了地理特色。“每个地区网站都由我们子公司的专业团队负责，我们的网站共有 300 名特约记者。”网站的责任编辑勒娜特·弗兰奇尼（Renata Franzini）告诉我。仔细观察 G1，我发现上面有很多原创视频。G1 的使命不是环球电视频道的延伸——这是另外一个网站环球集团网站的任务——，而是致力于播出更多本土化的内容。它成功了：G1 每个月的访问量是 2,000 万。我们可以清楚地看到，环球集团成功地面向了每一个巴西人，适应了巴西的每一块土地，互联网使它更加明确了自己的战略不是更加全球化，而是更加区域化。

《阿拉伯偶像》

图瓦卢（Tuvalu），一座无人知道的波利尼西亚群岛，位于太平洋，由九个环形珊瑚岛群组成，直到有一天它拥有了自己国家的域名后缀。就像德国的后缀是“.de”，加拿大的是“.ca”一样，图瓦卢根据自己国家的名字偶然取了“.tv”这个域名后缀，真是巧合！从那以后，在图瓦卢注册的域名被迫加入与无数电视台的竞争中。这个例子很好地说明了数字改变生活。

我在世界各地遇到过几十位电视台负责人，包括香港星空卫视、中国中央电视台、卡塔尔半岛电视台（Al Jazzera）和墨西哥特莱维萨电视台，这些负责人都认识到电视媒体正在转变。他们考量了这种改变带来的风险，但大多数都更看重未来的机遇。尤其是在发展中国家，人们相信电视业未来的数字化趋势，并已投身到这场全球性的图像革命中。

马赞·哈耶克（Mazen Hayek）就是这些人当中的一员。这位举止优雅的绅士是中东广播中心（MBC）的发言人，中东广播中心是沙特阿拉伯的大型集团企业，旗下12个泛阿拉伯卫星电视频道，老板在利雅得，总部在迪拜，演播室在贝鲁特和开罗。我和这个热情的黎巴嫩人是旧相识，他曾在迪拜媒体城（Media City）的办公室为《主流——谁将打赢全球文化战争》一书接受过我的采访。我很高兴在开罗的四季酒店再次见到他，他在尼罗河畔这座豪华酒店下榻两天。哈耶克被想要采访他的媒体专员团团围住，他风度翩翩，应对自如，良好的幽默感极具感染力，口才一流。鉴于两年前我们已经谈论过电视相关的话题［中东广播中心资讯频道阿拉比亚电视台（Al Arabiya）的成功之处］，这次聊天的主题只跟互联网有关。视听产业似乎在一夜之间发生了翻天覆地的变化，全面走向数字化。中东广播中心的卫星覆盖21个国家，是阿拉伯世界电视业的领导者。马赞·哈耶克现在一门心思发展互联网，他向我描述了数字化如何影响集团的方方面面。

中东广播中心投资网络已经有很长一段时间，中东广播中心网站内容丰富，团队围绕“品牌管理部”进行了重组，这个新部门的任务就是让中东广播中心品牌在所有媒介平台上协调一致。真正的创新是“沙希德（Shahid）”，阿拉伯语的字面意思为“看”，这个成立于2012年的收费视频网站让人联想到美国的网飞。网站每个月的访问量达300万，180万个视频被观看。沙希德视频网站的成功之处在于它不仅是一个传统的视频点播网站，更是一个平台，除了提供各种阿拉伯和美国电影，还提供中东广播中心自制视频和从其他电视台购买的产品，甚至包括用户原创内容（UGC，usergenerated content）。网站的营业额已经超过集团旗下的某些卫星频道，有奖销售策略使网站成为一座金矿。用户可以通过各种载体观看所有视频，适用于平板电脑的应用程序被下载了70万次。“希希德的成功太富有戏剧性了，我们都被震惊了。社交网络也被带动起来，我们在脸书上拥有2,500万粉丝，在推特上有800万粉丝，在优图播上也极受欢迎。这简直不可想象，这让我们真正意识到，时代变了，这个时代的电视节目应该是《美国好声音》（*The Voice*）、《阿拉伯达人秀》（*Arabs Got Talent*）和《阿拉伯偶像》（*Arab Idol*）。”马赞·哈耶克说道。

《阿拉伯偶像》仿效英国的《英国偶像》（*Pop Idol*），2013年6月底，由中东广播中心一台在贝鲁特现场直播的决赛收到超过6,800万的观众短信投票。决赛选手之一，来自加沙的23岁的巴勒斯坦人穆罕默德·阿萨夫（Mohammed Assaf）演唱了《高举巴勒斯坦头巾》（*Raise the Kufiya*）一歌，是向阿拉法特标志性的黑白方格头巾半遮半掩地致敬，仅在加沙地区，他就获得了500万张投票。

“500万条短信!”阿提夫·阿布塞夫（Atef Abuseif）惊叹道，他是我在加沙遇到的作家和大学教员。阿萨夫一夜之间成为阿拉伯世界，尤其是巴勒斯坦的象征。几天后他返回加沙的时候，一万多巴勒斯坦人等候在拉法边境，兴高采烈地欢迎他。几天后在他下榻的莫温匹克酒店门前，我亲眼看到成群的人聚集在那里，只为一睹偶像的容姿。“一个人把所有巴勒斯坦人团结起来了，这是史无前例的。”阿布塞夫说。“这是自1994年阿拉法特返回加沙后巴勒斯坦人最大的一次集会。”巴勒斯坦青年作家和博客作者穆罕默德·奥马尔（Mahmoud Omar）肯定地说。

《阿拉伯偶像》的评审在比赛期间也增加了发推特的数量，他们的推文在大屏幕上滚动播出，脸书和推特的评论达上千万条。对于中东广播中心来说，这场打破收视纪录的决赛证明，社交网络和短信投票是卫星传播必不可少的补充。“我们有足够的理由相信，社交电视已成为一个无法回避的事实。”哈耶克总结道。他全程追踪《阿拉伯偶像》的拍摄制作过程，为了节目进展顺利，他不断往来于迪拜和贝鲁特两地。(《阿拉伯偶像》的成功不是个案，早在2011年4月，美国全国广播公司效仿荷兰选秀节目，推出大受欢迎的《美国好声音》时，推特就起到了至关重要的作用。《美国好声音》通过社交电视大获成功，节目在许多国家甚至阿拉伯地区取得了广泛关注，所以中东广播中心也效仿它开发了自己的“好声音”。)

萨玛尔·阿克鲁特(Samar Akrout)是在约旦出生、在美国长大的巴勒斯坦人，是中东广播中心的项目主管。她在贝鲁特接受采访时向我描述了互联网对节目制作和区域化带来的影响。中东广播中心曾经习惯于节目自制，现在则倾向于对外寻求合作。它和专业制作在线视频的公司合作编排节目或制作“斋月电视剧”，也就是阿拉伯电视剧，这些节目都是本土化的。

“我们以前制作的都是主流的泛阿拉伯的内容，然后通过卫星在各个国家播出。可以说只有中东广播中心一台这一个项目。阿拉伯世界日新月异的变化和社交网络的发展加快了进程，我们开始为每一个市场量身定制不同的项目。”阿克鲁特解释道。她认为中东广播中心今后的工作至少有五个重点项目：埃及，是有待开发的市场；海湾地区，尤其是阿联酋；马格里布，现在仍是联盟，“但能维持多久呢?”；黎巴嫩，远期还有叙利亚；最后是伊拉克。“我们保留了一些可以横向发展的节目，例如《阿拉伯偶像》，因为它们在几个国家之间存在竞争，但多数节目已经本土化了。”在贝鲁特吉美兹区(Gemmayzeh)——时尚的基督徒街区——一家叫“保罗”的咖啡馆，迷人又高雅的萨玛尔·阿克鲁特向我讲述着这场革新的重要性。她继续说道：“阿拉伯世界的各个地区今后都会成为独立的广告市场。以前百事可乐在整个阿拉伯国家只有一则广告，现在有五则!”我们在开罗新开了一个频道，MBC Masr，它今后在埃及的广告市场巨大，完全可以实现财务自主。我们也许会走得更远，在马格里布和海湾地区每个国家都开设频道。数字化的巨变和全球化趋势的表现不是均衡化一，而是地方化和重新定位后所带来的一系列复杂得多的现象。”

马赞·哈耶克也认同这个观点：“集团选择创立 MBC Masr 频道时，初步的愿望是进入到变革之后的新埃及。从取名就能看出一二，Masr 在当地方言中是‘埃及’的意思。这是我们的出发点。但根本的运作手段还是要进行节目本土化。”

语言是核心问题。泛阿拉伯频道，例如半岛电视台和阿拉比亚电视台（中东广播中心旗下的两个电视台），都使用标准阿拉伯语，这种符合语法规则的传统语言被称为“半岛电视台阿拉伯语”。但多数阿拉伯人都使用方言交流，国与国之间，城与城之间的方言都不同。例如马格里布就不懂这种标准阿拉伯语。所以，地方频道使用当地阿拉伯方言，这也是中东广播中心收视成功的秘诀之一。

鉴于网上广告市场发展迅猛，哈耶克认为广告也是集团运作的关键之一。通过咨询几家广告公司，我们了解到，中东和北非的阿拉伯地区每年电视广告收入约 10 亿美元，网络广告则达到 2.5 亿美元（这是所有媒介平台的总和，包括智能手机、短信、彩信和线上视频）。迪拜占据了这个广告市场一半的份额，保持每年 25% 的增长速度。

马赞·哈耶克在表示乐观的同时也有所保留：“广告客户已经准备好花更高的价格购买网络广告了吗？答案是：以后可能是这样。但他们认为现阶段还是在卫星频道播放广告获利更多，所以电视广告仍是首选。”

社交电视也加快了进程，促使频道与观众进行对话，尽管社交网络已遍布全球，这种建立在全国范围内的交流也十分频繁，仅次于全国范围内播出的重大体育赛事的决赛和泛阿拉伯节目。不同的语言、主题标签、地理位置和所属的社会群体将观众群划分了界线。社交电视将触角延伸得越来越广：2009 年，工程师开发了一种工具，将脸书用户身份和视频播放器相连，用户可以直接在个人主页上收看电视节目。[尽管有批评说此举侵犯了个人隐私，但美国国会在 2012 年通过了《视频隐私法案》（Video Privacy Act），也就是人们常说的《网飞修正案》（Amendment Netflix），宣布此行为合法。] 直到 2010 年至 2011 年，人们才发现推特的一大功能就是在电视节目播出的同时发推。这项功能促使推特迅速发展，现在拥有 2.4 亿用户（与脸书的 10 亿用户量相比仍显不足）。社交电视已无处不在。

当然我们也无法忽视一系列的限制条件：贫穷，文盲（尤其在埃及），电脑和智能手机的低普及率，网速慢，阿拉伯语电视节目匮乏，等等，这些条件都制约了中东和马格里布地区的变革。但这种局面将持续多久呢？

网络究竟加快了电视节目的全球化还是促使其更加地方化？受访者不同，各地发展阶段不同，人们给出的答案也不尽相同。国际化的卡塔尔半岛电视台进行了多元化尝试，每日播出的《潮流》（*The Stream*）就是一档将传统脱口秀和网络资源结合在一起的全球性谈话节目。节目融合了讯佳普上的对话、推文、脸书上发布的消息、因斯特格拉姆和聚合网站故事流（Storify）上的内容，成为一档名副其实的双媒体节目。《潮流》现阶段仅在半岛电视台英语频道播出，面向英语国家观众，演播室设在华盛顿而不是多哈。

三四年前还只停留在外围的数字化运动，现在已经成为电视行业焦点。在此期间，数字化取得的第一个显著成就是将电视和网络连接，使用户可以通过电视大屏幕浏览网上的内容和视频。另外，2010 年 4 月，苹果平板电脑了的发布真正实现了电视的可移动化。还有一些象征性的转折令人印象深刻。2009 年 4 月 17 日，脱口秀女王奥普拉·温弗瑞（Oprah Winfrey）注册推特，发布推文宣布自己进入 21 世纪："推特上的朋友你们好，谢谢你们的热情欢迎，感觉真是 21 世纪了。"还有 2011 年的音乐电视音乐颁奖礼上，流行天后碧昂斯在歌曲《爱之上》（*Love on Top*）演唱结束后，炫耀地抚摸着自己隆起的小腹，宣布怀孕（孩子的父亲是说唱天王 Jay - Z）。推特瞬间火爆。这场作秀回报颇丰：在消息宣布之后的几分钟内，每秒发布的推文近 9,000 条，创造了纪录。

美国电视业的发展在全球范围内得到了关注、研究和效仿。反过来，美国人也会学习借鉴外国的经验，例如 2013 年巴西姆·优素福（Bassem Youssef）的故事。

五位精挑细选出来的警察被列入了巴西姆·优素福的嘉宾名单。"今晚我们穿便衣，就是来娱乐一下。"其中一位对我说。他们都是反恐特种部队出身，有着夸张的肌肉，身着简单的 T 恤，轻松自在地来到这个政治讽刺秀的现场。

《节目》（*Al Bernameg*）（阿拉伯语字面意思为"节目"）每周三晚在广播剧场（Radio Theatre）录制，剧院坐落在开罗的塔勒阿特·哈乐卜大街（Talaat Harb），一个便宜的鞋店和一个美味的饼干店之间，距离著名的亚库比恩公寓两步之遥，位于解放广场（Tahrir）附近。我被邀请观看节目录制，现场一百多名观众一起期待着巴西姆·优素福的到来。这位 39 岁的大明星在阿拉伯世界家喻户晓，剧院门口就摆放着他的画像，长 4 米宽 3 米，画像上的他笑容可掬，姿势让人联想到旧日独裁者穆巴拉克和他短暂的继任者穆罕默德·穆尔西：这幅画像的意思很清楚，巴西姆·优素福在讽刺穆巴拉克和穆尔西。节目拍摄完成，稍微剪辑一下，两天后在埃及 CBC 电视台播出。“这是在阿拉伯世界最受关注，在社交网络上最受追捧的政治讽刺秀之一。”节目录制前，执行制片人阿姆尔·伊斯梅尔（Amr Ismail）在后台接受采访的时候告诉我。伊斯梅尔认为这个节目是受到美国乔恩·斯图尔特（Jon Stewart）《每日秀》（*Daily Show*）的启发。这档节目也是“深夜秀”，开场是巴西姆·优素福的一段独白（和乔恩·斯图尔特的开场形式一样），包括专栏作家和通讯员参与的环节，加入时事节目的片段，加以嘲讽或恶搞，既有笑话，又有改编成滑稽诗的新闻资讯。所有内容都是事先编排好的，有一整套创作班底，即兴发挥的空间很小。挖苦讽刺、音乐打油诗、腹黑毒舌是节目的惯用伎俩，主持人异乎寻常甚至荒诞绝伦的搞怪俨然已经成为他的招牌。人们听他说话，会在心里嘀咕：这是靡菲斯特*；人们看着他，也会心里思量：这是埃古**。这位幽默的主持人入行前是一名外科医生，这给他浮士德式的表演又增添了几分诡辩的意味。巴西姆·优素福的攻击对象包括穆斯林兄弟会、伊斯兰总统穆罕默德·穆尔西（巴西姆·优素福对于他的垮台可能都要负点责任）、萨拉菲派、军事暴力和每一位满嘴谎言的政客。由此我们得知巴西姆·优素福是一个背教者，他的节目丝毫不符合伊斯兰教律。

《节目》最初只在网络播出，是一个普通的优图播网络节目。每集节目八分钟，在巴西姆·优素福家里粗略制作好之后传到网上。艾

---

* 《浮士德》中的魔鬼。——译者注

** 《奥赛罗》中的反面人物。——译者注

哈迈德·阿巴斯（Ahmed Abbas）是节目制作公司 QSoft 的执行经理。“从前我们只是一家制作网络视频的小公司，有几千名观众，现在我们成立了电视节目制作室，观众数量达到上千万。”阿巴斯介绍道。这是一个由网络媒体向主流电视成功过渡的绝佳例子。“我们是优图播中东地区最重要的合作伙伴，即使在电视行业取得巨大成功，我们仍旧不忘自己是靠互联网起家的。”阿巴斯接着说。《节目》至今还保留着最初的网络视频的特征：粗制滥造的小短剧和用笔记本电脑摄像头拍摄场景。我参加节目那天，制片人阿姆尔·伊斯梅尔本人出现在画面，模仿巴西姆·优素福的一个保镖。大屏幕和录制现场不断出现节目的网址（albernameg. com）和它在优图播上的链接。

“与人们的预期相反，节目转向电视之后并没有降低优图播用户对它的喜爱，他们的热情反而更加高涨。在中东地区和马格里布，这是优图播上最受欢迎的节目，拥有上百万观众和 8, 500 万的浏览量，”谷歌驻中东发言人玛哈·阿布雷恩（Maha Abouelenein）说道。她以谷歌代表的身份（谷歌是优图播的老板）低调地出现在录制现场，讲述了谷歌对巴西姆·优素福现象的探寻和关注——因为这个节目已经成功地将网络视频本土化为一个受众广泛的电视节目。“《节目》无疑是本土的。它的幽默、行话、对埃及时事和穆斯林文化的参考价值以及专有名词，所有这些在阿拉伯世界之外，甚至是埃及以外都无法看到，”阿布雷恩强调说。优图播对这一类型的节目抱很大希望，如果巴西姆·优素福构思的这档节目能够开启一个带来持久收益的经济模式，谷歌就要把它复制到其他国家。“从前我们一直保持警惕，生怕那些在优图播上观看节目的年轻人会从此抛弃网络转而看电视，幸好没有发生这样的事情。对于我们来说，优图播和谷歌才是电视业的未来。”玛哈·阿布雷恩补充道。录制现场的入口处竖着一个广告牌，上面写道：“怎样才能在优图播上长久赚钱：内容是关键。”

对于巴西姆·优素福说，再没有比这更完美的职业了。他以前是心脏外科医生（曾经在解放广场上救助过几名被镇压的受害者），后来转行当主持人还要归功于2011年的埃及革命。在穆巴拉克的独裁统治下，这种节目的存在是难以想象的。革命结束后，他和QSoft的伙伴在优图播上创立了《节目》，甚至在没有得到谷歌的允许的情况下。定位开明，语言自由，大量的政治隐喻，不时带些性暗示，所有这些元素使他的节目迅速蹿红。“QSoft最让人感兴趣的地方是，他们完全颠覆了以往的模式。通常是节目先在电视上播出，再上传到网络，而QSoft正相反，他们在网上原创的节目受到追捧，然后搬到电视上播出。这使他们比我们拥有更大的自由，我们受到的限制更多，在某种程度上受到伊斯兰教律的影响更大，而他们则有更大的冒险空间。”中东广播中心项目主管萨玛尔·阿克鲁特评论道。作为竞争对手，她依然表现出对节目的欣赏。

2012年至2013年间，优素福受到当时的执政党穆斯林兄弟会的威胁，被前总统穆巴拉克送上法庭（在2013年3月缴纳1,700欧元保证金之后被保释）。这件事情的直接后果是：他本来就已疯狂的粉丝数量更是以十倍增长，3,000万中东观众每周五晚守在电视机前等着看他。2013年六七月份，一场被穆斯林兄弟会称之为“政变”的事件当中，巴西姆·优素福得到了反对穆尔西的年轻人的支持甚至是埃及特警的保护。节目拍摄现场，其中一名警察接受了我的采访，他说：“优素福以幽默为职业，这是他的工作而已，我们在诉讼案中对他实行保护，并很高兴成为他的朋友。所以今晚他邀请我们来看节目。”

（《节目》于2013年7月停播，10月重新在埃及电视台开播，优素福在节目中强烈谴责军方，随后又被新当权的军政府审查，直到2014年2月，节目经过重新编排在中东广播中心埃及频道重新开播。）

我走访的每一个阿拉伯频道都设置了数字化战略负责人，这个职位从前很不受重视，多由实习生或刚入行的年轻人担任，后来变得越来越抢手。他们从前被排挤在组织机构的边缘，现在成为电视台的领导层。例如莫夫德·萨德·阿诺瓦兹（Mofeed Saad Alnowaisir），他每年都会升职。这位年轻人是中东广播中心驻利雅得总部的“新媒体”负责人，我见到他时，他身着沙特人传统的白色长袍，系着漂亮的头巾，尽管我发现他的椅背上挂着FCUK牌西装。他向我解释数字化发展正如何打破并重组整个地区的传媒业务格局。“我们是阿拉伯世界一流的传媒集团，我们曾经是泛阿拉伯和大区视野的，但现在则考虑在每个阿拉伯国家开办当地频道。在利雅得，我们就是中东广播中心KSA频道。”KSA是英语Kingdom of Saudi Arabia（沙特阿拉伯）的缩写，沙特、埃及和迪拜是阿拉伯最大的几个市场。是什么动机促使了这次出乎意料的重新定位？“动力毫无疑问来自于社交网络，我们发起的对话、网友反馈和在线互动正逐渐改变着我们的观众。”莫夫德·萨德相信手机和由此产生的互动能够带来丰厚的收益——尤其是以竞赛和网游的形式。“我们将制造更多互动的机会。数字化将会帮助我们实现商业规划和目标。”萨德用企业家的口吻总结道，他意气风发的模样如同一位三十来岁正当年的硅谷创业者。

在沙特阿拉伯的罗塔纳电视传媒集团，互联网同样被高度重视。罗塔纳的总部设在利雅得，老板不是别人，正是沙特王子瓦利德（Al

Waleed)。这是一位出身王室、思想自由的亿万富豪，曾在新兴网站和网络电视投资几百万美元。“我们认为文化、信息、音乐、电影、电视和书籍都会数字化，一切都在改变，我称其为‘电信娱乐’，即电信行业和娱乐业的整合。未来不会再有磁带、书籍、报纸和电视，只有连接互联网的屏幕。对于我们来说这不是威胁，而是机遇。我们将抓住每一个机会，我们有实力，我们拥有节目的版权，我们将把这些节目通过各种平台传播到各个国家。我们准备好迎接未来。”新媒体负责人优素福·姆哈比（Youssef Mugharbil）告诉我。我在位于利雅得中心的王国塔59层的罗塔纳总部采访了他。他又补充道：“在这里，我代表了阿拉伯文化的明天。”

相似的改革也发生在贝鲁特的MTV电视台，这个频道是穆尔家族的产业，并由此得名（与美国的音乐频道毫无关系）。2009年，我曾在贝鲁特北部MTV巨大的演播室采访过集团的总经理米歇尔·穆尔（Michel El Murr）。四年后故地重游，我惊讶于互联网的无处不在。我参加了一场脱口秀直播，在节目录制过程中，一个专业的网络制作团队同时在台上忙碌着。电视上介绍了一个菜谱，它立即就被上传到节目的脸书主页；后台发生了一件小插曲，负责拍摄的网络团队立即把它上传至节目网站。网友们可以评论或补充信息，信息经过过滤，会被放入节目中“You Report”（你来报告）这个环节。我们在网站上可以看到主持人化妆和嘉宾进场的画面，可以看到讯佳普上公众的反应。“黎巴嫩的电视节目，无论是脱口秀、时事新闻还是真人秀，以后都会彻底变成双媒体形式，都会被重新剪辑成小片段放在网上，”全球音乐电视台（MTV）集团高级网络专家杰德·雅米（Jad Yammine）说。尽管头衔响亮，这位年轻人实际还不到30岁。雅米认为目前在阿拉伯国家占主导地位的那些卫星电视频道将来都会消失。他宣称“网络电视将取而代之”，观众听从频道节目安排的线性电视模式“正在消失”，“点播”模式已经到来。

未来的电视

“第二屏幕”（second screen）是一种新潮的说法，指的是观众在电视机前收看节目的同时手中操作的另一个屏幕：可以是智能手机，平板电脑或笔记本电脑。也可以称之为“电视伴侣”，或者根据观众使用的屏幕数量将其称为“第三屏幕”或“第四屏幕”。[弗雷斯特研究公司（Forrester Research）的数据表明，自2011年起，48%的美国人在看电视的同时使用第二屏幕；同年，尼尔森和雅虎的另一项调查发现，86%的美国人看电视时使用手机。]

在墨西哥特莱维萨电视集团位于墨西哥查普特佩克大道的总部，我遇到了频道的三位负责人。我在集体采访他们的时候，惊讶地发现他们开始辩论不停。他们相互反驳，相互纠正，甚至和平地争论。特莱维萨负责数字化和新媒体的副董事曼纽尔·吉拉迪（Manuel Gilardi）说：“电视屏幕无疑是最重要的，但我们可能会面临四个屏幕的竞争。问题的关键是移动性。一边用传统电视机看电视一边用智能手机上推特发评论是一回事，完全用平板电脑看电视是另外一回事。”集团互动部门的总经理里卡多·科蒂纳·冈萨雷斯（Ricardo Cortina Gonzalez）补充道：“如果人们开始只用平板电脑或手机看电视，这显然是个问题。如果未来的发展趋势是我们所说的‘电视无处不在’，也就是随时随地用任何媒介免费看任何内容，这将是另外一回事。现在人们都在谈论社交电视和第二屏幕，但如果第二屏幕变成第一屏幕的话……”（美国最近一项调查显示平板电脑已经成为儿童的“第一屏幕”。）

特莱维萨最初把所有数字化工作都放在一个专门的网站 Es Mas，而 televisa. com 更像是一个公司网站。“这是个错误。观众很自然地认为应该上 televisa. com 搜索视频、节目重播和社交网络，而不是上另一个专门的网站。当我们意识到数字化不是电视产业的边缘而是核心时，就迅速把所有内容都放进了主网站 televisa. com。”特莱维萨的设计经理安东尼奥·阿隆索·洛佩兹（Antonio Alonso Lopez）评论道。这三位负责人在我面前就第二屏幕、社交电视和广告的话题争论起来，观点针锋相对。为什么社交电视更适合直播节目？如果电视越来越趋向“点播”模式，它将如何发展？他们开始讨论哪些是最适合第二屏幕的应用程序（是 Miso，IntoNow 还是 Yahoo Connected TV）。一个向我展示幻灯片，另一个则用自己的研究成果进行反驳；一个用“电视观众”这个词，另一个则打断他纠正道，既然节目是通过不同平台播放的，那么“现在应该用‘用户’这个词”；一个坚持认为“搞这些太花钱了”，另一个则宣称，为了将来，投资是必要的。其中一位解释道，美国人就很懂这些：美国连续剧《欢乐合唱团》从第三季开始为第二屏幕的用户专门增设平台，让他们可以更好地欣赏音乐表演。

我的受访者称，特莱维萨网站 17% 的观众是通过智能手机浏览节目的（另一个纠正是 20%）。“但电视不会变得可移动：我们会在移动的机器上看电视，但人的位置是固定的，不会移动。”洛佩兹解释道。一位负责人说起上一届世界杯是“互联网世界杯”，另一个则坚信下一届将是“智能手机世界杯”。他们向我提供了各种数据，但这些数据很明显互相矛盾。“目前主流电视和社交电视还没能友好相处，切都在起步阶段，我们在探索中前进，不断寻求。还没人找到解决方法。”曼纽尔·吉拉迪一边评论，一边微笑，仿佛为了表示抱歉。

每个人都很清楚，下一步是电视节目的个性化，节目推介的普及化，以及与观众在社交网络上的互动（即我们所说的社交电视指南和互动节目指南）。在美国，这些变革正在进行。第一步是要将所有电视节目展示在主屏幕上，电视机的主页逐渐变成一个推介屏，一个利润巨大的广告版面。但因为导航过于简单，节目数量过于庞大，有限的页面空间无法显示所有节目，一个新趋势出现了：通过功能强大的社交网络获取与节目相关的信息。诸如社交指南（SocialGuide），yap. tv，fav. tv，BuddyTV 等应用程序应运而生，这些程序可以向智能手机和平板电脑用户推荐各种电视节目。为了在数百家电视频道数量庞大的节目资源中找到头绪，个性化的定位是必不可少的。这是一项复杂的工作，需要研究大众行为特点，为用户量身定做，并计算相关数据。应用程序一旦得知有线电视运营商（或网络提供商）的定位和名称，就会根据普遍倾向实时向用户推荐内容。

我们还可以走得更远。“社交电视分级”做到了直接评估电视节目，向频道和广告客户提供更加宝贵的信息（SocialGuide，Trendrr等）。一个叫 GetGlue 的完全本土化的社交网络甚至改进了它的推介功能：用户收看电视节目的时候先“签到”（如同在酒店前台办理住宿手续）。这个信息将自动上传至脸书或推特，对于节目推介和宣传的意义极为重要。为了帮助用户在浩如烟海的节目中找到头绪，一些音乐识别程序，如全球用户已超过 2 亿（每周平均新增用户 100 万）的手机应用程序“音乐雷达”（Shazam）也被应用到电视领域，观众可以通过智能手机在数以万计的电视图像中迅速识别自己想看的节目，之后给出自己的评分。

促成这些变革的共同因素就是统计学。数字时代，电视发掘出了数学和算法的力量。“社交电视”在生产数据和数字方面具有显著优势，由此可以展开多种类型的研究。在维亚康姆集团驻纽约总部，MTV 频道的副总裁马修·安德森（Matthew Anderson）发表了如下看法：“社交网络和社交电视使我们比从前更加了解观众，我们对数据进行定量和定性分析，基于统计数据的研究已成为我们的工作重点。”安德森自称为社交网络的“指引者”，他向我总结了革新的要素：移动、社交、算法、参与。“既然已经知道自己的观众会使用社交网络，我们便想尽办法与他们展开对话。参与其中是最重要的一点。不论是在脸书、推特、谷歌+，还是汤博乐，与观众在他们的地盘上进行交流，他们会认为这种做法很友好。”领导数字媒体的安德森认为，一直走在“流行文化前沿”的 MTV 当然要致力于引领市场流行趋势，成为年轻人的潮流风向标。社交电视帮助 MTV 先于他人识别出什么是最“酷”的潮流。“我们的粉丝真正参与到节目中来，”安德森总结道，“他们讨论明星的穿着，提出意见，我们转发和传播他们在推特上的标签和他们的想法。现在渐渐变成了粉丝在指引我们!”

好莱坞失败的战争

“网飞就像没有广告的有线电视。”网飞公司负责“全球广告策略”的副总裁克里斯多夫·里波泰利（Christopher Libertelli）这么评价自己的公司。我在集团驻华盛顿的办公地点（公司总部设在硅谷，华盛顿负责处理公关事务）采访了这位教科书似的人物。这个提供电影和流媒体视频服务的美国大公司决心应对来自无线电视、有线电视和其他付费电视的挑战。与互联网无缝连接的电视在新阶段变得异常“智能”，实现了电视主屏和网络主页的聚合。

1997 年，网飞公司成立于加利福尼亚，最初以邮寄影碟起家，用的是著名的红色信封。随着发展，公司逐渐开始提供一些数字影视产品，直至 2011 年，网飞称霸网络，拥有庞大的影视资料库（电视剧、视频和电影）供客户选择，采用订阅模式，无需下载。这种经济模式的巨大转变一开始并不被看好，有些人觉得过于激进而难以持久。

今天，流媒体平台已经成为一种优质的网络电视频道，且没有广告的打扰。将流媒体连接电视机很简单，只需一个适合“智能电视”的网络配适器（如苹果电视，Roku3，Plair，谷歌电视或谷歌发布的连接设备 Chromecast，或是简单的游戏机），每个家庭允许五个用户同时使用不同的设备。“这实际上是一种新型的企业联合，发展迅速。”克里斯多夫·里波泰利说。每月只需支付最少 7.99 美元的月租费，网飞的用户就可以无限量在线观看各种电影和电视剧（公司也提供儿童节目）。“相反，资讯类节目、脱口秀、体育赛事、超级碗、真人秀和现场直播，这些不属我们的业务范围。”里波泰利解释道。为了推销产品，网飞依靠一种精确的算法向用户推介节目，这也是公司的成功秘诀。“算法不只一种，而是有好几种。”里波泰利更正说，并向我进一步说明“公司有六百多位负责算法的专职工程师”（他们被称为“数据科学家”）。网飞将用户特征分为 7.9 万种，可以精确地预测每一位客户的品位。它的另一个技术优势在于平台的兼容性，可以在 450 种不同品牌和型号的设备上使用。它也开始制作独家节目，比如网络连续剧《纸牌屋》。

这种新模式的巨大成功超出了想象的。网飞现在的用户数量是4,400万（其中海外用户只有800万）。这家位于硅谷的公司抱有征服全球的野心，三年前就着手进军海外市场。例如在巴西，他们跳过DVD阶段，直接开展视频订阅业务。“网飞的目标客户群是能够支付高速宽带流量的富裕阶层。”萨布丽娜·纳布里（Sabrina Nebuli）评价道，她是网飞在巴西的竞争对手视频点播（VOD）的负责人。“网飞在很大程度上打的是身份牌，拥有网飞账户，就意味着步入了精英阶层。”纳布里在圣保罗接受我的采访时，向我指出网飞现在的月租费已经相当便宜，每月15雷亚尔（约5欧元）。然而，在盗版猖獗的巴西，普通阶层和平民阶层都习惯非法下载大量视频和音频。为了吸引唯一的客户群富人阶层，把价格定低是有必要的。

美国和其他地方一样，网飞式服务模式，也就是OTT云服务，开展得顺风顺水。各种平台直接绕过传统的有线电视，在网上播放视频，即使它们正在使用的是有线电视的通频带（很多美国人用电缆上网）。这引发了网络运营商和节目供应商的争论，网络运营商要求节目供应商为他们的视频买卖支付成本费用，后者拿出神圣的“网络中立原则”做挡箭牌，调解员的观点也不尽相同。一些人根据司法部门最近的决策预测“网络中立”将很快被废除，另一些人坚信奥巴马政府将会庇护“网络中立”，还有一些人认为通频带技术的进步最终会打消这场争论。归根结底，免费电视、付费电视和电影业的收益都会被这些变革和可能发生的调整所影响。在此之前，网飞的晚间流媒体服务占用了美国30%的网络通频带。

在硅谷，人们认为网飞公司、第二屏幕和云服务预示了电视业和电影业的未来，洛杉矶则把这些当作威胁。北加利福尼亚用乐观的眼光看待网络，南加州却非常悲观。好莱坞多家制作公司和整个圈子开始发起抵抗，早在2007年，那时网飞的视频数据库还没有成型，视频网站葫芦网（Hulu）大行其道。葫芦网自称为电影和连续剧的苹果音乐频道，但不属于苹果公司，只属于电影制片公司！美国三大传媒巨头，美国国家广播环球公司（NBC Universal，隶属康卡斯特集团）、福克斯娱乐公司（Fox Entertainment，隶属美国新闻集团）和美国广播公司（ABC，隶属迪斯尼集团）都在葫芦网持有股份，哥伦比亚广播公司（CBS）是唯一一家尚未与葫芦网合作的主要电视网络。和网飞一样，葫芦网根据大众需求提供流媒体视听内容，不用交纳月租费，但会有广告（葫芦网推出了一个付费的新版本葫芦+，每月花8美元去除广告）。电影也是葫芦网的主要卖点之一，它瞄准的目标是电影行业的经济模式。

好莱坞见证了数字时代唱片产业的挫折和音乐销售的衰败，惶惶不安，唯恐步其后尘。如果向网飞认输，就等于将经济利益核心——付费电视和有线电视——置于危险之中。当下的美国电影产业发展稳中有升，2013年全球票房收入360亿美元，比2012增加了4%，其中美国以外的国际票房收入占据近55%的份额（欧洲则由2012年的25%升至2013的28%）。无论在国内还是国外，美国的多厅影院发展势头良好，充分证明电影院带给观众的独特体验是网络取代不了的。去电影院看电影既可以是携家带口的聚会，又可以是父母和孩子的亲子互动，还可以是青少年和朋友们娱乐的项目，恋人约会的消遣，或是暂时摆脱家庭束缚的独处时光。好莱坞电影的全球票房收入不断增长，2013年制作的114部电影的海外收入（约占70%）远远高于国内收入（约30%）。不到五年的时间，中国（2012年到2013年间，美国电影在中国票房收入增长27%）、印度、韩国、俄罗斯、巴西等新兴市场崛起，迫使一直以来由欧洲、日本和墨西哥控制的海外市场格局重新洗牌。“好莱坞的收益增长主要得益于新兴市场，但已经接近饱和的传统市场仍显示出惊人的稳定性。”好莱坞电影制片公司的游说者，美国电影协会（Motion Picture Association）的代表克里斯·马西奇（Chris Marcich）在布鲁塞尔接受我的采访时高兴地说道。供应支撑着市场，新兴国家多厅影院的银幕数量增长迅猛：中国每天新增电影银幕超过10块，细想之下数字十分惊人，也就是2011年、2012年和2013年平均每年新增3,000块银幕和800座多厅影院。“我们把希望寄托在中国市场的持续增长之上。”克里斯·马西奇坚定地说。印度、巴西和墨西哥电影银幕的数量尽管达不到中国的发展速度，但也保持稳定的增长（平均每天新增屏幕1到3块）。马西奇还指出，大众的品位“正在改变”，也就是正在美国化。印度宝莱坞的垄断地位正在逐渐减弱；美国大片强势占领亚洲各国，包括越南和印度尼西亚；昨天还无足轻重的南美国家，包括巴西、阿根廷、智利和哥伦比亚，也变成了好莱坞的重要市场；墨西哥的地位始终没有动摇。“我们正在重新开拓拉丁市场。”马西奇说。

同时，洛杉矶也涌现出乐观的能量：迪斯尼、环球和派拉蒙宣布下一步将扩大电影制片厂的规模和数量；索尼、福克斯和华纳已经扩充了它们的电影制片厂（好莱坞行话称之为“lot”）。预算经费增加，项目在全球范围内的市场行销也在扩展。

虽然票房增加，国际市场前景看好，但这些无法打消好莱坞对于“家庭娱乐”经济模式的担忧。家庭电影消费，这是美国电影工业的奥秘所在。人人都在谈论大银幕的票房收入，电影工业却依靠小屏幕赚钱。美国和欧洲有一个电影播放“时间表”：一部电影在影院公映四个月后允许发行DVD并按需生产录像带，再等上九至十二个月可以在有线电视的付费频道观看（通常两年之后才会在面向大众的频道上出现，然后是酒店和飞机上的电视）。在北美，这个人人遵守的时间表却正在被数字化变革破坏。DVD的销售量已经连续五年下跌，且未来趋势不容乐观：我的大多数从事电影行业的受访者都认为，DVD逐渐退出市场已成定局，蓝光DVD也不例外。当然，电影的网上发行呈现增长态势，但这无法弥补DVD的损失。数字化发行服务的提供者既不是电影制片公司或影院经营者，也不是有线电视供应商，整个传统的经济链条都被打断。不得不承认，好莱坞已经准备好面对家庭娱乐的持续低迷。网飞公司的问题也在于此，诚然，它现在遵守着美国媒体公认的电影播放时间表，也就是影片公映后十个月到三年的期限，但网飞花高价从电影制片公司购买独家放映权，大大提前了电影的播放时间。好莱坞一改先前怀疑的态度，接纳网飞，也为自己开辟了生财之道（为获得播放权，网飞为每部电影支付固定费用，而其他视频网站，如优图播，只愿意分享广告收入，数目自然小得多）。总而言之，流媒体和包月形式的视频订阅服务逐渐普及，参与者也越来越多，比如亚马逊（亚马逊即时视频服务），苹果（音乐频道），谷歌（优图播）。所有网络巨头都投入巨资，推出自己的服务，并且坚信十年后电视必将完全被流媒体取代，实现网络化和观众点播。这些公司既相互竞争又资源共享。[我在华盛顿州亚马逊总部得知，网飞从2012年起就一直使用亚马逊的云服务。他们为这种关系发明了一个新词，即“合作竞争”（coopetition）。]

巨头相争，好莱坞也严阵以待，不甘落后。这场战争的关键从前是定位，现在是行动。面对互联网，一种全新战略正在成型。这场颠覆性的革命被总结为三点：服务多样，版权保护，疆域化。一直以来，好莱坞都想要对盗版电影的网站和网民全面宣战，但这种针对个人的策略和不成比例的惩罚措施在美国和欧洲都失败了。当 11.5 万家网站暂停工作，抗议《禁止网络盗版法案》（SOPA）和《保护知识产权法案》（PIPA），当奥巴马总统在反盗版运动中开起倒车，电影公司和唱片巨头终于发现，它们已经败下阵来。互联网精神和硅谷模式不允许监控网络内容的行为，好莱坞不得不改变策略，对非商业的个人交流行为采取容忍态度，把矛头转向大规模的商业盗版。“我们不愿再过于针对个人。我们知道盗版是无法禁止的，但可以控制。我们控制盗版的用途，设定界线，情况逐渐稳定下来，慢慢回到了掌握之中。我们现在只针对大型商业网站。”美国电影协会代表克里斯·马西奇向我承认道。

其次，是合法供应内容。现在的主流想法是，遏制盗版应该靠供应而不是惩罚。好莱坞吃一堑长一智，明白如果无法提供高质低价的产品，这场反盗版的战争注定失败，因此要通过各种载体提供大量合法视频。网飞的电视剧服务也表明了对于这一观点的认可。鉴于苹果音乐频道对在线音乐销售的垄断让唱片产业付出高昂代价，为了避免落入单一经销商之手，好莱坞采取多样化策略，增加合作伙伴，使多个对手产生竞争。

谷歌没有将优图播变成第二个网飞，这被视为一个好消息：优图播现阶段要调整目标，增加专门频道（它在用户自制视频方面已经取得巨大成功，依照精彩电视（AwesomenessTV）、机械电影（Machinima）和全屏幕（Fullscreen）等视频网站的模式进行频道重组）。作为仅次于谷歌的全球第二大搜索引擎，优图播首先是一个视频搜索引擎，它本可以复制网飞的成功，但它没有选择这么做。本应在这场市场争夺战中起决定作用的葫芦网也没能经受住考验。好莱坞认为任何一家视频运营商都不应垄断电影的数字发行，所以它把电影分配给了多个游戏玩家：网飞，亚马逊，苹果音乐频道，优图播，葫芦网和很多其他网站，比如脸书，于是人们今后可以直接在社交网络上观看网飞和葫芦网视频，而不用离开网页。好莱坞甚至把触角伸到海外，英国的发现任何电影（FindAnyFilm），意大利的 mappadeicontenuti. it 和西班牙的 Me siento de cine 也和它有合作关系。供应多样化成了好莱坞的新口号。

紧密的数字版权谈判也是重点，掌握了数字版权也就掌握了未来。应该冒着损害有线电视运营商的风险，把版权卖给网飞，让它拥有独家放映权吗？如果不这样做，而选择了同内容没有那么重要的亚马逊、苹果音乐频道或优图播合作，会不会损失几百万美元的版权费？应不应该寻求新的媒体合作伙伴？人们对此提出了各种设想，无数方案交织在一起，甚至在同一集团内部，有时会产生好几种方案。好莱坞一直在防备这些新兴视频网站成为真正的原创内容制作商，比如网飞的《纸牌屋》（获三项艾美奖）和《女子监狱》（*Orange in the New Black*），亚马逊的《阿尔法屋》（*Alpha House*）。但对这些电视剧投入几百万美元有利于维持电影行业的生态系统，网飞和一些电影公司，如哥伦比亚（属于索尼）、漫威（Marvel，属于迪斯尼）、韦恩斯坦兄弟（Weinsteins）和梦工厂就建立了独家合作关系，亚马逊电影制片公司也已开张。另一方面，受视频订阅服务影响较大的有线电视运营商，如康卡斯特和时代华纳有线电视，也跨越了最初的敌对：康卡斯特收购了美国国家广播环球公司，与葫芦网、福克斯和迪斯尼合作，一起对抗网飞。但竞争对手之间的合作关系必然无法长久。葫芦网定位困难，网飞一家独大，至于康卡斯特，则打算收购竞争对手时代华纳，来巩固自己的垄断地位。无论在北加州还是南加州，人们都预测电视行业在未来 5 年的变化要比过去 50 年还要巨大。

好莱坞最终还是实现了转型，颠覆以往，重新定位。在全球统一化的竞争中，谷歌、苹果和亚马逊将成为当之无愧的赢家，好莱坞决定另辟蹊径，进军不同疆域的市场。比起昨日的整齐划一，电影制片公司今后更看重本土的多样化。美国电影协会不再针对电影限额、国家资助和“文化例外”政策，而是决定接受这些游戏规则！它在多个国家开设了办事处。过去，电影制片公司反对地方特征；今后，它们将采取尊重的态度。“我们接受欧洲的文化特征。”克里斯·马西奇承认道。面对网飞和谷歌，好莱坞决定保护电影行业。如果制作出的电影是单一和全球化的，传统电影市场最终将被网络巨头扼杀；如果国家的创造性电影产业得不到发展，网络巨头将从中获利。所以好莱坞摒弃了整体性谈判策略，从细节入手，量身体裁，认真对待每一个特例和每一个国家。过去，好莱坞是美国的，但自称是全球的；今天，它自称是世界的，但实际是本土化的。“我们反对布鲁塞尔‘单一市场’的意识形态，这是谷歌赞成的。”克里斯·马西奇在比利时对我说道，从一位好莱坞驻欧洲代表的口中发出这样的宣言在十年前是不可想象的。

毋庸置疑，好莱坞是美国的象征，它的电影制片公司仍旧是美国软实力的体现。但这场战争的性质已经改变。比起韩国电影市场的配额，谷歌是更危险的对手；比起欧盟电影行业的院外活动集团，来自旧金山的网飞是好莱坞洛杉矶电影制片公司更大的威胁。“家庭影院”和观众必须遵守节目播出时刻表的传统电视受到视频和电视订阅服务的冲击，地位岌岌可危。北加州和南加州的数字之战在我们眼前展开。在硅谷，人们的想法也逐渐不同以往，人们承认版权的存在，并需要为此支付费用。而好莱坞电影制片公司也认识到，在互联网，说了算的永远是消费者。

联网电视、社交电视和视频订阅服务引发了一场新的战争吗？答案毋庸置疑，但和一些普通的想法不同，这场战争并非一定是全球范围内的，下面这最后一个例子就说明了这个问题，它发生在另一个地理背景中，在一个不同的范围内，这就是中国的优酷。

优酷是中国领先的视频分享网站，相当于优图播，在位于北京数字商业区中关村的总部，我采访了发言人邵丹。她首先证实了我的一个猜想，无论是传统电视台播出的节目，还是新兴网络视频平台提供的视听内容，都十分本土化。“这里，根据不同的播出媒体，内容也被区分开来。上海人对北京人的视频就不感兴趣。我们不得不将一切都地区化了。”邵丹解释道。中国拥有约2,000家电视台，既有像中国中央电视台这样的国家官方电视台，也有各种地方电视台。

优酷的名字含义为“优秀”和“炫酷”，公司最初想要效仿优图播的模式，由网民自由上传分享视频。2007年，网站开始引入电视台提供的节目内容。今天，这种动作模式已经由最初的鱼龙混杂向合法内容那一方倾斜：超过70%的内容都是“干净健康”的。邵丹坚持认为优酷优先考虑的是合法视频服务，在她看来，这是区别于优图播的不同之处。所以解决方案就是与唱片公司、制作室和电视台签署合并协议，不断增加网站上内容健康的视频（尽管这些内容目前还不到优酷视频总量的 10%）。中国另一个视频网站土豆，总部在上海，也遵循相同的逻辑来“规范”自己的内容（土豆在 2012 年被优酷收购，但这两个网站由于地方政策不同，继续并存，且遵循相同的版权保护原则）。

优酷的下一个目标是：发展优酷增值服务，提供流媒体和视频订阅服务（包月费 30 元，用户可以付费观看电视剧、脱口秀、体育节目和电影）。

中国另辟蹊径的发展道路再次证实，尽管电视正在互联网发生着巨变，它仍十分本土化。社交电视、网络电视和诸如网飞的中间商都强调同一类现象：电视的地区化，甚至是局部化。电视正在变得越来越新潮，越来越复杂，越来越有趣，它脱离了传统形式和固定的播放时间表，同时又深深根植于本土。尽管优酷漂亮的口号是“世界都在看”，实际情况却是，世界没有都在看。

第十一章　游戏结束

“崩溃”这个词如今经常被用于概括由数字变革引起的重大的断裂和动荡，文化领域的各个分支都受到了这一变革的影响，但遭受最大冲击的当属创意产业。音乐产业、图书产业、电视或者电影产业都应该重新思考自身的经济模式。虽然电子游戏产业本身是电子属性的，但是它也不可避免地受到影响。实际上，电子游戏产业的失衡是由三个同时出现的转变因素导致的，即互联网、智能手机和社交网络。在日本，电子游戏产业之前的模式曾经发展至顶峰，如今却很难再现昔日的辉煌。为了理解这个重大数字变革所带来的影响，为了弄清楚电子游戏产业是如何发生转变的，我去了印度、中国、哥伦比亚和加拿大，最后去了日本。

电子游戏产业的崩溃

特艺集团（Technicolor）在印度的办公楼位于班加罗尔的大型工业园区内，在这里，我认识到了电子游戏业的第一个问题：迁移。在这片属于先驱者的新大陆上，每一座建筑都拥有一个名字，譬如领航者、革新者、探索者、发明者等等。这些大楼底层停放着许多雇员们的电动车——他们大多数是程序员。电动车十分整齐地排列着，就在几年之前他们还是骑自行车来上班的。

办公楼的每一层都有一些开放空间，穿着T恤和短裤的程序员分成一组一组的，在那里“编码”，有的时候，他们必须整日整夜地工作。这里一共有1,300名员工，绝大多数是男孩（也有一些女孩，园区里的年轻人们会组成情侣）。大多数程序员来自农村，他们背井离乡，在园区里接受培训，19岁至27岁的青春年华都在制作公司度过，制作公司不招收19岁以下的程序员，也很少留用超过27岁的程序员。梦工厂出品的动画片《马达加斯加》就是在这里进行技术设计的，《功夫熊猫》也是。当我在制作公司采访的时候，他们正在制作《功夫熊猫3》，预计2016年上映，但是这些信息都是保密的。斯里·哈利（Sri Hari）——特艺集团公共关系专员（专门监督公司职员严格保守职业秘密）向我证实道：“我们不谈论正在进行的项目，我们遵守保密条款。”

在更高的一层楼里，是电子游戏空间。我看到房间里摆放着一个绿色的巨大的怪物史莱克，入口处则放着一尊象头神——印度教的一个神，似乎这里所有的人都尊崇它。在这里，年轻的程序员们为美国主要的几家游戏制作公司的项目工作，譬如：Rochstar、艺电公司（Electronic Arts）、漫威以及动视公司（Activision）（《使命召唤》有部分就是在我所参观的办公室里完成的）。玛诺伊·A. 梅农（Manoj A. Menon）——特艺集团动画 & 游戏工作室艺术总监告诉我：“十几年前，像我们这样的园区一直局限于业务外包，别人给我们任务，我们除了整日编码，没有任何附加值。如今，我们有了更多的自由，我们可以从头至尾地完整开发一些电子游戏，并介入产品概念、分镜和设计，现在我们更多的是在参与创作。”印度知道利用自身的优势——高水平的工程师、讲英语和廉价的劳动成本——作为跳板。班加罗尔不仅在计算机领域长驱直进，而且正在迈入下一发展阶段——创造阶段，这是从技术型城市向知识型城市过渡的经典道路，用梅农的话说，就是“我们从 IT 型过渡为智能型”。

印度以注重革新和富有创造力的特色迎来了一个全新的全球化时期。这是一个在亚洲非常普遍的现象，在印度尼西亚、中国的香港和台湾地区，以及新加坡，我在这些地方都观察到同样的现象。我在雅加达采访 MIKTI 创意和数码产业促进会主席哈里·森凯利（Hari Sungkari）时，他告诉我说：“印度尼西亚是美国电子游戏制作的大后方。有时，美国将制作工作迁移到新加坡，新加坡又迁移到我们国家，这是一种双重的业务外包。”为什么呢？“因为美国人不信任我们，他们习惯与新加坡合作，习惯于新加坡的银行、市场和基础设施。对于他们来说，我们似乎更疏远，他们不理解我们的价值观，应该是受到穆斯林因素的影响。”

但是创造力并不是唯一的决定因素，市场规模也很重要，尤其是当它与重大的技术进步相关联时。中国在电子游戏市场上的突飞猛进，可以从这两个同样重要的因素来解释。我在育碧（Ubisoft）上海制作公司采访时，负责人之一奥雷利安·帕拉西（Aurélien Palasse）回忆道：“中国在电子游戏领域一直以来都很特殊，好像与世界的其他地方都不一样。”据估计，如今在中国仍然有超过 40 万家网吧，这些网吧专门从事电子游戏业务；在南京、杭州、深圳等地，我看到好多此类电子游戏厅，常常与只有老虎机、各种颜色的卡带机以及游戏机主机的游戏厅混合在一起，天一亮，就有好多年轻的无业者、退休者和小市民聚集在那里玩，这个现象是非常令人费解的。

然而，这些游戏不一定都是中国产的。中国市场另一个独特之处是：自免费增值模式（freemium）起（譬如日本门户网站 Gree 的电子游戏都是免费的，但是必须购买装备道具和附件，获得力量值、技能值甚至额外的生命值），角色扮演类游戏一直在中国占有重要的市场份额。尽管这种微支付的模式是文化产业所独有的，但它在中国非常具有中国本土特色；奥雷利安·帕拉西评论说："玩家可以购买力量值，而不是赢得它，这一点不符合更倾向于能力主义的西方玩家的思想。"出口这些游戏是困难的，更何况它们是在一个非常中国的历史语境下：帝国、王国、王朝和古老的功夫。当然在中国有黑市，美国或日本的游戏主机可以从香港转口到中国内地，但是这并不能满足所有市场需求。

十几年以来，中国的模式发生了变化。20 世纪 90 年代，中国公司已经开始自己生产游戏。随着时间的推移，中国家用游戏机得到了发展。

奥雷利安·帕拉西说，拥有 400 名员工（其中 90% 是中国员工）的育碧上海制作公司专注于销往其他市场的游戏开发。为了尝试渗入中国市场，育碧也和一家中国本土合作伙伴共同开发一些游戏项目。他们也开展外包业务吗？帕拉西强调："这里的生产成本要比印度高，我们的竞争力是很弱的，因此在上海，我们更多专注于实验性的项目，而将产品的开发转移到班加罗尔。我们现在主要是观察中国新的使用习惯，更多地在为在线游戏做研究和实验。"

中国是一个不错的电子游戏产业实验室。电子游戏产业正在互联网、智能手机、平板电脑和社交网络上发生颠覆。中国人震撼于诸如《愤怒的小鸟》、《部落冲突》、《神庙逃亡》等手机游戏以及脸书版游戏《乡村度假》的成功，所有这些产品都出自于西方的独立制作公司，它们明白了涌进这个市场缺口的利益所在。似乎这种新模式可以让他们比日本人、欧洲人和美国人领先一步，但是他们在游戏机主机方面被别人超越了。中国的优势是：中国拥有强大社交网络，譬如微博（类似于推特）、人人网（类似于脸书网）、优酷网（类似于优图播）还有腾讯即时通信（与 MSN 类同）。尽管这些企业驻扎于中国本土，而且它们的用户很少参与全球性交流，但这个行业并不缺乏创新性。社交网络不断推出新游戏，像流媒体游戏和云端游戏（游戏不再位于游戏主机，而是虚拟地位于云端），不计其数的实验通过这些游戏得到测试。一些网站取得了非凡的成功，用户只要在网站上看别的玩家怎么玩就满足了！腾讯公司负责人简单地论述道："发达国家通常会注重在昂贵的游戏机主机上使用的价格不菲的游戏，在发展中国家，我们更喜欢能在智能手机上玩的免费游戏，这才是我们的未来，在中国，这才是我们要去做的。"腾讯公司是中国互联网业巨头，旗下拥有著名的即时聊天软件，微信，英文是 Wechat。（我曾在深圳采访过他们。）

育碧上海的发言人奥雷利安·帕拉西总结道："电子游戏产业瞬息万变，互联网时代来临之际，我们立即融入其中。我们的做法与美国唱片产业或日本电子游戏工业完全相反，它们拒绝改变自身去适应互联网时代，我们是去拥抱它，而不是想避免云端化。这就是为什么如今电子游戏产业发展状态良好，而音乐工业却走向衰落；这也是日本电子游戏工业落后的原因。目前我们在中国市场所观察到的，进一步肯定了我们的分析：2015 年，50% 的游戏将被实现云端化。”

游戏产业的数字化转型随处可见。在北美，我们开始区分“视频游戏”（严格意义上的电子游戏）和“计算机游戏”（在个人电脑或其他计算机上运行的电子游戏）；有时，我们还会加一个“社交游戏”的类别，将专门为社交网络设计的游戏纳入其中。总体而言，将全部设备支持都算上，电子游戏市场如今已经超过了音乐市场和电影市场。然而市场一直在变化发展，遍布全球的电子游戏制作公司都在密切关注着它。

育碧公司位于魁北克的工作室真是让人叹为观止！这些工作室在蒙特利尔普拉图区圣兰罗大道北边一个砌着美丽红砖的旧纺织厂房内，有 2,400 名员工在这里工作，其中男性占大多数，来自 55 个不同的国家。一些世界最著名的重磅游戏，如《刺客信条》、《看门狗》、《孤岛惊魂》，就是在这里被制作出来的。同时他们还与其他育碧制作公司联合出品了《阿凡达》、《波斯王子》和以作家汤姆·克兰西的作品为灵感的科技惊悚类游戏（《彩虹六号》、《细胞分裂》、《全境封锁》）。这些游戏都属于业内所说的 AAA 等级，也就是说最主流的，它们的预算有数百万美元，销售也是全球化的（《使命召唤—现代战争 3》开发费用或已超过 1 亿美元的销售额，其发行量已达 2,700 万份）。为游戏机设计的游戏继续主宰着市场，但能持续到何时呢？

育碧蒙特利尔的副总裁锡德里克·奥瓦恩（Céderic Orvoine）自问道：“我们的市场目前还是游戏机占主导，我们应该改变发展战略和经济模式，进入移动领域吗？”他接着说道：“电子游戏产业正在发生变化，但它一直在变化。”目前，育碧制作公司正在大力推广“多人游戏模式”（Companion gaming）互补应用，它们可以在譬如脸书和智能手机上与游戏机进行互动。奥瓦恩提醒道：“我们的理念不是在所有现有平台上复制同样的体验，每一个游戏体验都是不同的。我们不能在手机上玩《刺客信条》，因为它需要高像素和大屏幕”。同时，育碧与一家法国游戏开发公司智乐软件（Gameloft）建立了重要合作伙伴关系——这家公司和育碧的股东家族关系密切——，育碧授予其独家对所有育碧游戏进行手机版的开发。

在内容产业的各个领域，这种分包模式十分常见，如今，电影制片厂、电子游戏制作公司、大型唱片公司以及出版集团与外方制作公司的合作与日俱增。将生产分包有诸多好处，它可以降低生产成本；可以在订单过多的情况下减轻工作链上的负担；让企业专注于专业技术的竞争力；总体来说，可以促进革新和提升自身创造力。这些分包商可能是完全独立的新兴企业，也可能是一些半独立的小企业，其母公司持有全部或部分资本。无论是何种“专业机构”，譬如在电影行业（环球公司旗下的焦点电影公司，或者20世纪福克斯公司旗下的福克斯探照灯），公司被战略性收购（皮克斯和漫威被迪斯尼收购）；在音乐行业，厂牌被收购；以及在出版业采用“副牌”（imprint）模式。这种模式已经推广到整个创意产业。

育碧是电子游戏产业这一趋势背景下一个很好的例子。锡德里克·奥瓦恩确认说：“内容产业本身是不存在的，它依据服务和人才而发展。在蒙特利尔，我们周边有一个由大中小型企业和新兴企业构成的生态系统，一直和我们有互动。”数字化趋势提高了这些外包企业的重要性，增加了它们的数量。无论是视觉特效还是动作捕捉技术，无论是声音、云游戏、电影改编还是3D制作，电子游戏制作公司越来越频繁地将一部分工作委托给外围企业。在一种电子游戏软件基于某种不同类型游戏机（PlayStation，Wii，Xbox等等）的情况下，游戏制作公司往往先基于某一种类型的主机进行游戏软件开发，然后委托其他的专业制作公司针对其他主机类型进行转换。

尽管育碧是一家知名企业，但我们对它的外包企业知之甚少，如混合科技（Hybride，一家视觉特效制作公司，被育碧收购）、游戏音乐（GameOn Audio，一家日本音乐制作企业，被育碧收购）、起浪音乐制作公司（Wave Generation，一家加拿大音乐制作公司，被育碧收购）和夸泽尔科技（Quazal，一家游戏开发企业，被育碧收购）等等。当育碧对某一外包企业的依赖性变得过高时，它就会收购这家企业（譬如收购夸泽尔科技和混合科技的例子），将之变成集团旗下的一个子公司，同时非常注意保留它在创意上的独立性。例如，《使命召唤》是在视频游戏发行商动视公司的监控下由十余家制作公司一起制作的，《光环》是由十来家制作公司为Bungie制作公司制作的，《暗黑破坏神》是由暴雪娱乐公司开发的一款电脑游戏软件，之后被委托给其他软件开发商，改编成适用于家用电视游戏机的游戏软件。

在创意产业，制作公司或唱片公司逐渐变成了一个“库”，它将其产品制作委托给其他制作公司，给予投资，保留对品牌和市场营销的掌握，并且在“内容”制作出来之后收回最终版权。这是主流娱乐产业当前的运营模式，也许也是数字时代的未来。

除了创造性和外包模式的发展，还要考虑公共扶助的问题，这是电子游戏产业发展的另一个关键因素。在哥伦比亚波哥大北部的卡斯特拉纳技术区（La Castellana），我发现了一个“铁杆玩家”社区——一帮对电子游戏着迷的人。哥伦比亚有专门的电子游戏博览会，还有一个由40余家专业从事电子游戏开发的新兴企业构成的企业生态系统，它们分布在三个区域（卡斯特拉纳、蔡平内罗、索查）。国家支持的力度之大让我很震惊。《游戏玩家》（*Gamers on*）杂志联合主编桑德拉·罗佐（Sandra Rozo）承认道：“创意产业已成为政府优先发展的产业之一，如今我们是美国电子游戏产业的后方基地。”在电子游戏的开发和创意领域，哥伦比亚、智利、乌拉圭和墨西哥都参加到与印度和亚洲竞争的局面中来了！罗佐接着说：“从地理位置上来说，我们比印度更接近美国西海岸，从时差上来说，我们不像中国和越南一样差别那么大，但最重要的还是文化因素：哥伦比亚比亚洲更接近于美国文化，而且我们更有创造性。这对于电子游戏产业是最重要的因素。”那么语言呢？她补充说：“事实上，我们讲西班牙语……像许多美国人那样。”

伊斐克托（Efecto）游戏制作公司是众多与美国合作开发电子游戏的海外公司中比较典型的一家。Efecto的总裁埃瓦·阿尔莱克斯·罗哈斯·卡斯特罗（Eivar Arlex Rojas Castro）纠正说：“我们不是‘海外’公司，而是‘近岸’公司，非常近。”他也认为美国和哥伦比亚在文化上有许多共同之处，诸如电影、电视剧、社会价值观甚至成见。”这点对于电子游戏市场非常重要，他认为，美国与他们的这种文化相似性，亚洲是不能比拟的。

亚历杭德罗·冈萨雷斯（Alejandro Gonzales）创立了一家专门制作社交游戏的公司，布兰兹（Brainz）。我在波哥大采访他时，他持较为怀疑的态度，他说：“我们与美国的制作公司一起合作，但是我们还是在按照他们的主题进行制作。我们也确实试着开发了一些拉丁本土风格的游戏，但都不成功。拉丁特色不起作用！概念在这个行业里是没有意义的，唉！拉丁风味的游戏是不存在的。”尽管如此，我们还是可以找到一些反例，譬如著名的手机游戏《墨西哥大厨》：一个墨西哥主厨必须做出尽可能多的玉米卷饼，在一个即苛刻又爱报复的老板的监视下，以最快的速度将牛肉、猪肉、西班牙辣味小香肠、洋葱和不同的酱汁放到玉米饼里。这个搞笑游戏在世界各地的成功证明，它不仅仅只是冲击了墨西哥人的想象，还折射了全球快餐时代的一些社会现实。

酷日本

日本人已经对目前全球电子游戏市场的最新实力关系与竞争形势进行细致分析。在东京，日本经济产业省（METI）高层官员之一村上敬亮（Keisuke Murakami）向我解释说：“日本应该重新变得了不起！它应该重拾它在电子游戏领域的创造力，不仅是游戏机主机领域，还包括电子游戏软件开发领域。”2003 年，日本经济产业省第一次意识到创意和数码产业对于日本国民经济的重要性。日本为任天堂游戏《口袋妖怪》和宫崎骏电影《千与千寻》的成功感到骄傲，但此时日本已经开始丧失游戏软件领域的领先地位。所以对于日本经济产业省而言，应优先振兴软件和数字服务产业，以建立同日本硬件产业一样的不倒翁地位（屏幕、电脑、游戏机、索尼电器）。村上敬亮还说：“我们想重新成为软件领域尤其是电子游戏领域的领军人物，我们的第一目标市场是亚洲，终极目标市场是中国。这是我们新的首要目标。”村上敬亮作为日本官方高层官员如此宣布，那么他所透露的信息是非常清晰的。

马里奥和超级马里奥——任天堂公司的游戏名和角色名——已经今非昔比了，市场对它们的热情成为过去。日本在电子游戏软件方面已经落后了，尤其与其在游戏主机生产方面索尼和任天堂的超前性相比，就更显落后了。在日本还有一些重要企业在继续出品电子游戏，例如科乐美（Konami）、史克威尔·艾尼克斯（Square Enix）和世嘉飒美（Sega Sammy），但是时代已经变了。如今美国占据了电子游戏领域的全球领先地位（艺电、R 星、动视暴雪和暴雪娱乐等全球著名公司），法国（育碧）和加拿大位居其后，至于印度、中国和拉美国家，则成为电子游戏技术开发领域最具吸引力的国家。日本虽然排在法国和加拿大前面，但远远落后于美国，它是如何被美国远远抛在身后的呢？

要找到原因并不难：经济萧条、新兴企业数量薄弱、创造力受限、革新力缺失、商业冒险者数量稀少或者人口老龄化。但是作出诊断越容易，走出困境的可能性就越受限制。日本人是不考虑将业务外包给印度或南美的，日本的人工成本相当之高，而且他们的民族自尊心无法容忍这样的羞辱，他们宁愿选择没落，也不愿意弯下岛国特性所赋予的骄傲的头颅。他们没有选择中国式的方案。剩下的就是美国式的创造新模式和欧洲式的国家援助方案了。

国家扶助电子游戏产业并不是日本独有的模式，我观察到，不管是在欧洲还是在亚洲，所有参与竞争的国家和地区都在实行这种模式，例如韩国、印度尼西亚、香港、台湾，还有新加坡。更令人惊讶的是，无可争议的行业老大——美国也是这样。所有国家都在保护它们的企业，国家补助有直接补助和间接补助两种方式。

日本想走得更远，它想彻底重建民族内容产业，日本经济产业省负责具体领导实施这一民族项目。美国对电子游戏产业进行大规模间接补助的举动没有逃过村上敬亮的眼睛。他似乎对税务政策的技术问题了如指掌，他甚至向我指出美国最高法院在2011年已将电子游戏视为一种艺术，这使电子游戏产业可以利用《美国宪法第一修正案》受到言论自由的保护。所以日本也通过免税、减税和贷款体系使电子游戏产业重焕生机。如果有必要，这个产业将成为日本文化产业中国家资助力度最大的领域之一。

如今，公共资助大量涌入，在村上给我展示的日本国家经济发展计划里，有21个重点优先发展项目，其中有两个是关于数字领域的，此外，还有一个旨在激励创造力的名为“酷日本”（Cool Japan）的战略项目。一些免税区域也在建设过程中，免税区的新兴企业将可以得到相应的减税优惠，以及银行和风险资本投资的机会和便利。日本经济产业省的目标是重新创造一个良性循环的企业生态体系，其模式类似于美国硅谷，预计到2020年，日本新兴企业的数量将增长为目前的两倍。为了激发创造性，日本的思路是通过增加学校的数量来培养人才，鼓励学生们打破常规思维，发挥学生的原创性和个性。当然，数字产业首先必须被国家承认是一项艺术。

高桥浩（Hiroshi Takahashi）是东映动画的董事长兼总经理，我在东京都新宿区的公司总部对其进行了采访。东映动画因为《金刚战神》、《小甜甜》、《龙珠》、《海贼王》和《宇宙海贼哈咯克船长》在全世界享有盛誉。高桥浩说：“拥有这些世界级的品牌，我们按理可以躺在我们昔日辉煌的功劳簿上，但是我们很早就选择了投资数字产业，进行商业冒险，即使那时候还没有可参考的商业模式。”东映动画的赌注押对了！如今，东映动画不仅做动画，还做“内容”，高桥浩告诉我：“以前，我们的核心业务是做电视动画，如今，我们主要创作动画内容，然后将它们转换为适应不同播放平台的格式。我们的企业由生产文化产品过渡为生产‘内容’、提供服务和流量。电视动画对于我们来说还是非常重要的，因为它可以让人们知道我们的人物角色和我们的历史，但由于大幅增长的制作费用，制作电视动画我们是亏损的，所以我们只能通过将我们的内容授权给有线电视台、网络电视台、移动电视及电子游戏平台的方式，整合和平衡投资。我们已经由动画片制作变成了作品内容交易，甚至授权交易。”高桥浩还着重强调说：“在20世纪80年代，儿童频道的数量是有限的，如今得到了很大的增长，这是数字化的结果。”在东映动画总部，我看到数百个卡通人物、毛绒吉祥物和其他玩具。我轻易就能认出好几个人物，这些人物陪伴了所有欧洲年轻人度过了他们的童年时代。

高桥浩不会讲英语，他的谈话都是由他的助手山下一友（Kazutomo Yamashita）翻译的，山下的名片上印着“全球许可证发放管理部经理”。高桥浩坚认为持认为，授权问题与版权问题同等重要，他说：“某种程度上，我们已成为一个版权仓库，因为不管我们做什么，即使转让权利给一个合作伙伴去生产一个产品，我们都一直保留对内容的版权。”访谈结束时，我问高桥浩是否对当今数字时代的动画制作和文化产业持乐观态度，他的回答简洁而快速：“不!”当我问他为什么时，他却产生了犹豫。他的反应是直觉性的，却不知道如何作出解释。过了一会儿，他说道：“在互联网和移动设备上赚钱是非常难的。我们可以拥有一些用户，但我们的成本太高，以至于无法盈利。此外，数字行业给予了人们太多选择。”他明确指出：“过去，人们不得不消费电视台提供的节目，那是一个非常美好的时代；如今，有如此之多的频道、平板电脑和应用程序，人们可以选择，如果他们要看漫画，那么就得给他们漫画看；如果他们想要一个电子游戏，也必须给他们一个电子游戏；如果他们想要在智能手机上看，那我们还必须转换电子游戏的格式；如今是消费者将他们的选择强加于我们，他们是上帝。”

在东京西郊的吉卜力制作公司采访时，我也得到类似的回答。吉卜力制作公司是天才动画导演宫崎骏创办的，他曾经导演过《幽灵公主》和《起风了》。这里的情况也是一样，尽管数字变革的过程艰辛，但艺术性与数字化看上去并不矛盾。吉卜力制作公司负责人之一西冈纯一（Junichi Nishioka）如是说：“对于我们来说，艺术性和数字化是并驾齐驱的，我们不能将两者分开，因此，我们一直既要求质量，又要求数量，我们制作一些面向大众的高质量影片。我们一直想要做一些长片，然后转换为电子游戏版本和网游版本。”此外，他向我展示了为 PS 3 和 NDS 制作的电子游戏预告片。为了其中一些电子游戏业务，他们与 Level -5 制作公司——一家与索尼有合同关系的独立公司建立了合作伙伴关系。

涉及到人才话题，日本的另一弱势是缺乏经纪代理公司。在好莱坞、百老汇和美国唱片产业，是威廉·莫里斯奋进娱乐公司、创新艺术家经纪公司和联合精英经纪公司等几家经纪公司在组织“人才”市场，并从所有成交合同款中抽取 10% 作为佣金。但是，随着电子游戏行业与好莱坞越走越近（《使命召唤》系列之一是由《蝙蝠侠——黑暗骑士崛起》的联合作者共同写就的，其音乐则是由电影《社交网络》的演唱者演绎的），人才中介机构也与电子游戏行业礼尚往来，接触频繁。近年来，中介机构开始着手签约艺术家，不管他们是作者、导演、程序员、创作者、绘图师、设计师，还是音乐人，中介像对待电影明星一样与他们签订经纪合同。创新艺术家经纪公司开设了一个“电子游戏部”，威廉·莫里斯奋进娱乐公司投资了 Droga5——一家专业从事数字制作的公司，联合精英经纪公司推出了网站 Uta Online。一些专注于游戏、纯玩家型的中介机构也是存在的，譬如数字开发管理公司。由于版权诉讼案件越来越多，这些代理机构和它们的律师队伍对维护电影工业形象来说更加必不可少了（《使命召唤》的原始开发者们就版权和分红问题起诉游戏发行公司动视暴雪，而当他们到其竞争公司——美国艺电工作时，动视暴雪对他们进行了反起诉）。然而，日本没有高水平的人才代理中介公司。其他代理公司既没有一家具有全球性业务，也没有一家专门从事电子游戏或数字人才代理。结果，国家只能眼睁睁看着他们最负盛名的创作者突然转去与美国签约，国家创造力因此一点一点地流失了。

在索尼电脑娱乐公司的东京总部，人们以另一种方式来看待问题。公司经理吉田修平（Shuhei Yoshida）强调说：“我们这里有一个极其原创性的生态体系，它从漫画、动画片以及儿童玩具中汲取养分，这三个领域联系非常紧密。”他认为没有必要模仿美国人，因为游戏玩家总是偏爱原本甚于副本，日本应该做自己擅长做的事情，应该继续走曾经辉煌的漫画创作之路。不过，修平也承认日本缺人才，用他的话说就是“产业界和日本本土创意之间没有足够的通路”。

不过，在日本，我的绝大多数受访者都认为，振兴日本电子游戏产业的解决之道，除了给予国家补助和鼓励创造性，根本上还是取决于数字产业的发展。目前市场上出现的新一代电子游戏机主机大多数都是日本造的，例如刚刚投放市场的索尼 PS4 和任天堂 Wii U（尽管 Xbox One 是美国微软投放的），这一系列家用游戏机应该能够使电子游戏市场活跃起来，使其朝着真正的全球娱乐平台甚至网络电视的方向发展。

然而在这个阶段，任天堂 Wii U 的市场表现却令人失望，其销售量低于预期的理由是：在线游戏的数量上升和缺少适用这款新主机的电子游戏软件。在日本，各个方面的问题都可以归于一点：创造性和数字化。

日本的悖论在于，它是一个太超前但又太过于内向的国家，这一点在互联网和新技术方面尤为明显。

闭关自守的民族文化中夹杂着企业创新活动的自闭，让日本不知所措。所有受访人士，包括日本经济产业省的官员，都指出缺乏新兴企业是造成问题的主要因素之一。由于缺乏独立创业精神和投资者，一个出产了索尼、丰田、本田和任天堂的国家却找不到它们的继任者。日本封闭在一个等级森严、循规蹈矩的文化中，管理阶层老龄化，缺少创新，它的新兴企业数量比以色列还低，而人口数量却是以色列的 15 倍。谦卑、虚心、拒绝野心、拒绝自我的民族价值观似乎明显与敢于冒险的年轻创业者的涌现非常矛盾。

然而，尽管新兴企业发展困难，日本仍拥有强大的互联网集团。一些行业巨头，如电子商务领域的乐天株式会社，招聘与在线旅游领域的招募（Recruit）集团，都达到了临界规模。这些大型企业基本没有鼓励小企业主的打算——这样就要抵押自己的未来，它们将触角伸向了全世界。乐天已经收购了韩国、中国台湾和英国的多家网站，以及法国的价格大臣（PriceMinister）网站。同时，这个日本网站非常独特，几乎是全封闭的，这一点一直让外国人很惊讶，因为日本既没有壁垒又没有审查。当我在东京银座的著名品牌资生堂全球总部与其总裁福原义春（Yoshiharu Fukuhara）（资生堂由他的祖父创立）一起午餐时，他带着善意的嘲讽，微笑着向我解释："在日本，我们试着保留一个日本的身份，我们不能丢失我们的独特性而存在。我们非常喜欢彼此生活在安详与和平之中。从某种意义上说，我们拥有一个属于自己的网站，仅仅属于我们。"他用日文讲，他的助理负责翻译。福原义春也提到了资生堂网站（shishedo. co. jp），他说："资生堂的网站忠实于我们的身份。在日本，这是一个十足的日本网站，它再次确立了我们品牌的日本身份，这就是我的策略。通过我们的美容产品顾问，这个网站可以让我们与日本客户保持一种特殊的对话。当然，我们也有其他语言的网站，以便于更开放地面对世界。"资生堂和乐天一样，都是环球集团。

雅虎日本是另一个有趣的例子。在日本，雅虎最初是一个美国化了的门户网站，就像其他国家的雅虎一样。网站一直由美国管理，直到雅虎日本创立。在日本子公司成立的时候，雅虎选中一家日本移动电话运营商软银公司，与其成立合资企业，软银公司注入了35%的资本。投资方的首要目标就是要使雅虎日本化，这样才能让日本大众迅速接纳雅虎。从此以后，雅虎日本与其他地区的雅虎网站相比，就显得非常独特，在日本，它超过了谷歌，这个现象越来越少了。一位创意产业的专家斯蒂芬·查普伊斯（Stéphane Chapuis）向我解释："日本人继续以一种有点闭关自守的方式生活在互联网世界中，他们缩在自己的市场里，因为这个市场已经可以很好地满足他们的需求了，他们的互联网太封闭，太反全球化了！与日本相反，韩国的互联网总是向亚洲开放的。”

即使一些纯美国的网站如脸书和推特，也不得不考虑本土化和特殊用户习惯。相对于其他国家地区，脸书在日本的渗透率是非常低的，由于日本人性格含蓄内敛，平均而言，他们的朋友数量要少于其他国家和地区。这个结果也可以通过本土最大的社交网站 Mixi 来解释。Mixi 类似于日本的脸书，拥有 1,500 万个本土用户（他们也用它来分享音乐和文化）。最近几个月，脸书已经开始追赶上 Mixi，截止到 2012 年底，脸书已拥有 2,200 万注册用户，美国从此超过了 Mixi。至于在日本非常流行的推特，它真正的发展是在福岛灾难以后，因为美国社交网络是没有因地震中断的传媒设施之一。

一家名叫语言翻译（Gengo）的日本翻译网站的发言人山田肯（Ken Yamada）告诉我说：“在社交网络上，评论数得以几十亿来计，因为日本有一个传统，如果一个人发了一条信息，大家觉得必须去点赞或回复。这在家庭或企业里，是很正常的互动，这也是一种家长制社会和等级制社会的标志。”

有两项软件革新也值得提及，因为它们的影响力实在是太大了。第一个是尼科动画，日本人自己的优图播，可以唱卡拉 OK，可以自己往视频里加文字；第二个是应用软件“连我”（Line），智能手机之间可以用它进行即时语音聊天。在亚洲，连我的用户已经突破了 3.5 亿。著名日报《朝日新闻》的记者吉田顺子（Junko Yoshida）告诉我说：“连我带动了整个市场往上走，无论是社交网络还是社交游戏。”［连我由韩国企业诺瓦（Naver）的日本子公司 NHN 日本开发，目前在全世界发展势头很猛］。总的来说，日本在应用软件市场是走在前列的：

在谷歌商店和苹果商店下载应用程序方面，日本是位列世界第一，排在美国和韩国前面，特别是移动设备的游戏软件下载；在手机上看电子书，日本也是排在第一位的。

最后，在音乐消费方面，日本也有其特点。日本人比其他国家更喜欢在手机上听音乐，他们大量购买单曲。在这么一个50%网站流量都被手机吸走，所有网站都有手机版的国家，创意产业未来的一部分将与智能手机共舞。

我们可以做一个假设：与数字时代其他内容产业相反——也与本书论点相反——，电子游戏的发展趋势将会继续全球化。这是数字内容“疆域化”本质中的一个例外，或许这也是日本在这个领域弱小的深层原因之一。

因此，这个特殊的创意产业目前的变化可以打开新的篇章。一方面，电子游戏软件今后都可以从网上下载或者存在流媒体模式，实体电子游戏商店注定消失，它们在其他个人电脑与苹果个人电脑之间的不同也将淡化。另外，网飞和声破天的包月模式将在电子游戏产业得到发展（这已经是线上游戏“多人作战模式”的核心，例如暴雪娱乐公司的《魔兽世界》）。我们也可能认为，一度是关键媒介的电子游戏经销商，在数字化时代将变得没有用处，因为这个时代将是虚拟发行平台的天下，例如苹果商店、谷歌商店、亚马逊，尤其是斯蒂姆（Steam，一个数字游戏社交平台）——都是美国公司。家用游戏机的软件市场将继续衰退，2008年，家用电子游戏软件的市场份额约占60%，而2013年则降到了不足40%，中期预测将在30%以下。随着智能手机、互联网流媒体和云端游戏质量的改进，家用游戏机的体验将失去它的吸引力。移动社交网络将取得一部分市场份额（脸书超过15%的营业额与电子游戏有关）。

不利的发展趋势，昂贵的游戏主机价格（在这些游戏机上，我们甚至不能玩老版本的游戏），以及在苹果商店时代没有提供足够适用于游戏机的游戏软件，种种因素导致日本目前的电子游戏市场模式和生产系统变得很脆弱。在整个行业发生根本性变化之前，第八代新型游戏机主机可能是家用游戏机的最后一代了。长远来看，在创意产业范畴内，电子游戏不再以一个产品的形式存在，而将以服务、内容和流量的形式存在。

在游戏生产和发行领域，这个转变为非美国电子游戏和独立公司打开了新的发展空间。电子游戏市场可能会像智能手机市场那样，呈现出多样化态势。我们甚至可以看到围绕特定内容的市场发展。越来越细化，越来越多本土化［Gree 推出的手机游戏和手游开发商工和在线（Gungho Online）就能说明这一点］。但是电子游戏产业整体仍然还是非常美国化的，因为开发电子游戏的成本非常之高，动辄数千万美元，再者，美国人在这个领域确实技术出众，在全球市场处于领先主导地位。索尼电脑娱乐制作公司负责人吉田修平对于日本市场的未来还是乐观的，他在东京向我宣称：“我们还没有发挥出最佳水平，日本市场发展的劲头在后面呢！”

第十二章 欧盟

在“新”的亚历山大图书馆高达32米、蔚为壮观的拱穹上，刻有由不同字母组成的4,200个字。可惜，现在这是一个只对一种语言感兴趣的图书馆！

这个浩大的工程是在2002年才开始动工的，它的目标是再创亚历山大图书馆的辉煌。亚历山大图书馆曾经是举世闻名的古代文化中心，是亚历山大城各项最高成就的代表之一。它曾被战火吞没，后来又被重建，又屡遭摧毁。根据历史学家们的说法，除非是由于地震，图书馆应该主要是被罗马军队摧毁的，但是也有科普特东正教徒、基督教徒和穆斯林教徒的破坏。

如今，这座新建的亚历山大图书馆耸立在图书馆的旧址上，位于埃及第二大城市亚历山大，俯瞰着地中海。图书馆旧址可能就位于新址方圆100米左右的位置，但是没有一个考古挖掘能够证明它的确切位置。我们应该将图书馆的重建归功于一座托米勒王朝的雕塑，它是1995年在亚历山大港被发现的。现在，这座高13米、重63吨的雕塑就耸立在图书馆的入口处（但是非宗教人士看到雕像被遮盖住的下体都很惊讶，似乎这个古代的裸体雕像不能被当代激进的伊斯兰信徒所接受）。亚历山大图书馆馆长伊斯梅尔·塞莱吉尔丁（Ismail Seragel-din）直率地讲："这是一个男人！是一个法老。上身裸露，但是的的确确是一个男性雕像！"

我们通过一个玻璃引桥进入到图书馆，里面有好几个博物馆、一个会议中心和一个天文馆，图书馆建设项目发言人施里恩·伽法尔（Shrine Gaafar）说，特别是还有一个"可以同时容纳2,000人，上下11层的阅览室"。图书馆可以存放800万册藏书，目前只有150万册（涉及80种语言），因为图书馆建设项目的发展受到了阻滞。

首先是因为资金不足，也没有人牵头。埃及政府既没有资金也没有政治意图去落实一个美好的愿景，善始善终。图书馆与穆巴拉克政权关系太过紧密（他的妻子是图书馆董事会主席），在2011年埃及革命期间又再次受到被摧毁的威胁，且遭到不同形式的政治审查或道德审查的批判，亚历山大图书馆并没有达到它原先野心勃勃想要到达的高度。尤其是随着数字科技的发展，这个重建图书馆项目失去了它的意义。在一个数字技术可以整合一切书籍资源的时代，欲将所有的纸质书籍集中到一个单独的地方又有何用呢？如今维基百科所有语言的版本都已存在，创造一个新的百科全书宫殿又有何益处？伊斯梅尔·塞莱吉尔丁用一口流利的法语说："这个项目的初衷是尽可能多地搜集图书，但这在数字时代已经没什么意义了。如今，我们已经不再需要纸质书籍，所以图书馆最重要的功能是充当图书管理人的角色，为读者对书籍进行选择。"

新亚历山大图书馆这一创举独特而新颖，但它很快就面临与一些无论是资金支持还是技术支持都较之更强的图书馆竞争的处境。因此，在参与世界数字图书馆建设（wdl. org）的项目上，它是比不过由联合国教科文组织和谷歌支持的美国和欧洲伙伴的，在世界数字图书馆项目中，它只不过扮演了一个不重要的角色。新亚历山大图书馆试图重新进行自我定位，成为互联网储存器，将所有出现在互联网上的内容进行永久存档。然而，1996 年创立于旧金山的互联网档案馆项目（archive. org）却将之边缘化了；因为阿拉伯语，它才在其中扮演了一个附属的角色，且最终于 2007 年停止了互联网存档的工作。与今天一些由哈佛大学承担的大型数字项目、美国国会图书馆、欧洲数字图书馆或者谷歌图书馆相比较，亚历山大图书馆已是非常落后了！在参观阅览室时，我只看到十来个读者，这可是一天可以容纳 2,000 人的阅览室！

但在地下四层的数字实验室，工作人员正在忙碌着。实验室副主任哈莎·莎班达尔（Hasha Shabandar）没有戴面纱——和这里大部分的女性一样——，她向我描述了古旧书籍数字化的过程："对于一本手抄本原件，我们首先将之扫描成图片格式，然后转化为文本格式，以便于修改。所有程序都是自动化的，但是在图片格式向文本格式转化的过程中，会出现许多错误，在这里你所看到的工作人员都是在纠正这些错误，一个字一个字地纠正。"这道程序完成后，被扫描和被修改过的手抄本文档将再次被转换成图片格式——免费的 DjVU 格式（PDF 的同类），这个格式可以将图片进一步压缩，同时还提供复制和搜索功能。莎班达尔想给我展示一下文本效果，但是那天计算机系统出故障了，由于缺乏能使用的电脑，给我示演的计划只能作罢。莎班达尔表达了歉意，她的同事们则更加客气；但是随后他们中的一员私下告诉我，这里的电脑经常出故障。实验室的墙壁上，挂着一个镶有古兰经经文的画框。

新亚历山大图书馆数字部负责人之一——玛莉亚姆·纳圭·爱德华（Mariam Nagui Edward）不经意中向我透露说：“我们的工作任务已经逐步改变，不再试图搜集所有语言的所有书籍，将它们存档到互联网上，而是退而求其次，仅仅专注于阿拉伯语书籍的搜集归档，这是我们今后的目标。我们将努力增加阿拉伯语在互联网所占的比重，保护好阿拉伯世界互联网的记忆。我们想成为互联网阿拉伯语内容的赞助者。”从民族主义的观点来看，这是泛阿拉伯主义的观念，原本一个多元文化的项目结果变成了单一语种项目！

虽然图书馆雄心勃勃的抱负缩小了，但困难还是一直存在的。将阿拉伯语文档数字化不像我们想的那么容易。尽管标准阿拉伯语《古兰经》只有一本，但是阿拉伯世界的语言种类繁多。在好几个穆斯林国家，阿拉伯语地方方言占据主要地位，尚且不说柏柏尔语和库尔德语。图书馆馆长塞莱吉尔丁确认说：“用埃及方言书写的书籍只占我们保存文档的13%。”说到阿拉伯语的丰富多样性，她滔滔不绝。此外，视频在互联网上越来越主流了，如果不考虑关键的语言差异，想要保存阿拉伯语互联网内容很困难。甚至在它的标准书写形式方面，就有无穷无尽的问题。玛莉亚姆·纳圭接着说：“当我们对一个阿拉伯文字符构成的词做数字化研究的时候，我们发现这比将拉丁文数字化要难得多。”她认为字母的书写方式非常多样化，写字的人不同，字母与字母之间的连写方式也大大不同，而且标在字母上或字母下的点和符号更没有统一性；因此用于录入文字或用于查询词句的软件会将字母上面或下面的符号当作“干扰”，而忽略了它们，这就可能会搞错（在数字化过程中，我们将手抄本上不予录入的斑点和污渍称为

"干扰")。玛莉亚姆·纳圭保证道:"我们用这个软件好多年了,多亏了大量的数字化工作,我们得以一点点改进它。如今,在阿拉伯语搜索上,它的准确率已达到99.8%。"接着她又补充说:"要达到100%的准确率是不可能的。"(人们运用的技术叫作光学字符识别,也被称作OCR,类似适用于阿拉伯语的软件Sakhr或Novoverus)。

另外一个发展是,新亚历山大图书馆决定从今以后专门研究埃及史。图书馆拥有关于纳赛尔和萨达特的重要藏书,这是关于苏伊士运河的唯一珍贵档案;此外,将开罗国家档案馆的资料数字化也是图书馆的一项任务;同时他们也对与穆巴拉克垮台相关的文档进行保存。这些珍贵的历史见证物给我留下了深刻的印象,所有关于2011年埃及革命的文章、推文、脸书网页,以及所有上传到弗里卡尔(雅虎旗下图片分享网络)、皮卡萨(Picasa)(谷歌免费图片管理工具)和因斯特格拉姆上的照片从此都可以在鼠标移动的方寸间被存留了!玛莉亚姆·纳圭高兴地说:"总共有超过3,000万份文件与(2011年埃及)革命相关。"也许,亚历山大图书馆最终找到了它的使命。

互联网上的语言之争刚刚拉开帷幕!在我走访调查过的国家,我注意到只要一涉及数字化的问题,语言论题就常常引起争论。在墨西哥、魁北克、中国、印度、巴西和俄罗斯,大家以多元化或民族主义的辩论方法,对于国家语言还是用地方方言有无数争论。千夫所指的唯一的敌人:"全球语"的美国人。

"全球语"(globish)这个词是由一个在IBM工作的法国人发明的。这个词是个贬义词,指的是地球人或多或少都会讲一点的全球化了的美语，和传统英语相比，它显得极其贫乏。它不是一种语言，仅仅是功利主义的美语。英国人是最先对此予以嘲讽的人，他们喜欢骄傲地引用英国作家奥斯卡·王尔德的一句话："如今，我们真的什么都和美国人一样了，当然，除了语言不同之外。"

深究的话，"全球语"可不只一种。它自己也被划分为好几种"蹩脚英语"（broken English）：在新加坡，是"新加坡式英语"；在美国的西班牙语区，是"西班牙式英语"；在中国，是"中国式英语"；在印度的泰米尔语区，是"泰米尔式英语"。

然而我们不可否认，在全球化和互联网普及的双重作用下，英语得到了快速发展。根据现有的研究报告（其中包括法语国家国际组织出版的报告，应该不可能被指责有亲美倾向），英语实际上已经成为网络通用语。在我看来，它已经成为网络默认语言，如同我们所说的互联网默认浏览器。英语以它特有的方式，成为互联网的主流语言，一种实用的、用户友好的语言，唯一一种供不同母语的人交流使用的共同语（包括欧盟内部也在使用）。此外，互联网上其他多种语言极其低微的使用率，也是说明英语成为主流语言的另一个重要数据。

然而，这一切并不能说明互联网将日趋语言的统一化。恰恰相反，如果英语是唯一一种可以让说不同语言的人士进行沟通的语言（尽管标准阿拉伯语、汉语、俄语和法语也可以充当这个角色），绝大多数网民还是愿意用他们的母语访问网站和在线交流。全球化的美国网站确实存在，而且访问者人数很多，但从世界范围来讲，他们只占全球网民的一小部分。脸书显然是美国的，但它的用户绝大多数时候使用母语，而不是英语，维基百科的用户情况也是如此。我们可以想象，随着成千上万不讲英语的互联网新用户的涌入，这种趋势在未来将会得到增强。

维基百科的全球总部位于旧金山市中心新蒙哥马利街一栋不太引人注目的建筑里，外部没有任何指示牌。我比约定的时间稍微早到了一点，碰到一个满脸皱纹的保安，他热情地拍着我的肩膀说："我下午六点就走了，如果您晚来一会儿，就得吃闭门羹了，但是您可以在这里等。"在我上位于七楼的维基百科总部之前，我们在一起待了一会儿，他看上去非常开心。

作为全球十大访问量最高的网站之一的公司总部在一个非常低调的地方办公，从外面看不出一点富贵的痕迹。在电梯里，没有广告牌，在前台，没有查询来访者身份的程序。尽管维基百科每个月有 190 亿的网页访问量，但它没有像脸书一样将数量庞大的工程师汇聚在一起，街上也没有像推特那样的巨大的霓虹灯广告牌，它的总部位于市场街，离这里仅仅几个街区。维基百科是一部网络百科全书，并没有正式地被某一个人所控制，如果非要说由谁控制，那就是被它的成员所控制。维基百科由维基媒体基金会负责管理，基金会的职能仅限于处理法律纷争和技术问题，而网页的内容则依照复杂的程序交由网民自由辩论。每个国家的维基百科网站都是独立的。维基媒体基金会发言人马修·罗思（Matthew Roth）指出："实际上，我们的运作基本上不是以国家来划分，而是以语言来划分的。围绕这个话题，曾经有一个非常激烈的争论，最终网民决定了以语言来划分，而不是以地理来划分。"他很和蔼，不带有硅谷普遍存在的保密文化意识，非常专业地回答我的问题，且给出了所有我需要的数据。然而我似乎觉得他的成功应该有点超过了他正在向我做的描述。同样，我也被维基百科创始人吉米·威尔士（Jimmy Wales）的大胆或者说疯狂所震撼。威尔士现在生活在伦敦，他将赌注押在一个集体的百科全书上，将少部分管理权交给大众用户，大部分运营事务则由维基管理员负责管理，他赌维基百科不会陷于混乱。

他赢了！如今，维基百科拥有 270 万篇可以自由使用（依据知识共享协议）的文章，人类从来没有一个百科全书达到如此之大的规模和反应度！它的破坏作用也很彻底，仅用了几年时间就淘汰了几乎所有现存的百科全书，甚至创造了一个专门“纠正大不列颠百科全书的错误”的维基百科。

维基百科如今已有 287 种语言的版本。罗思补充说：“英语是我们的第一语言，但是同时也是少数人使用的语言。”他说话就如同维基百科基本准则所说的那样，“以中立的观点”（维基行话叫作“NPOV”，Neutral Point of View）表述事情。维基百科大约有 440 万篇英语文章（所有讲英语的国家都包含在内），远远超过德语和荷兰语（各占 160 万篇），以及法语（140 万篇），还有西班牙语、意大利语和俄语（大约各占 100 万篇）。

维基百科所用语言的数量可以说非常惊人。一些地区语言如布列塔尼语、奥克语或科西嘉语，一些美洲的印第安语如切洛基族语或者夏安族语，一些少数民族的语言如卡拜尔语或者巴巴儿语，当然还有数不清的地方方言，甚至世界语，都在这个百科全书里真实存在着，拥有成千上万的词条和读者。罗思指出：“一些地方主义群体，因为他们的语言使用者很稀少，所以反而更多地在维基百科上运用他们的地方语言。”他指出这个现象的同时，也注意避免对这些少数群体现像进行任何价值观的判断那样；他也知道，相对于如今世界上存在的 6,000 种语言，维基百科可以使用的 287 种语言版本只是一个非常微小的数字。

印度互联网和社会中心负责人尼尚特·山姆（Nishant Sham）赞同这个评定。我在班加罗尔采访了山姆，他告诉我："据我观察，在印度，维基百科越来越多地被翻译成地区语言或地方方言。然而，我们是一个拥有22种官方语言和超过1,600种地方语言的国家。互联网地方化是一个非常有意思的发展趋势。"维基百科的葡萄牙版本也发展得非常好，巴西门户网站环球在线的发言人雷吉斯·安达库在圣保罗向我证实："维基百科在这里飞速发展壮大，主要是受惠于巴西人，而不是葡萄牙人，因为葡萄牙语是这里的第一大语言。"

马修·罗思非常高兴看到维基百科这种全球性的活力，他说："我们的维基百科事业才刚刚开始，但我们却已经帮助一些没有百科全书的国家运用维基词典，第一次编写他们自己的历史。"在旧金山维基媒体基金会总部，我观察到每个会议室都以一个著名的百科全书作者来命名，这些作者来自世界五大洲。

总而言之，互联网上语种的存在情况常常是与它们的使用者数量相关的。除了英语因为其自身的特殊性，使用者数量占互联网用户的27%（包括所有网站）之外，目前在互联网世界，主要有十来种语言被广泛使用。按照语言使用者人数来计算，2011年，汉语占25%，西班牙语占8%，日语占5%，葡萄牙语和德语各占4%，阿拉伯语、法语和俄语各占3%，韩语占2%。（印地语使用者数量很低，因为在印度，互联网用户往往使用英语。然而由于印度、巴基斯坦和印度尼西亚的国家发展状况，使用人数较多的孟加拉语、乌尔都语和马来语所占的比例也很小；随着互联网的普及和智能手机使用率的提升，这些数据可能会迅速变化。）

相反，如果我们按照网站选择使用的语言来计算，55% 的网站还是倾向于它们的主页使用英语，这个比例远远超过其他语种，接下来按照网站所使用语种比例来排列：俄语占 6%，西班牙语和德语各占 5%，汉语、法语和日语各占 4%，阿拉伯语 3%，葡萄牙语和波兰语各占 2%，意大利语 1.5%，土耳其语、荷兰语和波斯语各占 1%（在此重申，一些偏差可能会影响统计数据的准确性，首先，这份 2013 年的统计结果是仅仅以网站主页为参照的。）

Ñ

墨西哥特莱维亚集团副总裁曼纽尔·吉拉尔迪（Manuel Gilardi）兴奋地说："字母'ñ'只存在于西班牙语中！"但是他马上又补充道："问题是，在互联网上，这个字母不存在。"

这个字母甚至差点绝迹！20 世纪 90 年代初，一场关于这个字母的争论如火如荼，激烈程度可与争论是否禁止斗牛相提并论。争论的中心是，在计算机时代，字母"ñ"是否将要消亡。电脑制造领域对于这个西班牙语特有的标志性字母是不公平的，流水线生产的键盘上没有著名的"ñ"。当欧盟于 1991 年 5 月正式命令西班牙政府取消阻止在西班牙销售不带字母"ñ"的键盘的新法律条文时，争论变得更加激烈。在欧盟看来，这些新的法律条文是一种变相的保护主义，意图庇护地方计算机产业和阻止自由竞争；但是这在西班牙人看来，却是一个更关乎归属感的问题。"欧盟这个决定的后果是显而易见的，在所有的技术载体上，'España'都会变成'Espanya'。"汤姆·C. 阿凡达诺（Tom C. Avendaño）向我解释。阿凡达诺是西班牙《国家报》（*El País*）电子版年轻的专栏记者，也是一位著名的博客作者，我与他相识于马德里。对于欧盟的要求，西班牙政府的官方回应没有迟疑，就在欧盟发出命令的第二天，西班牙政府宣称拒绝执行。牺牲字母“ñ”是不可能的！西班牙宁愿失去它的王国也不愿意失去“ñ”！

这个争论一度恢复平静，但随着互联网的发展，几年后又再度浮出水面。一些知识分子，其中包括诺贝尔奖获得者、秘鲁作家马里奥·巴尔加斯·略萨（Mario Vargas Llosa），为了保护有可能在互联网上消失的字母“ñ”，组织了一个街头抗议活动。西班牙语言学家拉扎罗·卡莱特（Lazaro Carreter）甚至发表了郑重声明，建议西班牙宁可离开欧盟，也不要放弃字母“ñ”。非常幸运的是，通过谈判，大家找到了一个解决方案，不久之后计算机系统适应容纳了所有特殊字符，包括字母“ñ”。汤姆·C. 阿凡达诺总结道：“这个小故事有点荒谬，但是却意味深长，它体现了西班牙人惧怕全球化更甚于惧怕互联网。总而言之，这是一段美丽的往事。”他建议我不要忘了写他姓氏里的字母“ñ”。

曼纽尔·吉拉迪强调说：“在互联网上，字母‘ñ’继续缺席。”墨西哥特莱维萨集团是世界上最大的西班牙语电台，总部位于墨西哥。曼纽尔·吉拉迪是这家墨西哥最大媒体集团的数字产业负责人，他用幻灯片向我展示了未来10年至20年西班牙语使用人数的预测，数字非常令人惊讶。西班牙语使用者的版图包括几乎所有拉丁美洲国家（巴西除外），当然还有加勒比海、西班牙、赤道几内亚、西撒哈拉沙漠、摩洛哥北部（丹吉尔周边），尤其在美国，说西班牙语的人数飞速增长。此外，特莱维亚集团的竞争对手——美国有线限电视新闻网（CNN），在其拉美版本的N上面安了一个波形号——CÑN。这是有象征意义的。

据估计，大概有5,300万讲西班牙语的人生活在美国，主要是墨西哥人，人数超过3,200万，此外，有500万波多黎各人，200万古巴人，170万萨尔瓦多人，150万多明尼加人，100万危地马拉人，还有大约100万哥伦比亚人。这些数据只是居住在美国的讲西班牙语的合法居民，如果我们把没有合法居留证件的西班牙语使用者也计算在内的话，那么还要再加上1,000万至1,500万人（非法居留的西班牙语使用者大多数是墨西哥人）。

曼纽尔·吉拉迪解释说："如今有了互联网，到处都可以收看到我们的频道。但是我们的理想既不是仅仅局限于墨西哥，也不是征服全世界。我们只想连接所有讲西班牙语的人。"因此，这家强大的墨西哥传媒集团的首要目标在于吸引美国讲西班牙的人，曼纽尔·吉拉迪称之为"USH"（US Hispanic）。

联视网（Univison）媒体集团（拥有美国第一大西班牙语门户网站univison.com）的前任负责人伯特·梅迪娜（Bert Medina）说："如今在美国，西班牙语电视节目市场正以两位数的速度增长。"她列在担任迈阿密主流美国西语电台之一——WPLG TV（隶属于美国广播公司）的总经理。WPLG TV拥有两个网络电视频道——MeTV和Live Well，以及多家网站和移动应用程序。联视网总部也设在佛罗里达，是专门面向拉美人群的电视媒体界的领头羊，它与墨西哥特莱维萨集团建立了独家合作关系（墨西哥电视有限公司占有其少数资本），同时保持着自身的独立性。梅迪娜补充说："联视网绝大多数节目和所有最佳时段都是重播墨西哥特莱维萨集团的电视剧。"

为了紧跟数字革命的潮流，联视网刚刚推出了联视视频（UVideos)，这个平台提供在线视频、在线音乐，还有网络连续剧，也就是原创的微电视剧；其资金来源于广告客户，如今在线视频广告增速很快（2012年，美国在线视频广告市场估值约30亿美元，根据预测，到2014年，它将以40%的增长率递增，达到至少40亿美元）。在内容方面，联视网开始制作自己的互联网内容，推广它的电视剧。根据尼尔森的市场调研，美国的西班牙语使用者拥有很强的购买力，呈强劲上升趋势，他们当中70%的人拥有一部智能手机；他们也是很大的电子游戏消费群体（更多地是玩在线游戏），平均计算，西班牙语使用群体中玩游戏的人数是非西班牙语社会的1.5倍。面对如此诱人的市场，联视网是不可能置身事外的。

如果只需将电视剧投放到互联网，那么对于这个处于领军地位的拉美电台来说，变革是很容易的。但是联视网在投资互联网时遇到了两个问题，这两个问题将它的矛盾性暴露了出来：

第一，人口构成问题。由于主要业务来源于墨西哥特莱维萨集团出品的电视剧，联视网继续吸引着美国墨西哥裔群体，然而其他一些少数拉美裔群体却开始对之厌倦了（最开始是波多黎各裔和古巴裔）。互联网上提供西班牙语内容的电台很多，联视网已经失去了其垄断地位。它在美国本土的主要竞争对手德莱门多电视台（Telemundo，美国一家西班牙语电视台），是美国国家广播环球公司在美国所拥有的西班牙语电视台，已经迅速进入了市场第一线，大幅增加了在数字领域的投入。德莱门多电视台已经投入运营一个名为mun2. tv的网络电台，同时还有一个专门针对西班牙语使用者中的年轻游戏玩家的网站。

第二，文化问题。西班牙裔，尤其是出生在美国的新生代们，越来越趋向于寻找关于他们自身现实处境，关于他们自己国家——美国的节目。他们希望电视剧能够探讨反西班牙语裔种族歧视问题、糖尿病或者肥胖症、过高的大学注册费、非法移民，甚至西班牙裔移民和本地出生的西班牙裔之间的紧张关系问题；他们需要西班牙语歌曲和音乐，但却是由美国人创作的。他们与老一辈西班牙裔群体之间的口语差异越来越多，社会职业的地位差异逐渐显现，饮食、生活方式以及文化都有了分化。渐渐地，美国年轻的西班牙裔喜欢观看英语电视剧和脱口秀，联视网不得不在它的一些节目中打上美语字幕。伯特·梅迪娜强调："随着西班牙裔融入美国社会，电视媒体和互联网将越来越多地使用英语。"

所有这些都是联视视频网站曾经碰到的核心问题——网站有英语版也有西班牙语版。这也是它在 2013 年年底推出一个叫作"融合"（Fusion）的全新有线电视频道的原因，这个电视频道由联视网和美国广播公司/迪斯尼合资建成，目标群体是说英语的拉美裔新生代。它的网站 fusion. net 同时向新生代群体讲述他们的文化、他们的明星偶像，以及与他们有关的新闻。美国其他一些网络巨头也推出了一些面向美国西班牙裔群体的网站，网飞有西班牙语版，葫芦网也有拉美版，哥伦比亚广播集团旗下的互动媒体公司（CBS Interactive）已经为其资讯消费网 CNET 设想了西班牙语版（此外，它正在为其电子游戏网站 GameSpot 制作西班牙语版）。这些例子都说明，语言对于互联网世界非常重要，并且地理因素继续充当一个关键角色。内容产业几乎没有全球化，还是继续扎根于一片领土和一种语言。拉丁美洲的例子证明了空间和语言这两个标准没有化解差异，反而加大了差异。互联网没有消除传统的地理限制和语言限制，反而使它们被认可和接受了。

美国的语言斗争看上去越是复杂，墨西哥的语言斗争看上去就越是简单。在美国，语言斗争的关键问题是人口和文化，在墨西哥，关键问题则是文化和语言。孔苏埃洛·塞扎尔·格雷罗（Consuelo Saizar Guerrero）曾担任墨西哥文化部部长，也是著名作家卡洛斯·富恩特斯、奥克塔维奥·帕斯以及博尔赫斯的出版人，她并不相信在西班牙语方面的共同斗争。我在墨西哥城会见她时，她告诉我她更想要捍卫"墨西哥语"，捍卫它的俚语和它的特殊之处甚于通用的西班牙语。她害怕受到美国的西班牙裔的语言和文化的影响。同时，她提醒我有10%的墨西哥人是不说西班牙语的，墨西哥有50多种土著语言，譬如玛雅语，还有数百种第二语言。她身着白衬衫和黑色套装，中长卷发，圆脸，戴着一个工地用的头盔（在墨西哥城，我们一起参观了一个正在修复中的历史遗迹），她的智能手机从不离手，她不停地玩推特（她有5万名粉丝，共发了2.3万条推文）。在我面前，她用圆珠笔在一张纸上画了两个大大的球形，告诉我："这个是古登堡，那个是苹果，这是书籍史上两个关键的历史事件。"她对这个小小的图示效果很满意，沉默片刻，她补充说，她在思考未来如何拯救正在受到威胁的书籍，出版美丽的西班牙语图书。

墨西哥联邦电信通讯委员会负责人莫尼·德·斯万更加坦率："西班牙语一点都没有受威胁，事实正相反，除非因为特莱维萨集团的电视节目使我们的语言贫乏了！摧毁语言的不是互联网，而是大众传媒。"（德·斯万一直坚持不懈地与墨西哥两大垄断集团作斗争，其中之一就是墨西哥特莱维萨集团，它是墨西哥电视媒体行业占主导地位的企业之一。）

从这个案例中我们看出，并不仅仅只有英语与其他语种有紧张对立的关系，在同一种语言内部，也存在对立紧张关系。互联网将所有语言重新洗牌了。

西里尔字母的互联网

扬得科斯（Яндекс，拉丁字母的拼法是 Yandex）公司总部坐落在莫斯科托尔斯泰大道一栋崭新的大楼里，我留意到这里刻意维持着一种加利福尼亚式的氛围。绿色是主色调，免费的无线宽带，沙拉盆里的水果随意享用，与脸书公司的做法一样。2,000 名员工（公司职工总数是 4,000 名）为俄罗斯的这家搜索引擎公司工作，它是俄语版的谷歌，在俄罗斯国内拥有 60% 的市场占有率。员工可以在公司运动，玩掷箭游戏，甚至像美国黑帮说唱歌手一样在墙上随便涂鸦，内容多是用英语和西里尔语写的著名语录和反正统文化的标语。

“语言是网络的必要因素，互联网的未来依赖语言。”扬得科斯创始人之一叶蕾娜·科马诺夫斯卡娅（Elena Kolmanovskaya）向我解释道。女性在数字行业不算常见，在俄罗斯尤其罕见。她接着说：“公司创办于俄罗斯，我们能够受到多数前苏联国家的普遍欢迎，要归功于西里尔字母。”西里尔字母是扬得科斯的发展动力之一。科马诺夫斯卡娅又给出了另一种解释：“比起美国的搜索引擎谷歌，适用于西里尔字母的算法得出的搜索关联性要大得多。”

扬得科斯只是“Runet”的例子之一。Runet 这个词在俄罗斯很常用，泛指使用俄语的网络，主要是使用西里尔字母的互联网。大多数网站都有一个“. ru”的后缀，来源于俄罗斯的国家名，但也有一些网站使用“. com”做后缀（例如 VK. com，相当于俄罗斯的脸书）。另外两个常见的后缀是“. da”和“. net”，它们和另一个词结合的时候可以构成各种具有含义的文字，是一种文字游戏（俄语中“da”是“是”的意思，“net”是“否”的意思）。

当我们分析国与国之间用西里尔字母进行的内容传输时，发现语言的界线让发送过程变得复杂。对于扬得科斯和俄罗斯其他门户网站而言，事情从来都不简单。在前苏维埃共和国范围内，甚至整个中亚，俄罗斯的影响反反复复。白俄罗斯和哈萨克斯坦从属俄罗斯阵营，它们打算围绕卢布重新创造一种统一的货币，取消关税壁垒，进行统一的网络管理。格鲁吉亚的情况正相反，互联网受其他势力影响，人们试图抵制俄罗斯的影响，抵制俄罗斯制定的标准。至于乌克兰，革命后形势一直不稳定，它的网络也在俄罗斯和欧洲之间摇摆不定。土库曼斯坦、乌兹别克斯坦、塔吉克斯坦、阿塞拜疆和亚美尼亚则以俄罗斯为榜样。这里，由于靠近土耳其和伊朗，这两国的影响力发挥了作用；那里，穆斯林文化带来了另外一些效应；在另外的地方，比如土库曼斯坦，在别尔德穆哈梅多夫（Berdimuhamedow）的领导下，实行简单纯粹的审查模式。“西里尔世界”只有一个字母表，但在互联网上却远未达到统一。在中亚，我们甚至见证了一场俄罗斯、伊朗和土耳其之间的影响力大战，战火漫延到蒙古时，中国也加入到这场区域角逐中。无论在伊斯坦布尔还是德黑兰，莫斯科还是北京，数字游戏的参与者都向我描述了他们的竞争战略，这场软实力的较量在电视剧、音乐和新闻频道展开，今后将主要围绕互联网进行。

Yandex. ru 就很清楚地明白到这一点，如今它要打破语言界线，向外扩展，尤其把土耳其当作重点对象。但它只成功了一半。我参观了扬得科斯莫斯科总部负责土耳其的那一层，惊讶地在那里看到了阿塔图尔克（Ataturk）的照片和土耳其国旗，我觉得自己仿佛置身于安卡拉。“我们选择了一个位于欧洲边缘的市场，在这个国家，谷歌仍占主导，但没有其他厉害的竞争对手。对于我们来说土耳其语比起其他很多语言都更容易懂。当然，在土耳其，扬得科恩就完全是土耳其化的。虽然技术是国际的，但网站是本土的。我们不想像谷歌一样全球化，我们想实现本土化，无论在俄罗斯、土耳其，还是在其他地方，都是本土化的。我们想要实现跨区域的本土化。”叶蕾娜·科马诺夫斯卡娅分析道。在她话语之外透露出俄罗斯在软实力竞争上十分明显的战略关键，就是进驻亚洲的庞大市场——土耳其。

我们的谈话进行至此，科马诺夫斯卡娅站起身来，似乎要结束这次对话，突然她又重新坐下，跟我说起一件轶事。她回忆起在巴黎参加的一次“级别非常高”的欧洲会议，“所有人都在谈论脸书应用程序或推特上的推广工具”。这显然让她很恼火。“在俄罗斯，我们不用这种方式看待互联网，我们不以美国的社交网络为榜样来定位自己。我们想要创造属于自己的脸书和推特，而且我们做到了”。

. quebec

法语国家的人与讲俄语和西班牙语的国家的人没有什么不同：他们也想要自己语言的网站，就是法语网站。当我在蒙特利尔见到作家让-弗朗索瓦·利兹（Jean-François Lisée）时，他就反复向我强调这一点。利兹开了一个捍卫法语的博客，他为英语在互联网上的强势泛滥感到深深的担忧。

我们受蒙特利尔加拿大广播一个主流节目之邀，用法语进行辩论。在节目中，我提请他注意一个有些伤感但确定无疑的事实：英语的优势之一在于，它在法国年轻人眼中是非常“酷”的语言。利兹顿时火冒三丈。他把反对美国文化侵略和反对英语在互联网的主导地位视为己任。我又挑衅地说道："带着浓重的法国、意大利或西班牙口音说英语，在某种程度上也是作为欧洲人的一种方式。"这更让他感到愤怒！但他明白我是在开玩笑，因为他英语讲得十分纯正，而我则带有口音。

我们回顾了法语国家和地区的情况，从澳门到罗马尼亚，从阿根廷到美国的缅因州，这些地方曾经都属法语区，但后来法语逐渐淡出。当我们走出加拿大广播电台，他不再像一个发言人似地侃侃而谈，我向他指出一个现象，比如在黎巴嫩这样一个传统法语国家，面向年轻人的广播和网站既不是阿拉伯语，也不是法语，而是百分百的英语。就连 NRJ Lebanon音乐台和它的网站 nrjclebanon. com 竟然也没有阿拉伯语版本！要找到一个法语网站，只能上 Radio Nostalgie（nostalgie. com. lb），这个网站完全是法语的，没有阿拉伯语，甚至没有英语。让-弗朗索瓦·利兹批判了这种现象，我也深切感受到了他的悲伤。他意识到这个世界范围的变化，但丝毫没有认输的打算，反而更加有斗志，决心投入战斗。刚刚在电台做节目的时候，他把全球美国化的责任归咎于网络，此刻他对我说："网络给了法语第二次机会，要懂得把握。"（我们谈话之后，利兹进入魁北克政府任职，成为负责国际关系、法语推广和对外贸易的部长。）

在蒙特利尔，语言的界线已经悄然将城市一分为二，而互联网的界线更加剧了这种分裂。加拿大热爱网络，在大多数咖啡馆、餐厅和商店，橱窗上都会印着商家的网址。几乎所有场所的无线宽带都是免费的。在城市东部，我观察到店家用的网址是".qc. ca"，而穿过圣罗兰大街来到西部，店铺更多地是用“.ca”。这条著名的街道不露声色又确定无疑地把讲法语的人和讲英语的人分割开来。一侧的居民为自己是魁北克人而感到自豪，另一侧则自认为是加拿大人，应该说英语。“‘.qc’象征着一种身份。”让－弗朗索瓦·利兹对我说。

面对英语在互联网的统治地位，说法语的人联合起来，他们一方面加强互联网法语内容的供应量，一方面为一些象征性的符号而斗争。他们认为一级域名十分重要，因此魁北克人行动起来，推广以“.qc”为后缀的域名，而不仅仅满足于“.qc.ca”，他们对于“.qc”不能脱离“.ca”而单独存在感到十分懊恼。

但加拿大域名管理机构，加拿大互联网域名登记机关（Canadian Internet Registration Authority，简称CIRA，法语是ACEI）不这么认为。这个非营利性组织把“.ca”放在首要位置，并在自己的法语网站上宣称这应该是“加拿大人专属的唯一域名后缀”，它“像加拿大国旗一样具有象征性”。魁北克人对此是赞成的，但加拿大互联网域名登记机关走得更远：它自2010年起禁止使用双重扩展名——在此之前每个省都允许拥有自己的域名后缀。所谓的理由：为了搜索引擎的简化和更好的内容匹配。所以，今后人们不能再注册以“.qc.ca”（魁北克省）结尾或是以“.on.ca”（安大略省）结尾的域名。这个细节引起了魁北克议会的注意，他们对于加拿大互联网域名登记机关单方面的决定反应激烈。目前这个决议并未取得什么成功。

斗争仍在继续。针对专有名词和城市名放开统一的新扩展名的通知让魁北克政府重燃希望。2013年以前，只有24个一级扩展名（“.com”，“.edu”，“.org”）和240个国家扩展名（“.uk”，“.de”，“.it”）。管理域名的美国机构加拿大互联网域名登记机关，在21世纪头前十年间进行了大量的咨询磋商，通过招标，开放了上千个新扩展名。谷歌将拥有自己专属的“. google”，巴黎人将有“. paris”，酒店将有“. hotel”，魁北克人自然也想注册自己的专属扩展名“. quebec”。这是一种巧妙但不见得低调的方式，可以越过加拿大政府只能使用“. ca”的规定。

“我们不会再为‘. qc’而战，甚至不会再为‘. qc. ca’而战，因为现在我们只想要‘. quebec’!”让－菲利普·奇普里亚尼（Jean-Philippe Cipriani）强调说。我在蒙特利尔见到了这位魁北克电视台（Télé Québec）和加拿大广播的记者。实际上站在战斗前线的不是政府，这个要求是一个叫找到魁北克（PointQuebec）（pointquebec. org）的协会在2008年提出来的。这个协会试图“在网络上加强魁北克人对新身份的认同感”，但需要筹集18. 5万美元用来提交申请资料。魁北克众议院支持这项计划，他们首先通过一项决议，随后对加拿大互联网域名登记机关进行了游说活动，最后授予找到魁北克一笔240万加元的贷款。“一个专属网址让魁北克可以在网上凸显自己的身份。在文化和旅游领域，使用这样一个网址也扩大了魁北克在网上的影响力。此外，魁北克网民可以在搜索结果中更加轻易将魁北克公司和法国公司区分开来。”政府的一份公告中这样说道。但语言纯洁主义者仍然不满意。当人们用智能手机输入新域名时，是写“. quebec”，还是“. québec”？选择前一种，就等于背叛了法语；选择后一种，意味着将不说法语的魁北克人边缘化！争论已经有了结果，他们向加拿大互联网域名登记机关申请了两个域名！事情就是这样。

为了平息这场运动，加拿大互联网域名登记机关想要促使讲法语的人接受“. ca”，它一反常态地提议在后缀为“. ca”的域名中使用有重音符号的字母。这是法语特有的而英语不存在的字母：é，è，ñ，à，ç， ë，甚至是 æ。加拿大互联网域名登记机关在自己的网页上推广这项改革："重音改变一切。用法语的重音凸显你的企业。"* 。专家指出，实际上，在".qc.ca"被禁止之前，以此为域名注册的网站数量非常少。很多魁北克人对".ca"心存疑虑，一直以来更习惯使用".com"，".net"，甚至是".fr"。他们会接受".quebec"吗？这是个问题。

还有一个需要解决的问题：在重音字母存在的情况下，搜索引擎和其他网络运营通道能否正常运转。加拿大互联网域名登记机关似乎找到了解决的办法，他们和国际准则达成了一致：含有".ca"的注册域名的各种版本，即使带有不同的法语字母，也会自动被归为一组，不能分开购买。举例说明，谁注册了"cira.ca"这个域名，谁就有唯一的权利拥有其他各种版本，如"cirà.ca"，"çira.ca"，"cîra.ca"等。对于国际搜索引擎，当然只有一个不带重音的"cira"。任何人都可以用自己的方式输入网址，或是按照自己的意愿推广它。就像比利时人不乏幽默地说道："这也不会把刚果还给我们"——是比利时一档著名的广播电视节目——，但这一切还是在法语国家引发了争论。

这些战争表面看起来无关痛痒，隐藏在网络背后的则是一个国家、一个地区和一个团体对于自己身份的认同。这最终的，好消息是：语言在网络环境生存良好。

域名和邮箱地址中重音的使用在全球范围内引起了争论。占主导地位的英语不仅想要把重音拉丁字母排除在网络之外，还有西班牙语

* 这是一个文字游戏，法文中 mettre l'accent 既可以指"加入重音"，也可以是"强调，突出"的意思。——译者注

的“ñ”、波形号、分音符、软音符，俄语、阿拉伯语和希伯来语字母，中国汉字，日语中使用的汉字以及日语的平假名。战争正在继续。维基百科、谷歌，以及拥有上亿用户、使用64种语言的社交网络脸书提供了一个模式。它们的网站拥有多种不同的语言版本，这也许是它们取得全球性成功的原因之一。

为什么互联网开口说外语要等上这么久？除了处于美国影响之下的国际协调机构的意愿——这些事务的管理主要依靠加利福尼亚的一个叫加拿大互联网域名登记机关的机构——，网络上语言的推广也遭遇到现实的技术难题。比如要读出域名中的重音字母，必须等到新一代浏览器推了之后才能实现（Internet Explorer 7.0 以上，Firefox 2.0 以上，Safari 1.2 以上，等等）。互联网未来的变革应该会打破一部分限制。“从技术角度讲，十分复杂，这也牵涉到一个国际协议，我们正在为此努力。现阶段我们可以在域名左边的部分输入重音字母或特殊字母，但在一级后缀中还无法实现。”加拿大互联网域名登记机关主席的特别顾问杰米·赫得兰（Jamie Hedlund）说，我在华盛顿采访了他（一级域名通常指放在“.”右边的部分，也称为顶级域名或TLD）。一般情况下，我们可以写“école. edu”，但不能写“école. édu”。但涉及国家名的时候一级域名也存在例外。

阿拉伯字母让这个问题更加复杂化。不仅要创造出字母，还要能从右到左地读下来，因为埃及是全球首位申请以阿拉伯语的“埃及”为后缀域名的国家（其书写顺序从右到左）。阿尔及利亚从2012年起也正式启用阿拉伯语域名。而之前它一直使用的是“. dz”。这些新域名使互联网强烈地本土化。

至于中文，大量的汉字使这项工作更加困难。即使能够使用拼音、简体字或传统的繁体字（新加坡、中国台湾、中国澳门和中国香港使用，中国澳门和中国香港口语上使用广东话代替普通话），也会出现一些政治上的问题。“在 20 世纪 90 年代数字革命刚刚开始的时候，人们曾经担心需要把汉字全部拉丁化才能上网。但这个问题很快得到解决。有人开发了一个五笔字型软件，能够迅速输入汉字，今天 8 亿人在使用这个软件。”搜狐发言人王子恢在北京接受采访时向我讲述道。搜狐是中国一个主要的门户网站和搜索引擎。

技术上的难题不再是不可战胜的，互联网战场转移到了身份认同、文化和语言领域。在调查期间，我深入中国、俄罗斯、韩国、非洲、伊朗和阿拉伯国家的网吧实地考察，我很好奇，对于一个不懂拉丁字母的人想输入网址究竟有多困难。事实上，近年来不断开发出的小软件可以让用户将母语自动转换成网址。但这仍存在一些局限性，需要更大规模的革新。在新德里，我看到人们使用 Quillpad——一种印度语自动转换器，它喊出的口号十分简单：“因为英语不够用”。

如今，互联网的国际化如火如荼，每年都在诞生非拉丁字母的新域名。“网页地址关于非拉丁字母的问题正在解决。”哈马顿·托雷在日内瓦接受我的采访时说道。他是国际电信联盟（UIT）的秘书长。网络最终应该会说各种语言，统一资源定位符（URL）地址应该可以使用所有主要文字的字母。

“去 Gengo”

在硅谷，改革提前到来。互联网教主和巨头们曾经一直坚信可以将美国化的非物质内容传输到世界各地，然而他们后来发现数字内容无法以这种方式运作。他们应该考虑文化多样性——首先是语言的差异性——，应该适应当地的具体情况。

在硅谷腹地芒廷维尤的谷歌总部大楼里，可汗学院拥有许多漂亮的开放工作间。这些办公室是向谷歌租赁的吗？有人给了我肯定的答案。不管怎样，优图播（谷歌旗下）坐享其成，它为可汗学院提供平台，而这项非营利性质的创意则为它吸引到每月几百万的点击量。“谷歌是我们的赞助人，它的总经理是我们的董事之一，谷歌给我们提供办公场所，我们的视频只在优图播上播出。”敏丽·瓦伊伦（Minli Virdone）承认道，她是可汗学院内容和战略部的经理。在这所独特的学院的入口处，有一个屏幕，上面显示正在进行的练习和被访问的“微课程”的数量：将近500万。数字每一秒都在增加，计数器每天早晨都会清零。

萨尔曼·可汗（Salman Khan）来自美国新奥尔良，父亲是孟加拉人，母亲是印度人，他获得了麻省理工学院和哈佛商学院的多个学位。开办可汗学院的初衷是为了给全世界的孩子提供一个上学的机会。他最初在优图播上发起了一个简短的教学视频节目，如今已经有4,500个视频供免费观看。这些节目帮助人们解决代数问题，理解什么是分数，学习毕达哥拉斯定理，教学之外还自动补充了实战练习题。“我们为了实现免费教育而奋斗，我们的目标只有一个：解决问题。”敏丽·瓦伊伦向我解释道。她用了硅谷电脑专家们常用的一句神奇的惯用语：问题解决者。在列举这个节目的特点时，她说道：“受教育是一项人权，应该是免费的。我们是技术的发起者，是非营利性的，我们没有广告，我们的视频加入了知识共享协议，供人随意使用，我们也不会利用学生的资料进行商业活动。”

可汗学院发言人夏洛特·科尼哲（Charlotte Koeniger）带我参观了

他们的办公场所。五十几位程序员和内容管理员正在快乐地忙碌着。有人做好了蛋糕，放在公共厨房的大餐桌上：今晚和所有周四的晚上一样，是办公室“游戏派对”的时间，这是硅谷的传统之一。

“我们的成功源于个性化。每个学生都是不同的，我们的视频应该适应这种独特性。我们应该在恰当的时间给每位学生提供适合他的内容。我们之所以能做到这一点，要归功于我们的算法，也要归功于30多种不同语言的视频播放。每个学生的主页都是个性化的，我们针对不同的学生给出不同的建议。”敏丽·瓦伊伦高兴地说道。她停顿了一下，视线扫过前方开阔的空间，仿佛看到了未来的旅程。她补充道：“科技让我们可以和每个学生对话，这是一种有针对性的交流。”在每个开展业务的国家，可汗学院都和一所当地的机构或协会签署合作协议，以保证教学内容本土化，并被翻译成当地语言。

势头正劲的慕课（Moocs）也经历着同样的变革。这些大规模的网络开放课程（Massive Online Open Courses）是由大学提供的真正的大学教育课程。慕课在美国发起，有四大课程提供商：艾得克斯（EdX，哈佛和麻省理工联手创建的非营利性在线教学计划）、开放耶鲁（Open Yale，耶鲁大学公开课）、课程时代（加利福尼亚的营利企业，有上百所大学参与其中）和达先（也是营利性质的，总部在旧金山）。

尽管慕课仍在探寻其经济模式，但它迟早会彻底改变大学体系。斯坦福大学的历史教授阿伦·罗德里格也有此预言，他从守着硅谷、位置得天独厚的大学校园看到了高等教育的变革。罗德里格衣着随意，穿一件V领套头衫，之前一直是斯坦福大学历史系的负责人，后来领导人文中心。他不无忧虑地观察到校园里“文科”越来越被“理科”

孤立，教育也越来越依赖技术："今天，在斯坦福，一个老师已经离不开脸书了，他使用社交网络和学生交流。实际上慕课已经开启了'翻转课堂'的新模式，传统的课堂被搬到网络上，学生们不用坐在教室里听课，反正他们在教室里也会上社交网络。他们现在完全可以自己上网学习，而现实的课堂则留给讨论和交换意见。让他们对老师产生关注的唯一方法就是对话。斯坦福大学的传统课堂将会消失。"

慕课的两大平台课程时代和达先都是由斯坦福大学的校友创建的。自从视频病毒产生之后，大学课程会不会有病毒？也许吧，但对于大学而言，这种模式本身就存在问题。"被放在网上的课程属于谁？这是一堂课还是一场演讲？课程资源归大学所有，或者归讲师所有？还是归播放平台所有？类似的问题无穷无尽，尤其是当讲师是外聘雇员时。"斯坦福大学首席技术官布鲁斯·文森特（Bruce Vincent）对此很担忧。他还向我证实，现阶段关于慕课的版权谈判涉及巨额资金。美国高校的管理者无法回避的另一个问题是：既然所有的课程在网上都是免费的，如何要求学生继续支付高额学费？美国高等教育整个生态系统都将受到威胁。"慕课显示出美国大学普遍存在的一个症状：对于大多数家庭来说，学费过于高昂。"克里斯·赛登（Chris Saden）在旧金山接受我的采访时评价道。赛登是慕课主要课程供应者达先公司的员工。

风险和机会都是实实在在的。一些分析人士认为，慕课在终身教育和继续教育领域发挥了关键作用。另一些则认为，慕课通过向世界各地输出课程，确立了美国在高等教育领域的全球霸权。"正因为有了慕课，美国大学才能真正建立世界领导地位。"威廉·米勒预测道。我在硅谷采访了这位斯坦福大学的资深教授。政府部门并不满足于现状：他们刚刚和课程时代签订了一项协议，打算在四十多个国家播放几百个慕课的视频。然而，对100万慕课用户的深入调查显示，不到一半的注册用户观看了第一堂课，学完整个课程的人不到4%。

上述情况都涉及一个语言的问题。“慕课想要有未来，只能适应学生，适应他们的文化和语言。语言，正是差别所在。”山田肯这样预测。

这是一家星巴克，和世界各地其他几千家星巴克没什么不同，仍是都市化的、一成不变的格调。和旧金山其他地方一样，这里无线宽带免费，供应毫无特色的咖啡和高热量的甜点。但山田肯喜欢这个地方。他迷恋拿铁，微笑地看着顾客聚集在电源插头附近为手机充电。这个美籍日本人，在洛杉矶和新加坡长大，曾经是盖璞品牌在东京的网站总监。今天，他成了语言翻译（Gengo，一家位于东京的在线翻译服务公司）的发言人。

公司于2008年在日本启动，随后将主要办公地点迁至圣马特奥的硅谷。山田肯不喜欢在交通上花费时间，习惯把约会定在旧金山市场街附近的星巴克。见面前他给我发短信：“我是一个穿蓝色开衫的亚洲人”，让我能认出他。“如果想要在网络上有所发展，跻身世界前列，就必须待在旧金山。但我的祖国在日本，我好想念她。”山田不久前娶了一位来自匹兹堡的美国姑娘，育有一子，他想让孩子在日本接受教育。“我在家和他讲日语。”他补充了一句，仿佛为了安慰自己。

语言翻译公司的特长就是翻译。区别于谷歌翻译使用统计机器导致得出的结果不够准确，语言翻译公司从一开始就依靠大批的半职业译员在线翻译。每月都有超过1万名译者为这个飞速发展的网站工作。

“优质的翻译不能通过机器完成，应该由人来完成。我们把有翻译需求的人和译者连接起来。”山田肯简单地解释道。谷歌总裁埃里克·施密特最近声称，算法将逐步解决翻译中出现的问题，但语启翻译公司团队持不同看法，硅谷的风险投资者显然也不这么认为：这家新公司刚刚成功筹集到1,000多万美元。

语言翻译现阶段只涉及英语、日语和泰语，它打算增加语种以求得更大的发展。“为了发展壮大，我们应该翻译更多种类的语言，我们将这么做。”译员网上招募，不需任何文凭，候选者通过简短的测试之后，由客户根据翻译质量为他们评分。基础翻译一个词6欧分（0.06美元），商业翻译12欧分，专业人士核对翻译15欧分。“我们的模式就是让复杂的问题简单化。”山田补充说道。他同样使用了硅谷的惯用语。

在旧金山，语启翻译是时下热门的新兴企业，人人都在谈论它。把译员聚集到网上办公的主意固然新奇，但这场骚动持续不断的另外一个原因是：标新立异的经济模式。席卷硅谷另一种模式是首先围绕一个好点子创立一家公司，然后只要寻找商业计划就可以了，语言翻译没有参照这种模式，而是迎合了电子商务网站的迫切需要。在此之前，亚马逊、艾派迪、猫涂鹰（TripAdvisor，全球最大的旅游垂直媒体）、优图播的商业频道，以及日本的乐天都曾苦于商品简介和用户好评的翻译。今后，他们就可以求助于语言翻译的服务。接下来的一步是翻译脸书和推特上的广告信息，增加在全球的潜在影响力。

山田的拿铁马上要喝完了，星巴克里空荡荡的，他用手机确认了下一场约会的时间，他的时间很宝贵。他用日语频频向我道歉，告别的时候，他对我绽开一个大大的微笑：“您知道吗？‘To gengo’已经成了一种动词用法。在旧金山，人们已经开始使用 gengo 代替‘翻译’这个词了。”

欧洲数字拼图

这栋不起眼的大楼叫作“公园站”（Parc Station），坐落在位于布鲁塞尔北部、佛拉芒语城市梅赫伦的郊区迭戈姆的一座商业园区，外表再普通不过。在高速公路和国际机场中间，可以看到相邻的大楼有思科、微软、赛诺菲。进入公园站需要好几道密码和数张门禁卡，人们通常把卡片挂在脖子上，不要搞错电梯，它可不是每层都停。

在欧洲国际域名注册协会（EURid）的门口，我看到了一个公告板，上面写道：“. UE：属于你的欧洲身份”。如果欧洲身份也如同这个没有灵魂的办公地一样，欧盟可得担心了。“在这里，我们管理 . eu’，这就是我们的工作。”协会主席马克·范·维塞梅尔（Marc Van Wesemael）对我说，协会是非营利性质的，负责处理欧洲的互联网域名事务。

自 2005 年成立以来，欧洲国际域名注册协会就处于欧洲委员会的监管之下。通过招标，它获得了十年且可延期的发布网址的特许权。“‘. eu’最初只面向公司、品牌和政府。我们的工作就是批准它们的申请。自 2006 年起，注册向公众开放，业务对象包括定居欧洲的个人。”范·维塞梅尔强调说。时至今日，共有 370 万个“. eu”结尾的域名，比起“. com”（1. 1 亿个）少得多，也不如一些国家结尾的域名，如德国的“. de”和法国的“. fr”。更糟糕的是：自 2012 年起，这个数字就停滞不前。“我们曾经每年增长 10% 到 14%，现在我们下跌了 2% 到 3%。已经达到顶点了。”范·维塞梅尔承认道。

根据姓名和口音，我猜测接待我的东道主是一位说法语的佛拉芒人。“不，我是说荷兰语的比利时人，”他一边微笑一边用纯正的法语纠正我，“我不认为自己是佛拉芒人。政治上，我不赞成分割。我是比利时人，并为此而感到自豪。”欧洲国际域名注册协会的工作人员使用23种欧盟正式的官方语言，它的网站也有这些语言的版本。

“. eu”是欧洲身份的完美诠释吗？还是它脆弱的一个表现？抑或经济视野“开放”的一个征兆？不管怎样，“. eu”这个后缀被称作“国家编码”本身就是一个悖论。另一个悖论是，它属于欧盟成员国专用，但又对挪威和冰岛开放（没有对瑞士开放）。更有趣的是：注册它的多是公司，占65%，个人只占35%。“‘. eu’是一种身份写照和国际标志。与此相比，‘. com’不带有任何身份标记。希望摆脱‘. com’的匿名或远离平庸的人可以选择‘. eu’，以此跨越界线，凸显自己的欧洲身份。但欧洲确实还年轻。”范·维塞梅尔说。他的理由充足，对欧洲的热爱也显得很真诚，但“. eu”这个后缀还未能使欧洲人信服。它也许在某种程度上“跨越了欧洲国家的界线”，但未能体现疆域性。德国人依旧喜欢用带“. de”的域名（注册用户1,500万），英国人喜欢用“. uk”（注册用户100万），荷兰人用“. nl”（注册用户500万），法国人和意大利人用“. fr”和“. it”（注册用户分别是260万）。这就是说欧洲人首先自我认同是居住国的公民，然后才是欧洲人？也许吧。使用“. eu”最多的是德国人，其次是英国人，其他欧洲国家使用的目的多是购买一个补充网址，用来保护自己的品牌，这个网址还是会跳转到它们的主网页。很少有人会真正使用“. eu”网址，并进行宣传。更令人担忧的是：“. eu”的脆弱性也显示出欧洲国家之间交流的匮乏。

透过对后缀“.eu”的漠不关心，欧洲的弊端显现无遗：美好的愿望实现起来困难重重；因为缺乏共同的语言和文化，内部很难真正团结；北方和南方、西欧和东欧、小国和大国、欧盟创始国和欧盟扩大后加入的国家之间，都存在着重要分歧；美国文化趋向于变成欧洲人的共同文化。除此之外，欧洲未能建立起真正有效的数字战略。它曾试图努力规范数据传输，保护公民的私生活，但仅仅是意愿而已。它展开调查，抵制微软（已经成功）、谷歌和苹果（影响有限）的主导地位。目前欧洲打算规范“云”服务，取消国家间手机漫游费用——早该如此了。甚至关于手机充电器型号统一的问题，它也没能在苹果手机上成功！

在电信领域，主要国有运营商的数量比国家还多，鲜有跨国巨头。欧洲已经停止变革，其经济增长预期毫无希望。在搜索引擎行业，谷歌在欧洲28个国家的市场份额达到86%。一些欧洲大型网站甚至难以在欧洲本土立足，只能把业务转向美国（蜜糖网，讯佳普，诺基亚）、俄罗斯（迪哲在俄占据了30%的市场）和亚洲［价格大臣，阿尔法直邮（Alpha Dired Services，一家法国物流企业，已被日本乐天公司收购），超级单体制作公司（Supercell，一家芬兰游戏制作公司）在线市场（Play com，一家英国在线购物网站，已被日本乐天公司收购）］。法国的每日视频和瑞典的声破天会紧随其后吗？欧洲数字战略十分脆弱，网站内容更是如此。如果有人问：“欧洲的数字划分为哪几个方面？”答案并不明朗。

2014年3月，在柏林召开的一次欧洲会议期间，我就这个具体的问题采访了德国首相默克尔。下面是她的答案：“您提出的问题非常关键，我们应该正视这个问题。情况正如您所描述的一样，可能还要更糟糕。我们不再生产路由器和电子部件，我们没有软件程序员，在网络安全领域只有几家小公司，而且它们随时可能被大集团收购。如果我们缺乏顶尖的科技，就无法在制定规则时发挥积极作用，甚至连一点机会都没有。例如，德国人对自己的汽车工业十分骄傲，但如果无法掌握制造汽车的重要软件，这个产业未来如何发展？如果我们不能显示出很大的决心，增长和繁荣只能成为泛泛之谈，未来的财富将会流入处在发展顶峰的地区。我不想过于消极，但我们确实需要更大的决心和十足的务实精神。"

欧洲数字化相对落后的原因：阻塞的欧洲机构和薄弱的政策意愿。伊冯·蒂耶克（Yvon Thiec）居住在布鲁塞尔，是欧洲电影协会（Euro-Cinema）的总代表和电影行业的捍卫者，他对这个问题进行了总结："欧洲议会并不是真正的议会，它越来越像联合国：推进缓慢，技术性低下，极不专业，没有多数派。唯一拥有文本创造权但不行使政府职能的欧洲委员会却越来越像华盛顿：充斥着法学家、技术权利、对立政权和院外压力集团。欧盟理事会则相当于美国的参议院，具有决策权，而如何抉择到头来又回到成员国身上。"结果总是姗姗来迟。积极拥护数据保护的只有一个维维安·雷丁（Viviane Reding）*，但像杰奎因·阿尔穆尼亚（Joaquin Almunia）和卡瑞尔·德古特（Karel de Gucht）一样，在这个问题上过于小心谨慎、甚至圆滑妥协的欧盟委员数不胜数（他们还是负责竞争和贸易方面的）。谷歌在这场较量中毫无可担心的地方，因为欧盟所有的意愿都只是毫无行动的心血来潮。

① 欧盟司法专员。——译者注

逃税？解决之道已经堵死。竞争失调，人为操纵调查结果？谷歌赢得了时间，而欧盟的企业遭受了无法挽回的损失。对私生活的侵犯？被遗忘的权利？限制数据向美国传输？欧盟表现出的只有无能。（有人预测 2012 年欧盟成员国公民的个人数据价值 3, 150 亿美元。）

2014 年初，欧洲议会终于以绝对多数的投票通过数据保护法，但它的采纳和执行还要仰仗下一届委员会和议会的意愿。院外压力集团已经开始积极活动；反对派也随之出现。数据一定属于个人所有还是集体财产？因为网络运营商们提供了免费服务，所以它们使用这些数据就是合法的吗？尽管没人真想要把这些数据重新定位到各个国家，但一些人认为它们至少应该是专属欧盟 28 国范围内的。“与其把数据重新划归到欧盟范围内，架设连接巴西和欧洲的海底光缆，绕过美国，才是更好的策略。这样做更聪明，也更狡猾。”瑞恩 · 希思（Ryan Heath）说道。希恩是欧盟数字议程专员尼莉 · 克罗斯（Neelie Kroes）的发言人。

欧盟委员会主席巴罗佐（José Manuel Barroso）（2012 年至 2014 年，我在布鲁塞尔、华沙和柏林多次采访过他）坚决赞成委员会应该“加强欧洲的身份认同，书写欧洲新故事”。他认为欧洲不应该对全球化和数字化持恐惧态度，他说：“欧洲应该加入到世界的交流和互通中，不能闭关自守，也不应陷入抵制全球化的情绪之中。”巴罗佐主席态度坚定，他揭露说“民粹主义和排外心理这些旧时沉睡的魔鬼有苏醒的迹象”；他支持“开放的精神”，反对“欧洲沙文主义”，希望“推倒围墙，架设桥梁”。他对我说：“欧洲有技术人才、创造力和知识，我们能够成为技术行业的领导者。我们应该扪心自问，我们有那么多人才都流向美国，我们为什么会到这个地步？既然我们可以在其他行业领先，为什么不能领导数字行业？”巴罗佐最后以肯定而非建议的口吻说：“如果欧洲失去技术领先和创新能力，这将会影响到经济的各个部门和各个产业，而不只是数字行业。”虽然适时注意到了这一点，但面对美国互联网巨头，欧洲如何旗鼓相当地应对？如果无法解决美国的统治地位，如何保证制订公平的游戏规则？

欧洲委员会的首要任务就是执行“数字化议程”，这个议程围绕着高速流量、“唯一数字市场的建立”（到2015年）、“数字素质”和“电子外交”展开。但另一方面，欧盟又拒绝帮助数字内容生产商和制定必要的产业政策。组建属于欧洲本土的互联网捍卫者也不在它的优先考虑范围内。更危险的是，委员会竟然主张“和谐化”欧洲的著作权，反对者认为，这项主张对美国的版权模式有利，侵犯了艺术家的“道德权益”，降低了对创作者的保护。“如果他们想帮助声破天、迪哲和每日视频，他们必须和28个国家谈判，分别获得每个国家的版权许可。”瑞恩·希思在布鲁塞尔接受我的采访时说。此外，欧洲委员会主张创意产业实现大规模“现代化”，中期目标是限制国家文化产品的配额，取缔“私人盗版”设备的销售，扭转对电影业和其他“过时”之物投资减少的局面。卢森堡和爱尔兰实际上变成了向欧洲输入文化的门户。“更多的和谐化没有坏处，一些文化特例也将提上日程。”欧洲委员会媒体与内容融合议题的负责人罗瑞娜·博伊克斯·阿隆索（Lorena Boix Alonso）这样评论道。听过巴罗佐主席和他的委员们的谈话后，我发现对于他们来说，“调控”这个词成了一个粗鲁的字眼。

税收也同样成为敏感地带，因为28个成员国很难达成一致，所以缔结一项协议进展缓慢。苹果、脸书、谷歌、微软和推特不约而同地选择驻扎爱尔兰，看中的就是这个国家的税率只有12.5%，亚马逊和电子港湾则投靠税率为21.8%的卢森堡（法国高达34.3%）。为了避免企业利用这种税率优惠，欧盟首先采取的措施就是从2015年起，将增值税水平与买家所在国的税率保持持平，而非电商集团所在地的税率。但这样就够了吗？

另一方面，美国网络巨头驻布鲁塞尔的游说集团的影响力也在一定程度上解释了欧盟含糊其辞的态度。谷歌、苹果、脸书和亚马逊花重金聘请最好的游说者，他们通常是欧洲议会的前议员，是接受过布鲁塞尔技术专家体制训练的高级官员。他们惯于使用胡萝卜加大棒的政策，活动起来得心应手，这里请客吃饭，表达间接投资的良好意愿，那里就政策问题争论不休，甚至不惜聘请英语国家顶级律师事务所的律师团诉诸法律程序。那些名称并不起眼的协会，如数据保护产业联盟（Industrie Coalition for Data Protection）、欧洲数字媒体协会（European Digital Media Association）或数字欧洲（Digital Europe），都是由网络巨头或电信设备制造商间接投资的。它们通晓如何应对28个国家不同的数字化政策，将自己的议程和观点强加给支离破碎的欧洲。“我们的成员不喜欢把事情复杂化。”欧洲数字媒体协会的帕特里克·沙泽朗（Patrick Chazerand）解释道。他又像说一句格言一样补充道：“没有税收，就没有调控。”美国商务部也加入到这场运动中，美国驻布鲁塞尔大使在必要时听候调遣。在接受我的采访时，威廉·肯纳德（William Kennard）惜字如金地说，他的职责就是“解释美国、美国政府和经济角色的立场”。奥巴马任命这位网络和电信领域著名的律师和专家、美国联邦通讯委员会主席为布鲁塞尔大使，传达的信号不言而喻。

但欧洲也不是数字领域的平庸之辈，矛盾的是，它甚至可以称得上是互联网方面的巨头，拥有着大规模举足轻重的互联网用户，拥有5亿居民的28个国家组成了世界上第一个经济区域，成为美国的重要市场。我们甚至可以猜测，在不远的将来，数字化规则的谈判将更加紧张密集，美国和欧洲机构之间将会竖立起一道鲜明的中轴线。“我们了解情况，我们不谈判，但我们无时无刻不在和美国对话。”负责竞争的委员杰奎因·阿尔穆尼亚（Joaquin Almunia）的发言人这么对我说。美国人不能再单方面将自己的标准和“使用条件”强加给世界其他国家，通过和重要同盟——欧洲的谈判，美国可以遏制新兴国家关于调控的要求。

也许研发一个可以和谷歌抗衡、面向大众的欧洲的搜索引擎为时已晚，但专业搜索和细分市场（局部网点的垂直搜索引擎）仍大有可为。欧洲在视频、流媒体音乐和手机应用程序领域不断进步，云服务也准备就绪。它在电视、音乐、出版和电子游戏和媒体行业是举足轻重的内容提供者。与此同时，欧洲还要建立自己的数字化调控的权威。欧洲网络逐渐显示出来。

欧洲人不是一个统一的整体，网络世界则更加不是。官方的说法是“差异下求统一”，由于多样性，欧洲在网络上是分裂的，但它的公民在内心深处仍认同自己是欧洲人。尽管他们现在对共同体的情况表示失望（不管是什么原因），但让他们再次把自己设想成欧洲人并不是难事。数字化是欧洲复兴的答案吗？我相信是这样。同时，我们还需要的是耐心建设数字产业，应对数字转型。任期2014年至2019年的下一届欧洲委员会的首要任务之一，就是要确立态度积极的数字政策。无论如何，我都相信，借用巴罗佐先生的说法，没有“电子复兴”，就没有“欧洲复兴”。

欧洲网络如果能够实现，它一定不会是“数字空客”，这个词是时下很流行的说法。它应该打破与美国暂时的紧张局面，立场鲜明地从属“西方”阵营，在不同的网络上显示出它的多样性。欧盟也许会用同一种声音说话，但它应该允许多种网络的共存：28 个个性鲜明的数字化地图组成了一幅拼图，连接它们的是欧洲的命运和理想，而不是一个无足轻重的“. eu”。

结 论

从硅谷一方看，数字化和全球化看起来像是同义词。美国互联网巨头们认为，在数字时代，国界是一个过时的概念。它们为我们呈现的世界不再有界线。这个世界完全开放、互通、脱离地面。社交网络加强了虚拟的朋友关系，也就是与陌生人之间的关系，不管这样是否会造成个体受到新的伤害，或对他们的个人隐私造成潜在的威胁。在直观上，互联网的精神领袖们使网络变得与他们所打造的美国相似：自由、空间广阔、高速、永无“国界”。据他们说，比起涉及“隐私”的《美国宪法第四修正案》，他们更喜欢谈到涉及“言论自由”的《第一修正案》：言论自由比个人隐私保护更受到青睐。“曾经阻碍人类相互沟通的地理、语言因素以及对信息获取的限制，如今正在瓦解。”甚至连谷歌总裁埃里克·施密特也如此预言。他补充说，未来的“线上”将不再“受各地区法律的限制”：我们将“越来越多地与我们国界之外的人们进行对话”。媒体在未来也会有“新的全球受众”。脸书总裁马克·扎克伯格则表示，社交网络可以解决“沟通与‘连通性’缺乏导致的恐怖主义问题”。解决方法是：要获得更多的上网机会。总而言之，脸书和谷歌的负责人让人知道，对个人隐私的保护在将来可能最终会成为一种“非正常行为”。要知道，两个公司的经济模式在极大程度上建立于对个人数据的采集之上。

欢迎来到这个没有疆界的世界，在这个万维网里，一切变为可能，变得等距，互联网无国界，技术无边际。这就宣告了距离的终结、语言的终结，甚至“地理”的终结，就像人们曾经乐于预言“历史的终结”一样。虚拟世界的全球化是这个时代给我们的一个无限制的承诺。根据数字产业领袖们的观点，这是一个将个体从历史、文化、语言中分离出去的过程。随之而来的是信息的加速和主流文化的同质化，而这一切都是在美国发生的。谷歌梦想看见一个所有人都活在网上的世界。所有个体将不再有根源，不再有个人身份，脱离一切束缚——这是进步。学校也将被完全推翻，抚养孩子的方式将不可阻止地发生转变。大学也会离开校园和阶梯教室，换成“慕课”方式，学生的成绩会在其个人简历上加以认证，自动发布在领英网站上，并以此推介给企业和猎头们。极端理想主义者们甚至还设想到信息自由的普及化、审查制度的终结、某些政权的崩溃，以至运用3D打印技术重建被塔利班摧毁的古代佛像（这个例子很新颖，也是由谷歌总裁提出的）。

这张关于未来的蓝图不是我描绘的。我起草的是另一张互联网地缘政治图景。与上文提到的相反，本书指出了，我们正在进行的数字革命并不会、至少不会主要呈现为全方位的全球化。因为，即使人们可以通过电脑和智能手机获取来自全球的内容信息，互联网的使用还是很局域化的，并且适应于各地的实际情况。有的只是全球化的平台，而非全球化的内容。不存在“全球化互联网”，也永远不会有。数字转型并不代表同质化，这远非无国界的全球化。不必担心文化和语言的统一。相反，数字革命更像是一种疆域化、碎片化的发展：网络是一片“疆域”。

我提到的“疆域”这一词，所指的并不一定是地理上的区域划定，尽管也可以是这个情况。疆域不必是国家层面的，它可以是一种假定的物理空间，也可以是一个抽象空间，是一个社群或一门语言的空间。因此，这种“疆域化”不一定意味着网络会变得“国别化”：它的作用范围可以比一个国家更宽或更窄。如今的网络很本地化、区域化，有时候国家化或泛区域化，有时候会超越地理位置。网络常常与某个“社群”相连，我们知道，在美式英语中，“community”一词既指一个种族群体，也指一个性少数派、一个宗教，或者还可指我们所居住的一个街区或一个城市。有时候，这个“疆域”以语言或文化形式呈现；它因此反映的是兴趣、亲缘关系或利益的共同体。互通可以建立在边界的毗邻上和共同的语言或字母上（西里尔字母），可以建立在一种相近的亚文化上（御宅族）、乌克兰女权团体、熊族，或者还可以建立在一个仍有余晖的后殖民影响区域（英联邦、奥斯曼帝国）。总之，互联网上的“对话”大多数是由其所在“疆域”来规定范围的，它们被不同的文化圈所分割，很少是全球化的。我们甚至可以用“对话圈”这一说法来设想这些同心圆，网络就是由这些同心圆构成的。从今以后，“互联网”这一词本身应被视作一个常用词，它将一点一点地失去其美国色彩，丢掉大写字母*。这个词可能还会变成复数形式。这些“internets”的到来是我此次调查的首个结论。

所有这些互联网都不尽相同，它们彼此各不相同的方式也很多。

---

* 英语中，Internet 作为专有名词，首字母大写。——译者注

在直观上，我们将数字化理解为一个加速全球化的整体现象。我写的这本反直觉的书却指出了相反的观点。在进行田野调查时，我发现互联网随着文化、语言、地区的变化而被打碎。但是，尽管互联网没有全球化，它也不是国家化的，甚至也不一定是地区化的。它属于一片“疆域”、一个圈子或者一个属于我们每一个人的“社群”，在某种程度上，它是我们每一个人根据个人“喜好”，以及自己拥有或选择看重的多重身份而造就并加以塑造的世界。互联网被地理定位。在很多方面，互联网可以让权力回归个体，而非剥夺个体的权力；它可以让个体更多地成为他们自己的主人。通过对个体的特殊性及其所在疆域的适应，互联网属于每一个人。

脸书的用户超过 10 亿人。在直观上，人们因此会认为大家都互通了，我们变得越来越一致，当然也都在加速被美国化。我自己有时候也相信了这一点。但是，我的调查驳斥了这个不反映现实的看法。所有脸书账号都不同：每个个体在上面都有自己的朋友，用自己的语言聊天讨论，没有两个脸书主页是一模一样的。这个被人们称作“社交图谱”的人际网永远是独一无二的。很少会见到某个意大利南部或波兰北部的初中生的“朋友”列表里会有美国联系人。语言、文化和地理距离使这样的对话很少发生。脸书联合创始人克里斯·休斯（Chris Hughes）称，公司从一开始就有一句座右铭：“坚持真实，坚持本地化（Keep it real. Keep it local）”。这就证明，社交网络的创造者们也认为，社交媒体应该保持具体和本土化；它不是全球性的。这就是诸如谷歌、维基百科、推特等公司成功的深层原因。通过紧密贴近人类生活现实、语言多样性，尤其是贴近不同地域，互联网才可以在全世界取得持续快速的发展。

脸书和大多数其他社交网络一样，它的对话不是全球性的，并且永远不会是全球性的。对于大部分人来说，“社交媒体”这一说法本身指的也是一个基于相近性或社群性层面的一种社会维度。互联网的内容信息不会很容易地进行迁移，这和我们认为的正好相反。在推特、汤博乐、帕斯和因斯特格拉姆等美国社交网络上，每个用户通过选择关注不同的对象，对自己的账号进行个性化（帕斯网站限制亲密朋友圈人数不得超过50人）。根据关注对象及浏览话题标签的变化（这一切都和用户的语言、兴趣点和所居住国家相关联），人人都在为自己生产属于自己的信息流。社交平台上的所有对话最终都变得具有独特性。用户的不同点比其一致性更能说明自身特点，尽管大家使用的都是同一款工具，尽管工具是美国的。

因此，数字化与我们对它的本能的想象正好相反，疆域化是其主要特点。包括网络巨头在内，在互联网领域取得成功的关键可以用一句著名的话概括：“位置、位置、位置”（这一公式被美国房地产中介们广泛使用，其意思是，要卖出一套公寓，首要因素就是公寓的地理位置）。如今，人们也会谈到“位置感知”（location awareness），这个词指的就是对一个网站的承载量、一款应用程序、一张地图的识别力，以及与不同地域的兼容性——这就是成功之道。和“智能”一词一样，目前互联网上使用最多的词汇之一还有“地理”这一前缀，比如“地理定位”。此外，像苹果地图、谷歌地图、全球地铁线路交互式地图以及公交车时刻表等应用，都是下载量最大的智能手机应用程序。首先，用户可以通过使用谷歌地图在自己所在国家查询路线，往往可以精确到所居住的城市；但很少有在国外使用，可能因为在国外漫游使用3G的价格过高。至于发布天气和时间信息的网站和应用，它们主要在地方范围内被使用。甚至连房屋和汽车租赁网站，如空中食宿、传递旅行（RelayRides，全球首家“对等”汽车共享服务网络）、布兹汽车（Buzzcar）、惠普汽车（WhipCar），还有另一种模式的猫涂鹰，都要求个人用户（或旅行者）连接到某一位置。这些是全球化的美国网站，但它们都是在实地使用，且连接到一个特定的区域。当涉及租自行车、游船和寄养宠物时，这种“合作经济”的一大部分都需本地化（DogVacay是一款类似空中食宿的平台，但服务对象是宠物狗）。至于邻里社交（Nextdoor）这款取得惊人成功的社区型社交网络，其运行模式仅仅是将生活在同一个街区内的邻居们联系在一起。

这种相近性在电话、被连接的对象及移动互联网上也非常明星。当人们发手机短信时（美国每个手机持有者月均发送短信数量为678条），首先是发给朋友、近亲，或至少是发给一位确认其身份信息的联系人。大多时候，这种交流都是通过用户的母语进行的。通过即时通讯工具进行的交流也是如此，聊天，当然还有短距离传输的蓝牙，都很本地化。像讯佳普、威伯、手机通信应用程序、我的信息（iMessage，仅供苹果手机用户之间使用）和斯纳普查特（SnapChat，所发信息几秒钟过后会自动删除）等这些可实现免费聊天和发送短信的应用程序，尽管全球普及，但也依赖于语言和文化的不定性。有时候，我们的交流对象身处异国，但我们和该对象之间保持一种特别的纽带，这种纽带丝毫没有被全球化。互联网对话从技术上讲具有全球性，但它们仍依赖于个体之间的关系。

比如，在印度，我惊讶地发现这个国家与美国保持着难以计数的交流，无论是通过免费的手机应用还是通过社交网络。官方数据也证实了这一现象。此外，按用户数量计算，印度是脸书网站在美国、巴西之后的第三大市场。然而，经过深入观察之后，我们很快可以意识到，生活在次大陆的印度人主要是和美国的“NRI”联络，即“Non Resident Indians”（海外印度人）。居住在美国的海外印度人数量超过260万人。他们用印度22种官方语言中的一种相互交流，有时候用一种方言（有100多种方言），如果没有共同使用的印度语言，他们就用美式英语。但是这种交流仅限于印度人之间。印度与美国双方在讯佳普、威伯和脸书上进行的交流可以很好地被全球化，但它们仍是印度人之间的交流，这也证实了这些对话的地域性和社群性。

甚至可以往更深处进行探讨。我们观察到，印度的所有传统、种姓等级制度、包办婚姻实际上还远没有受到全球化和新技术的挑战，反而在互联网和社交网络上重获新生。比如，婚恋网站 bharatmatrimony. com 在网上复制了印度社会的传统分类，而不是将其减弱。我们可以在上面看到种姓和次种姓制度、等级制度和不同的社会阶层，甚至还可能看到一些印度社会的偏见。因此可见，该网站崇尚内婚制。另一个很具影响力的约会网站 shaadi. com 透露出父母在子女选择配偶的过程中仍扮演主导角色，甚至当网络恋爱双方一个在印度一个在美国时也一样。至于提供“星座匹配”的智能手机应用程序，则根据星座来预测美满的婚姻。在迷信、唯灵主义和虚拟祷告［一些印度教社区为教徒提供的服务，或称为“电子祷告”（e-darshan）］等主题网站上可以看到同样的现象，或者还可以在瓦士图·沙史塔（Vastu Shastra）的指导选择房间正确朝向的技巧，以促进善灵的流通并远离恶灵的网站（moonastro. com/vastu）上看到此类现象。这种网站很多都是由侨居美国的印度人在美国创立的。对全球化的数字工具的使用并不排斥对话和对传统的保持。

印度并不是唯一一个在网上进行婚配的国家。这种网上约会行为到处可见，已经地域化。该行业的领头羊 Match. com 和 PlentyOfFish（POF）网站都是北美的，但是它们的服务会根据不同语言和不同地区的地方恋爱方式作出调整。其他在线约会网站，如中国的世纪佳缘、俄国的 OKCupid、欧洲的蜜糖网还有拉美地区的 Badoo，由于不同地区的情感特殊性，很少能走出地区到外面发展。在日本，这样的应用程序常常和脸书账号绑定：比如 MatchAlarm、Omiai 和 Pairs 每天早晨八点给用户推荐一位与其个性相“匹配”的对象，这种推荐是依据用户在脸书网站上或这个圈子之外的人际关系网。用户出生或居住的城市仍是决定性的标准。在阿拉伯世界，Al Asira 网站专门为穆斯林信徒提供“清真式”约会机会，并宣称符合伊斯兰教法（即使人们绝不会想到网站的运营地点在阿姆斯特丹）。这个网站上的约会也是按国别区分的。其他地区的网站，宗教、种族、性取向会成为标准，但这些细分标准仍然系统化地归属于某一个地域层面。例如，JDate 主要面向犹太裔之间的约会，Gaydar、Gay Romeo 还有 Manjam 则面向男同性恋者。在这种情况下，我们以不同社群身份进入某个网站，但进入后会立即选择自己所在的国家和城市，将自己定位在某一个特定的地域。在全球范围获得成功的美国应用程序 Grindr 可以做到高度定位：用户可以通过该软件和仅仅距离自己几百米远的男同性恋者约会。这是一种非常出色的地域定位。

我们可以认为，客体的互联网本质上很本地化，而智能手机的普及仍将强化这一趋势。互联网问世初期，要想上网就得使用台式电脑，比起那时，如今用手机联网反而增加了在本地上网的可能性，并且使细分市场服务和语言的特异性得以增多。用一个词可以很好地概括如今正在发生的事情：地理定位。智能手机的服务越来越多地需要定位，就跟社交网络依靠定位一样，这一点肯定了“位置”的重要性。比如，当人们走进一家咖啡厅或一家饭店时，他们可以用四方形和高瓦拉（Gowalla）这样的智能手机定位应用程序标记自己的位置：就像到达酒店办理“入住”一样。数据可以存入“云端”，但人们却是双脚着地。

在索韦托、北美洲的贫民区、印度的棚户区还有拉丁美洲的贫民窟里，我观察到手机最受欢迎的一项基本功能，也是智能手机上下载量最高的一款应用程序，就是手电筒。这可以让人们在断电的时候行动，看见东西，也可以在一片漆黑中获得安全感，应用程序的名称一目了然：智能手电筒（Smart Torch）、照明手电筒（Lampe - Torch）、我的光（iLumiere）、我的手电筒（iTorche）、火焰（Flamme）还有手电筒（Flashlight），根据用户所在地点各有不同。在苹果商店里，这种类型的应用多达700多款。我在印度看到，为防止遇袭或强奸的情况，这些应用有时会加一个报警系统。在智能手机时代，广为流传的“信息高速公路”一词已不再反映现实：当然，互联网仍是由高速公路组成的，但从今往后，组成部分还有省级、市级公路，还有狭窄的捷径和阴暗的小巷，在巷子里，人们为了看到几米开外或是想有安全感，就会使用一个全球化的应用程序。

整个电子商务和线上广告领域朝着一个方向发展。因为，很多时候仍需要将一个实物商品送到客户所在的地方。我在本书中记述的电商网站通常以国家为单位，比如中国的阿里巴巴、日本的乐天、印度的弗勒普卡特和俄罗斯的奥宗网。它们运营方式各不相同，比如，支付方式可以是货到现金支付。尽管这些电商网站像亚马逊一样具有美国化、全球化的特点，但是，网站销售的商品仍要适应本土市场，依靠实体仓库，并在当地聘用雇员。比如，在德国，人们（在亚马逊网站 amazon. de 上）主要买德语书为主，这种情况在亚马逊意大利网站 amazon. it 上就鲜有发生。而且，非物质化的内容并没有削弱这一现象。随着电子商务的发展，我们甚至可以假设这种地域性的扎根会得以放大。

这一主要趋势在广告和市场营销领域更为明显，这两个行业一直都是深度本地化的，在数字时代也将保持不变。举一个众所周知的例子，可以说，互联网正在经历可口可乐公司曾经经历过的演变：可口可乐一直以来都遵循国际化且形式统一的原则，直到 20 世纪 80 年代初发生了彻底的转变，实现当地生产、当地营销和当地广告。如今，在网上已经看不到全球广告市场。比如，在欧洲，每个营销战略都根据国家的不同而加以变化。在拉丁美洲，广告活动的多样性堪比肥皂剧；在阿拉伯世界，如今已经有至少五个成熟的广告市场，这使得像半岛电视台、中东广播中心这样的全阿拉伯语国家电视台不得不实行本土化。比起主流媒体和电视的经历，网站有过之而无不及。谷歌在全球各地设有广告销售公司，与当地的投放广告客户签订合同（一些欧洲国家的税务机构在此基础之上，对这家美国搜索引擎公司的偷税漏税行为加以重罚）。广告公司可以全球化，比如相关广告、广告语、移动平台等等，但广告本身不能全球化。因为这涉及当地法规的问题，而不是内容统一化的问题，我稍后还会谈到这一点。教育和健康两个重要产业在不久的将来也要向网络靠拢，而且届时它们也必将高度本地化。

最后，政治本身也显示出这种地域化特征。我在田野调查中发现，德国的海盗党* 还有意大利的五星运动（一个民粹主义政党。——译者注）都属于一种地方性参与式民主。一些人认为，这种“互联网政党”现象是一种主要发生在欧洲的运动。这也不是那么肯定：在德国，网络政党的成功也是地区性的。而且，也不应该对这些新的党派形式抱有过多希望，即使在互联网时代，我也既不相信参与式民主，也不会刻板地支持公投。很显然，这种“流动式民主”的试验仍必须扎根于某个疆域。

这次调查最终揭示出，标准化互联网时代和无国界数字化的全球化时代已经是过去时。疆域化的互联网将成为必要。本地化、社群化、“客户定制化”以及网络对话的分化代表着未来。要想变得“智能”，既要数字化也要疆域化。

新兴互联网

2012 年夏天，美国《新闻周刊》杂志的头条是：“数字化 100 强”。杂志描绘的这 100 位数字领域的英雄人物中，绝大多数都是美国人。在“梦想家”一栏，所有入围者也都生活在美国。《时代周刊》2010 年度人物是脸书总裁马克·扎克伯格。亚马逊总裁杰夫·贝佐斯、比尔·盖茨、梅琳达·盖茨（Melinda Gates）及英特尔创始人也都榜上有名。《纽约时报杂志》、《经济学家》杂志和《金融时报》的封面也都反射出对信息化和数字化的美国式解读。如果我们相信了全球化的大报纸用英语讲述的这些“美国制造”的企业、服务、创新和

---

* 一个国际政党组织联盟。——译者注

企业家的“故事”，就会认为互联网就是这么回事。这种网络的美国化从历史上讲，具有真实性，但在未来就说不定了。

在大多数“新兴”国家进行调查时，我都注意到了互联网的重要性。这些“迅猛发展”的国家并不只是靠全球化的经济和人口而崭露头角，也是凭借其文化［这是我的另一本书《主流——谁将打赢全球文化战争》的议题］、价值观［这是《全球化同性恋》（*Global Gay*）中的一个结论］和它们的互联网（本书的论题）。我们甚至可以更加深入地分析：在一定时期内，不能再将互联网视为充斥着英语信息和美国化服务且主要连接富裕国家的西方的网络了。尽管一开始互联网在各地被认作是“us”和“US”（“我们”和“美国”）之间的正面联系，但各个国家都将与硅谷的直接联络合同化，未来的互联网也将会多极化、去中心化和分散化。尽管互联网的美国特性仍将存在，但这种与美国之间不对等的双边关系将被弱化。网络的全新地缘政治将不再由唯一一个占支配地位的流派——美国引导的“主流”(mainstream)构成，而是由各国之间的许多小的“河流”（streams）、流通与交流构成，而且首先由各国内部发起。事实上，目前在新兴国家存在一场名副其实的数字爆炸，其规模在我看来堪称一次发现。但我们可以说这是只属于“金砖四国”的数字化吗？

“金砖四国”（BRIC，巴西、俄国、印度、中国）指代的是那些“新兴”市场。之后，出于一部分政治原因，这个词中加入了字母“S”，表示南非（South Africa），有时候还会多加一个字母“I”，表示印尼，成为了“金砖六国”（BRIICS）。如此说来，这个著名的概念变得越来越不具可操作性，数字化问题也正在使这个说法遭到废弃。首先，这个词混杂了几个不具可比性的情况：南非的互联网仍发展平平，而中国的网络却很成熟且更具特殊性，这一点已在本书中分析过。巴西如今占据主要角位置，其人均国民生产总值（GDP）是中国的2倍，是印度的7倍：它已经是互联网领军国家。俄罗斯情况特殊，鉴于人口问题和脆弱的出口贸易，它在经济上不具可比性：将俄罗斯列入这个组的理由越来越不充分，尽管其数字产业很重要。事实上，“金砖六国”中的各个国家各不相同，而且在数字化领域的差别更大。

其次，“金砖四国”或“金砖六国”这一说法的问题是，它忽略了其他如今显然在数字行业兴起的国家。如果将目标锁定在互联网领域，我在田野调查中发现了其他十五六个数字化活力惊人的国家，包括墨西哥、哥伦比亚、土耳其、卡塔尔、阿联酋、沙特阿拉伯，甚至还有人们往往想不到的国家，如越南、泰国、肯尼亚、摩洛哥、阿尔及利亚、伊朗还有埃及。至少还可以在这个名单中列入三个我没有亲身去调查的国家，但它们同样看起来在数字化领域领先一步，它们是：智利、缅甸和尼日利亚。这些国家在科技上的追赶程度惊人，这既维持了生产力的增长，又让中产阶级的地位得到提升。在数字产业，如今不能再用“金砖六国”一词：应该同时观察20多个新兴国家，并考虑每个国家的特殊性。我们不应在全球化层面考察互联网，而应该透过具体的国家层面去看待它。

总之，“新兴”这个词带有家长式统治和俯就屈尊的色彩，它不再反映数字时代的现实。有人建议改用“高增长国家”这一说法，但当这些“新兴国家”的经济增长放缓、财政不稳定性增加时，就像2013年的情况一样，就很难继续这样称呼它们了。总之，这些都算是过渡叫法，它们不能准确描述一种稳定情况。关键要铭记在心的是，20多个“南部”国家正在成为数字化领域全面积极的参与者，应该予以重视。这些国家创新、强大且非“西方”，决不能低估它们。一方面，它们甚至可以比“发达”国家进步得更快，因为它们不受从模拟到数字的艰难转型期的羁绊。在某些情况下，它们还可以越过技术阶段：没必要在有绳电话领域进行投入，可以直接发展移动业务；没必要在固定互联网、个人电脑上面投入，因为通过移动端，如平板电脑或智能手机，就能获取同样的业务；也没必要在服务器上保存数据，因为从理论上讲，在云端存储的成本要更低（尽管这样会带来国家主权的问题，我稍后会谈到这点）。对于如巴西和肯尼亚这样的国家来说，新技术可以让它们从19世纪直接跨越到21世纪，将20世纪完全略过，也就是固定电话、个人电脑、调制解调器、非对称数字用户线路、模拟信息手段甚至是有线网络的世纪。这些国家不断地快速前进，可能会在未来五年之内达到西方国家二十年达成的水准。在访问迪拜、上海、班加罗尔、约翰内斯堡、内罗毕、圣保罗等地的数字化参与者时，我们会意识到，所有经济和文化的力量均重新得以发挥。游戏正在重新洗牌。

对这些数字化新兴国家的总结并不是一种意识形态的解读，也不是对网络的完美化看法，它是我实地观察的结果。要想证明该结论，只需要近距离关注扬得科思（俄罗斯的谷歌）、Mxit（南非的手机通信应用程序）、俄罗斯的交朋友网、伊朗的克鲁伯（类似脸书）、麦克图伯（阿拉伯世界的雅虎），甚至还有巴西的欧酷特（也是一种脸书）。更不用说那些一定程度上模仿了美国网站、如今羽翼丰满的中国网站，如：百度（中国的谷歌，可能会成为全球第二大搜索引擎）、阿里巴巴（与电子港湾相当）、天猫（亚马逊）、微博（推特）、人人（脸书）、互动百科或百度百科（维基百科）、优酷（优图播）、支付宝

(贝宝)、微信（手机通信应用程序)、腾讯即时通信（MSN)。

主流互联网

认为互联网是碎片化现象且不会从本质上变得全球化的看法，还有将数字对话视为独特的地域化空间的这种分析，是不得触犯的吗?互联网不再有全球化的层面了吗？这一整套结论难道不容忍任何例外?当然是这样的。

首先，从技术上讲，互联网确实是被设计为无国界的。比如，电话号码要依赖于国际区号，但电脑在互联网上通过网络之间互连的协议地址识别，而非按地理位置；内容在进行“路由”时所选择的路径也不按照地缘政治走；至于网站，则可以选择在其网址上留或不留有国家代码，并可以交由任何地方托管。因此，网络不是由地理因素构造的。然而，尽管全世界的人们都可以相互沟通这一理论观点从技术角度讲是正确的话，但它从经济和社会层面上讲则绝对是不正确的。

尽管如此，网上还是存在一些全球化的内容。将近20亿人在优图播上收看了“鸟叔”的《江南Style》；我在本书中还描述了在伊朗、巴勒斯坦和古巴那群痴迷于嘎嘎小姐的视频的人，还有那群疯狂地“点对点”下载最新的麦当娜或夏奇拉歌曲的人，这些可以算是全球化主流互联网的象征。数百万人使用苹果音乐频道，使用网飞的服务，曾经也用过盗版文件共享网站Kim Dotcom和“百万上传”(Megaupload)。类似4chan网站的匿名论坛从本质上也是全球化的，因为其论坛上的内容要么是匿名的，要么是“Lolcats”*，还有御宅族的内容或

* 配上幽默文字的猫图。——译者注

赤裸裸的色情内容。一些活跃分子或“黑客”，像维基解密的创办者朱利安·阿桑奇，泄露了机密电报的美国陆军士兵布拉德利·曼宁（Bradley Manning）（他渴望变性，如今得叫他切尔西·曼宁了），揭露了美国国家安全局大规模秘密监视计划的程序员爱德华·斯诺登，此外还有将这些文件公之于众的美国记者格伦·格林沃尔德（Glenn Greenwald）和劳拉·波伊特拉斯（Laura Poitras），所有这些“举报人”实际上都是全球互联网的参与者。还有收看奥巴马就职典礼和向迈克尔·杰克逊致敬的几百万观众，甚至还不用提碧昂斯著名的“性感孕妇装”曝光时每秒9,000条的推文发送，对于这些，又该怎么看呢？在面对这些案例和这些不言自明的数字时仍断言互联网不是全球化，这似乎显得有些自负。因为，一切议题都有其反命题，这些例外就证实了这一规律。

能为我的结论担当最佳反例的是电子游戏。这是一个十分全球化的产业，而且正在因为互联网的出现而经历一场前所未有的转变。我们在本书中可以看到，那些“本土”或独立的电子游戏在寻找玩家的过程中遇到多少困难。尽管游戏制作公司可能是欧洲或日本的，但其内容仍不离“主流”与美国化。在游戏内容制作方面担当主要角色的日本如今为保持这一影响力而感到吃力，日本索尼公司如今与法国育碧公司一样，主要在制作一些美国化的游戏。因此，该产业基本没有实现疆域化，其生产的内容在数字全球化时代得到了良好的迁徙：电子游戏领域几乎不存在国界。这是对本书最完美的反命题。

还有其他去疆域性数字化的例子，正如我们所看到的，比如：科研活动和一部分学术交流，其中包括慕课和类似可汗学院出品的课堂测验。但在上述这几种情况里，如果没有加大地域化或在信息传播中使用当地语言并至少在当地聘用教学团队，电子教育的成功将不会持久。另外一个反例是整个娱乐产业，尤其是电影产业，它是高度集中化和美国化的。我之前在《主流——谁将打赢全球文化战争》一书中已经分析过这一现象，显而易见的是，在网上，美国制造的电影数量十分庞大。尽管我们可能会相信音乐领域具有按种类进行碎片化的模式，出版产业或电视产业存在细分市场，也会认为网上的内容五花八门，但这种碎片化现象在电子游戏和电影领域则丝毫不存在。矛盾的是，互联网强化了主流电影，并没有削弱它；尽管网上的细分产品数量激增，但大制作影片仍能继续获得越来越多的成功，包括在新兴国家——这一点是新现象。网络增加了这一现象。至于在电影方面，数字世界比模拟世界更加以流行驱动（hit - driven），成功巩固了成功。这些发展可能并不稳定，而且在中期内，很难对其作出预测。但是，我认为，在大众娱乐产业，尤其是在电影产业，互联网和主流文化相互补充：它们的出发点相同，都是抹去国界并将内容全球化，使其面向全球受众。它们再次确立了美国的主导地位——美国仅在加州就拥有好莱坞和硅谷这两个生产主流娱乐和全球化新兴互联网企业的机器。这是对我的互联网疆域化这一命题最主要的一个例外。

然而，和我们通常的认识正好相反，这种美国化趋势不仅仅存在于电影和电子游戏领域，还存在于电视、媒体、音乐和出版行业。大多数情况下，鉴于其全球化特性，互联网脱离了趋同的美国化趋势，尽管互联网还是趋于肯定麻省理工学院媒体实验室（MIT MediaLab）创始人尼古拉斯·尼葛洛庞帝（Nicholas Negroponte）关于娱乐产业、信息和数字化聚合的预言。

最后，在我看来，这个会长期持续的“全球化互联网”似乎会随着智能手机的普及和网民人数的增加而趋于缩小——如今网民数量已超过25亿，并有望于2020年达到50亿，2025年达到70亿（根据国际电信联盟的预估以及微软和谷歌总裁的预测，这几乎是全球人口的总数）。“数字素质”越高，也就是人们所说的掌握数字知识的能力越强，互联网就越疆域化。马歇尔·麦克卢汉（Marshall McLuhan）著名的预言，也就是对“地球村”到来的预言，仍是中肯的，但前提条件是不能将其视作一个完全连接的世界，或者认为它是将统一的全球化延伸至每一个村庄的象征，正相反，应该认为在全球化和连接互通的世界里，疆域仍旧存在。

本书的议题正是这一点。决不能否认全球化主流互联网的存在，它包括一个标准化内容和全球化的主流文化的“层面”：在这一层次上，完全存在一致性。但是，我在本次调查中指明了，这些内容通常都是浅表的，且在数量上受到限制。在美国化的主流文化之外，还有许多其他的“细流”。我们消费的主要内容、喜欢的文化、进行的对话、收看的网络视频，都在使用我们的语言——这是具有疆域化特点的。我们的世界当然是一个“连通”的世界，但其内容却是断开的，或者说，是不相连的（就好比被切断了一样）。我们有脸书好友、推特粉丝和校友录网站上的中学时期的老同学，我们通过发出的短信、建立的对话、定期访问的新闻网站和约会网站，将自己连接在对话气泡内，连接在我们的世界、社群和疆域里。这些交流中大多数都不是全球性的；它们是分离且“不相连”的。全球化互联网是一个特例；网络的碎片化制约着它。

换个方法说，尽管互联网上没有“国界”（borders），却仍然存在“边界”（frontiers）——这是在美式英语中对法律上的政治边界与抽象的象征性的边界的惯用区分。前者是切实存在的国界，有海关、关税、护照、边境巡逻；后者具有引申意义，有划分了文明世界和蛮荒世界的“西进运动”，也有肯尼迪总统的太空探索的“新边疆”（New Frontier）政策。在英语中，人们称“无国界医生”（Doctors without borders），而不是“无边界医生”（Doctors without frontiers），后者是没有意义的。因此，互联网没有“国界”，但有“边界”，有既强大又具移动性的象征意义的边界，比如语言、地区和文化。

此外还要考量互联网另外一个层面，这与其诞生于加州的反正统文化中心的事实是分不开的，即网络的社群属性。互联网使人具有主观性，这里是与统一化相反的。这一朝气蓬勃的活力可能已不再具有当地化特征，但凭借其“身份归属”特点，在引申意思上仍是具有“疆域性”的。这一归属性的汇集、整合，可以作为一个丰富的源泉。它让我们可以在集体中感到强大，可以和身边的人交流，使人们团结一致。这个“群生”的层面十分重要，它意味着，个人集成团队，形成了这个社群，因为他们有相近的诉求、爱好和行为方式。互联网就这样成为了一个不同身份、文化和小众需求的联邦。人们按照自己的形象和方式打造了互联网，我可以大胆地说，他们是“按照个人口味”打造了互联网。

尤其因为在大多数情况下，一个个体并没有单一的身份，这与社群主义者所想的正好相反。身份的多重性和“竞争联盟”——按照诺贝尔奖得主阿玛蒂亚·森（Amartya Sen）的说法——在互联网上真实存在。个体不会接受强加于他们的一种身份，他们也有选择权。宗教可以是一个决定性因素，文化也是，但我们大家都有多个其他身份：男人或女人、某个种族、某种出身或某个社会阶层、某门语言，我们生活在某个城市、某个国家，我们做着这样或那样的工作等等。所有这些身份都“相互竞争”，将一个个体缩小到只拥有一个身份，最终将其“微型化”。

这些多重、多种身份在网上铺展开来。网络是典型的“多种多样性”地盘，用我在《主流——谁将打赢全球文化战争》中的一句话来说，网络突出了这个比多样性本身更主要的价值，即：“多样性之多样性”。因为，不同的身份有时会表现为排斥异己，因此某个团队的成员们会被强制要求具有一种独特的从属、拥护和忠诚感。互联网可以增强社群主义最值得批评之处，强化这些固定身份与自省行为。但网络也可以鼓励对话、开放、发现，因为它不是固定的，它充满活力。

总而言之，在我看来似乎可以肯定地说，尽管互联网的基础设施建设是全球性、去疆域化的，但其内容和网上交流则主要是非全球连通的，且呈现疆域化和碎片化特征。换句话说：互联网有着带有全球性互动的疆域化。

美国特色

如果说真有某个国家的互联网比其他国家更具地域性，出乎意料的是，它就是美国。在全球范围内，我们常常认为硅谷和美国互联网是许多国家力求复制的模式。作为一个诞生于特有的历史和技术环境中的独特的生态体系，该“模式”实际上很难复制。全球智能城市数量大幅增加，同时也说明了它极大的独特性。

如何解释美国的数字奇迹呢？人们有过以下设想：互联网的军事根源；公共资金、私人资金，尤其是非营利性资金之间的巧妙衔接；美国市场的强劲；前期就已经存在的强大的创意产业，尤其在好莱坞；加州反正统文化的影响；整个国家的文化、民族多样性；还有通过为亚洲、以色列、西班牙裔和欧洲工程师派发签证而造就的人才吸引力。这个“奇迹”是在相当长的一段时间内建成的：其起源要追溯到上世纪五六十年代，伴随着加州的“多校区”大学、《退伍军人法》（GI Bill）*、艾森豪威尔总统的“州际公路”旧金山机场扩建成为面向亚洲的枢纽，还有在后“斯普特尼克号”时期，联邦政府在肯尼迪总统的推动下对科学事业的资助。该生态体系扎根于加州，在其他地方无法对其整体结构进行复制。

面对美国在数字领域举世无双的领先地位，其他非美国的活跃同行可能存在吗？脸书、推特在当地的竞争者能够存活吗？巴西（欧酷特）和法国［天空博客（skyblog）］似乎证明这是不可能的；但是中国（人人网、腾讯和新浪微博）则得出相反结论。除了雅虎之外，当地的其他门户网站有未来吗？巴西的环球在线、中国的搜狐和新浪都取得了成功。我们可以为谷歌、苹果音乐频道和优图播创造竞争者吗？中国的百度和优酷就是力证；欧洲也有像声破天和迪哲这样成功的网站，尽管对于搜索引擎凯罗（Quaero）还有视频网站每日视频来讲，处境这更难一些。总之，欧洲和新兴国家的竞争者们正在证明，一个非美国化的互联网是可能的，在中期内，互联网竞争会变得更加激烈。

---

* 美国国会于1944年颁布了《退伍军人权利法案》，旨在帮助退伍军人在二战后更好地适应平民生活，帮助还乡的退伍军人进行职业训练抑或进入大学接受进一步教育。——译者注

最后，在未来几年，全球各国在版权、知识产权还有数字化专利数量方面可能会更趋于平衡，中国和印度就证实了这一点。

那么，数字之都的诞生，可能取决于什么样的标准呢？效仿硅谷模式，创造智能城市的关键又是什么？几十个国家目前都在探索，并加入到新的数字化城市建设之中。对于全球所有这些智能城市来说，美国加州仍是效仿对象。人们想要重新建立科研、企业和政府补助之间的创造性互动；尝试像斯坦福大学和伯克利大学那样，吸引一所大学；力图取得技术优先，还有技术创新的优势；人们开始讲英语，因为这是必不可少的，而且英语是互联网的“默认”语言；人们崇尚自然光，放弃通过微环境创造人造光；最后，人们甚至企图吸引星巴克咖啡！空想之外，现实是存在的，且其复杂性让人难以摸清。

与我们认为的正好相反，在全球范围内，成功变身为数字之都的城市并不一定选择了硅谷模式。当然，它们受到了硅谷的启发，但这些城市也知道从该模式中解放出来，适应本土情况，或者借鉴其他模式。有哪些好标准？有很多，且错综复杂。这些智能城市普遍扎根于一段历史：它们地处贸易十字路口，或曾经是工业“枢纽”——这一点又证实了地域的重要性。这些城市提供某些财政和法律保护（比如迈阿密之于加拉加斯，新加坡之于胡志明市，具有更多的优惠政策）。对专利、版权和数据的良好保护也是一个必不可少的条件。更具决定性的是：对经济风险的考虑、注资的便捷度、政府“进”与“退”的适度把握、对天使投资人和风险投资家的重视、政策治理的灵活性、劳动法、更多的税收以及促进投资的必要条件。这些城市经常需要高水平的基础设施来接入互联网（光纤、高速宽带），还需要先前就已经存在的创意产业生态体系和高水平的人力资源。它们往往是广告市场的桥头堡，并拥有购买广告位的中介公司（这里指的还是迪拜、迈阿密和香港的模式）。媒体自由、言论自由、对博客作者的保护也是有利于这样的生态体系发展的标准，它能吸引人才，激起全球性的“轰动”。

要想成为智能城市，文化、语言、民族多样性是一个决定性标准。这些数字城市常常是移民之都：它们为工程师、企业家和创新型人才的签证获取提供便利——比如 H－1B 临时签证这一美国模式（加拿大、澳大利亚、英国和智利也加入到这场人才争夺战，简化了投资者和工程师的签证手续）。文化多样性以及对宗教和种族少数派的保护同样重要，这和妇女保护法以及对同性恋一定的宽容是一样的，我们也知道，在硅谷精神的作用下，旧金山的卡斯特罗区具有非同一般的影响力。相比在受限的情况下，自由的环境更能让创新型人才、程序员和工程师们蓬勃发展，这是生活方式的自由、政治自由与创业自由。对违抗的表达、对反正统文化的重视、思想的前卫，这些都是有利因素。此外我们还要加上“去中心化”、“地方感”（sense of place）、政府尽可能少的干预、流动性、创业精神，还有利于“基层项目”产生并使它们逐步向社会顶端攀升的“自下而上”的美国模式——与其相反的则是“自上而下”的模式，后者要求一切都由“高层”决定，以分级、集中和威权的方式进行。

要弄清硅谷成功的原因，间接地看懂一个城市要成为一座数字之都所该具备的能力，就要围绕这一整套交错而混杂的因素进行探究。旧金山和硅谷兼并了这些不一致的元素，超过世界上任何其他地区；想对其进行复制更是难上加难。但是，成功的例子不只一个：巴西的“数码港”模式（这是一个历史遗留下来的老港，被重新改造为一座新的数字化港口)、以色列模式(这个“武装民族”成为了“创业的国度”),还有印度的班加罗尔模式(一个军事、技术生态体系,成为云端服务及离岸外包服务企业的大熔炉)。不过,这些国家在不惜一切代价打造智能城市和数字化“枢纽”的同时,也制定了限制,企图对创新型个体及其生活方式、内容产出进行严格的管控,并意识不到该做法的自相矛盾。像地处俄罗斯严寒地带的斯科尔科沃项目以及肯尼亚大草原中央的孔扎科技城这样的数字城市计划,其脆弱性是很明显的,因为这些智能城市既没有扎根于某个地域,也没有立足于某段历史。与其从零开始构建这些智能城市,不如让现有的城市变得更加智能——更加聪明。

如此难以复制的硅谷模式,扎根于一段悠久的历史或地处某个特定位置,它悖论式地肯定了一个名副其实的美式例外,而它可能比其他任何地方都更疆域化。

互联网的崩溃

互联网既没有真正全球化,也没有实实在在统一化,它极大地依赖于文化、语言、国家环境。网上所有的交谈都各不相同。但是,为了使互联网这些去中心化的特征蓬勃发展,还应该注意使确保网络技术运作良好的人们不滥用其领导地位。这就是互联网调控之所以必要的原因,不是调控必须保持“开放性”的互联网,而是调控其运营者。

全球五大洲大量受访者都认为,当前仅由美国一家主要负责调控互联网的情况不再被容忍。首先受到怀疑的是价值的传输,网络巨头们间接从中获益。而联合国通过国际电信联盟负责国际调控的设想也丝毫不尽如人意。该怎么办？多名受访者认为，我们或许可以采取同心圆的治理办法，比如，可以让各国在最外围管理国家域名（比如加拿大用“.ca”，巴西用“.br”）。还有人认为，谷歌、脸书和推特将不得不为其在各国的当地版本让出更多的可操作空间，更多地受当地法律制约（这样，Google.com.br 会更多地受到谷歌巴西办事处的管理，并遵守当地法律）。同样，使用条款——也就是互联网巨头们要求用户必须通过鼠标点击签署的著名的“注意和同意”（Notice & Consent）——也将变得更具有所在国的特色。另外一个必须要做的是协调数字产业的税收，让那些在所在国实现收入的电子商务网站和社交网络公司去纳税。在美国本土，美国最高法院于 2013 年授权各州征收这项税；世界其他地方没有什么理由不对其进行效仿。这是首要任务，也是数字化司法的问题。尽管数字化时代存在两个对立的现实——拥有法律的各个州和拥有使用规则的各家互联网企业——，我们还是要看到这些法律和规则在相互衔接并靠拢。首先，原因很简单：全世界不能只取决于某一国或必须适应美国法律；更不能依赖于由网络巨头们通过不透明手段颁布的微观法或审核。通过这样或那样的形式，某种虚拟的主权将会渐渐在国家层面产生，只要是它不损害创新与创造性，并不呈现为一种在联合国主持下的官僚化的、以国家为单位的全球互联网调控。

如果国际电信联盟无法为协调互联网构架提供良好的接纳，我们则必须建立新的工作框架。互联网名称与数字地址分配机构仍可作为一个合法的角色，比如，在通用域名方面，如果美国最终停止对其持有监管权，尽管互联网名称与数字地址分配机构总部撤离美国本土，比如搬到瑞士（美国曾声称已经准备于 2015 年放宽该项监管，但是在一些前提条件之下），世界贸易组织仍可以被视为一个替代角色。最后，就是美国和欧盟有可能针对这一问题建立对话，探讨公平竞争、数据保护、重视创新与创造性、结束垄断和市场主导地位的滥用，而且在双方的平衡之下，逐步诞生新的互联网调控办法，这可能会在第一时间成为最重实效的解决方案。“安全港协议”（Safe Harbor）关于数据传输的原则已经为欧洲和美国双边对话提供了一定空间；但如今是时候应该彻彻底底地重新协商这个执行不善，或者说因斯诺登事件而变得可笑的共同的法律框架了，应当强行要求数据具有可追溯性，并明确指出数据储存的地点。然而，尽管如此，我还是确信互联网调控不会和美国对着来，而是和其站在一边。我们可以想象，首先，美国的调控办法会被结合到欧洲的调控办法当中，再由后者渐渐扩大渗透到新兴国家，进而蔓延到整个世界。

无论怎样，我们不要忘了，这些调控办法还代表着一种软实力。如今，美国通过多种极其复杂的联邦调控和各个州的调控办法量身打造全球互联网，这些规定由白宫推进，由美国国会指导，联邦通信委员会和联邦贸易委员会制定，或由法庭和最高法院的判决而产生。与此同时，由于这些机构以调节竞争为首要目的，它们也鼓励有利于美国本土产业发展的保护主义。

难道不应该后悔当初这些联邦机构在罗斯福精神的指引下，有效对抗竞争和市场主导地位的滥用？如今，网络巨头们继续追随对垄断的嗜好，并未真正为美国的调控者而感到不安。如果说网络内容在日趋疆域化，那么网络工具、平台和数据则还是大多集中在美国。这种过度且不符合时代的权力已不再有理由继续存在。

互联网会走向崩溃吗？白宫及美国一些主要的数字化调控机构正严肃地看待这种碎片化和再地域化，甚至是互联网国家化的威胁。希拉里·克林顿本人也曾谈及“信息铁幕”的风险。美国梦想着一个不会分化的全球数字市场。然而，在担心看到“崩溃”的同时，他们搞错了预断：在应该进行观察的时候，他们却认为这是一个威胁。至于网络巨头们，他们心怀担忧地预测到了美国“云端”经济的下滑：由于爱德华·斯诺登对美国国家安全局大规模互联网监视计划的揭露，2014 至2016 年间，收入净损失估计达到350 亿美元。自信、大胆，必要的时候还自大的这些亿万富翁们如今为他们的经济模式、他们美其名曰的“黄金降落伞”（golden parachutes）和401K 退休计划而忧心忡忡——除了退休还是退休。

美式互联网走向终结了吗？我们不要夸张。美国仍将是数字产业的领头羊。斯诺登事件是一个转折点，这一点毫无疑问，网络的未来将受其持续影响。对于美国来说，此次危机表明其不再清白。除此之外，它还让人们睁开眼睛，看清大规模搜集数据所造成的人们对风险的权衡。最后，对于欧洲来说，如果人们可以借此契机意识到建立欧洲数字化、创立新的调控和管制形式的必要性，这一事件倒显得有积极意义。这就是为什么一些欧洲报纸如德国《明镜周刊》在头条宣称要为斯诺登提供政治庇护，《纽约时报》的一篇社论提出要求对其施行一定的赦免和“某种形式的宽恕”。尽管这些要求得到了满足，但其原则上并不涉及保护黑客和举报人，而是向美国释放一条明确的信息：如果你们继续滥用自己的技术主导地位，你们则有牵连整个互联网的危险，并导致互联网崩溃和网络系统加密，这正是你们一直控诉的。（此外，支持欧洲为斯诺登提供政治庇护的人们认为，此举可以避免让其依赖普京政权，美国应该对此理由很敏感。）

拥有数字化主权是每个国家的深切愿望，斯诺登事件让这一愿望来得更为迫切。在巴西和印度尼西亚，甚至在挪威和希腊，各国如今正想要强行要求美国的网络巨头及其在所在国的网站在当地保存“它们的”用户数据，并从根本上保护他们的个人隐私。在巴西，诸如《互联网权利新法案》（又名《互联网宪法》）这样的法律正在探讨中。欧盟也在辩论之中。甚至在美国的一些州，也可察觉到这种动静，比如在加州，人们谈到的“数据重新定位”（data relocation）可以对美联邦政府施压。最后，一些人认为，通信和互联网内容的“系统加密”可能会成为绕过美国国家安全局监视的解决办法。（这是谷歌总裁埃里克·施密特近期提出的建议：谷歌公司不解决网络巨头们对数据的私人控制问题；它重新提出禁止不正当内容和侵害著作权的问题，该问题在网络系统化加密的情况下，面临全面不可控的风险。）

然而，对数据资料的“重新定位”不太可能长期运作，原因有以下几个。首先，很难确定某个网友的国籍，更难确认其资料：我们是否需要考虑公民身份，或者他身处哪个地方？是否需要考虑其所选取的互联网供应商、网络服务器和内容提供者都是哪国的？至于那些存在目的在于搜集多国资料的网站，无论是航空运输、海外房屋租赁、招聘或理财网站，如艾派迪、空中食宿，还有领英，如此做法会使其相关性受限。其次，即使数据资料被“重新定位”了，也极容易被复制。最后，如果实行这样的办法，其不良效果是会剥夺各地新兴企业和国有企业在海外发展的任何可能性；总之，这样可能又会有利于美国的网络巨头们。亚马逊和谷歌是唯一能够对其位于多国的数据中心进行大幅削减的企业，比如谷歌的秘密更多在于其基础设施，而不仅是其算法：它拥有至少180万台联网服务器，分布于32个数据中心。我们能让网站和应用程序严格遵循所在国的法规吗？这样会使它们不得不遵循近200多个不同的且常常相互矛盾的国家法律，这还不包括地区和地方法规。我们不能冒险走向这个互联网的“分崩离析”。

同理，尽管个人隐私确实值得被更好地维护，但在这方面想做得彻彻底底可能也很困难：在各个国家，谷歌、脸书、推特、网飞、亚马逊和成千上万家网站如果不在一定程度上利用个人数据，则不会存在，这是它们经济模式的核心。我们甚至可以认为整个网络从本质上依赖于对数据的开发。这对于巴西的欧酷特、俄罗斯的交朋友网、法国的每日视频和中国的百度来讲都一样。

同时，我们还观察到网络管控有加强的趋势，包括民主国家在内，比如印度、南非和土耳其。法国参议院2013年的一项官方报告题目为“欧盟是数字世界的殖民地吗？”。一位德国代表甚至控诉美国继军事占领之后实行了“数字入侵”。很多人并没有发出这样讽刺的言论，他们所偏好的解决方案是在联合国层面创立一个互联网调控办法。

我所相信的是，网络已经在本质上被疆域化。它必须保持开放和全球性，但网络的使用并不主要是全球性的。互联网有崩溃的风险？这不会发生。互联网会本地化？会变得土生土长？也不一定。因为，网络已经疆域化和个体化。面对突然转变的情况，美国担心会让自己在一个“崩溃”的互联网中失去主动权。而互联网就是在美国孕育的，“网络的中立性”也是受美国指控的，与此同时世界上其他国家开始维护这个“中立性”，它们在恳求对网络实行更多的本国管理的同时，期盼从全球化中获利更多。

从各种角度来看，这种对网络调控和再度地域化的企图也代表一种无能为力，一种对技术管理规则的误解。各国政府因为它们的可操作空间之狭小和对自己数据控制权之丢失而更加对美国怀恨在心，这里，出于信息技术的原因要大于针对美国本身。当个体用户需要更多自由，企业需要更多利润的时候，这些国家想要的是更多的管控权。在大数据时代，认为可以重拾丢掉的权力的政府之间相互欺骗。因为，“大数据”（本书中在谈及印度统一身份证及其对数据开放、公共健康造成的影响时使用过“大数据”一词）的影响从根本上改变了经济和社会研究方法。云端技术改变了数字产业；智能城市改变了城市风貌；算法改变了信息、文化和电子商务；智能自动化在加速；智能电子流取代了民选代表作出决定；个人隐私被完全颠覆。面对这一切，政府往往处于不利地位；网络巨头们比政府拥有更多数据和更强的打击力量。权力关系的现实已经改变。算法组成的政体正在和国家政府相竞争。审查和监控好比数据货币化一样，从政府转移到数字跨国企业。企业则制造呼吁将两项工作回归政府的假象。

从地缘政治的角度讲，疆域化并不意味着国际交流再次变为和互联网出现之前一样，也不意味着我们会失去数字化带来的重要变革。相反，互联网的“分裂”功能，即导致深层分裂的一整套复杂的技术，还会变得更加强大，因为它会以最为本地化的层面触及我们的行为、消费和人际交往。疆域化的互联网比全球化的互联网更“分裂”。这也并不说明未来所有国家在数字化方面会变得平等。将来会有强大的地区枢纽，未经数字化的“蛮荒之地”也会继续存在。无论如何，尽管美国将继续确保其在数字经济领域的领先地位并与互联网维持一种特殊关系，但美国不会是唯一的角色。至于欧洲的问题是，在面临一个变化的世界时，欧洲是否能走出目前的脆弱局面，在新兴国家的互联网变得强大时，是否能够恢复镇定。本书不仅指出了这些日渐展露出的威胁，还提出可供欧洲选择的可能性。欧洲无论如何不健康，最终仍是一个在财富、生产和消费处于前列的区域，也是互联网领域的主要参与者。

我们正处于一场革命的中心，且不知道革命的出口会指向哪里。关于数字转型问题，谷歌总裁近期肯定道："我们才刚刚跃出起跑线。"他认为，我们正处于网络的测试（Beta）阶段！全球化经济现象已经难以解读，互联网使未来更加不可预测，这突出了一些人的危险感和另一些人想从新机遇中获利的渴望。这就是我在本书的结尾，从实地访谈中得出的悖论。互联网在全球呈现两面性。

一方面，有时连欧洲也认为互联网很可怕。许多受访者认为，数字转型似乎是一个困难的处境。全球最大的或者说法国电影业最大的老板，这里出于关照就不说出其姓名，他曾以惊人的轻蔑断言道："我从不上网。"意识到其言论的骇人听闻，他最后生气暴躁地改口说："我从不带着乐趣去上网……"当我在圣保罗、墨西哥城、孟买、上海、香港、雅加达、首尔、约翰内斯堡和利雅得访问其同行时，我所得到的答复截然相反。在这里，互联网是担忧、恐惧的来源；在那里，互联网是机遇的同义词，它提供了全球范围内前所未有的机会。这里，在旧欧洲，人们有时认为保护历史文化是必要的；那边，在其他地方，人们想要打造未来的文化。这里的人们还谈及保护文化“产品”；那里的人们已经谈到主流和“内容”，即设想出的非物质文化“服务”。前者仍是旧世界的反射，他们不懂新世界的活力；他们仍站在某种立场上看待未来，而如今可能应该站在某个轨道上去思考未来了。如果旧世界覆灭，那些新兴国家的创意产业新领军人物则已准备好建立一个新的世界，他们反复和我说，新世界没有他们则建设不成。

这种观点的差异让我感到吃惊；它似乎在向我宣示一个我们正在步入的世界。在印度、南非和巴西，人们早就猜到 DVD、CD 甚至蓝光光盘已经濒临消亡。人们也注意到，由于互联网的出现，大众电视（“广播”）和特别频道（“窄播”）之间的传统型区分减弱，卫星电视、特纳电视网（TNT）和有线电视也受到网络电视的威胁。广播电视的观众群减少；网上看电视的人数增加。电视可能会完全转换成流媒体形式，电视可以连接无线局域网且带有多个应用程序。我们可以从苹果音乐频道模式中预见到“下载”的终结和文化内容销售的颓势；我们也可以认为在移动互联网和无限制连接取得最终成功后，流媒体订阅将会普及化。租赁和订阅经济将接替财产经济。

我访问的阿拉伯、亚洲和西班牙裔人士对我说，要领会未来的互联网和文化，只需观察一下近些年涌现的决定性新工具：提供新型对话方式的社交网络；智能手机应用程序替代了网站这一主要现象；用于推荐的脸书的“点赞”以及推特的“转发”；话题标签、信息窗、新闻瀑布、新闻推送以及其他社交网络上供用户进行时间定位的时间轴；增强对话功能的社交电视等等。从很大程度上讲，由于所推进的语言和兴趣不同，这些工具的碎片化和地域化趋势会不断增长。网络之间互连的协议地址会根据自身属性而当地化；社交电视和移动端也会地域化。但是，其他已经可以使我们瞥见未来互联网的工具，譬如不断增强的用于推荐的算法；不断完善的自动翻译软件；智能博客系统；文化混杂；网页和网站的持久更新；搜索引擎的背景分析化；内容聚合；物联网和3D打印机；中介作用的消失（但往往随着新型中介的到来）；分享的文化、参与及流动性文化，这些工具会得到什么样的发展呢？所有这些演变会使互联网趋于全球化和统一化吗？或者相反，它们会使网上对话去集中化吗？当今的深层变革，如社交、云服务、移动端等会倾向哪一端？我认为，它们会因为语言、文化、社群及地域的不同而变得更为清晰。

总而言之，我们理解，这些前所未有的变革都被视为威胁。对于数字化的恐惧是可以理解的，甚至是合理的。网络会引起焦虑，很多人都传递出这样的信息。无论是技术怀疑论者，还是维护传统、宣扬反全球化的文化反叛者，这些学者或作家们，包括诸如秘鲁的马里奥·巴尔加斯·略萨（Mario Vargas Llosa）、法国的亚伦·芬凯尔克劳特（Alain Finkielkraut）、意大利语言学家拉斐尔·西蒙（Raffaele Simone）、白俄罗斯的耶夫根尼·莫洛佐夫（Evgeny Morozov）等在内，都心怀焦虑地参与到这场反对互联网的大合唱里。有时候，他们的批评也是出于好心，他们未必理解数字化的运作方式和目的，因此对数字化本身抱着再自然不过的焦虑。他们几乎不相信互联网会解放个体；惊慌失措的他们认为自己会走向一个分崩离析的世界。一想到传统精英主义文化，也就是书本、图书馆的文化会有落入网络供应商或电信运营商手中的危险，他们就理所应当地感到恐慌——况且精英越来越少，网络电信运营商就会越来越多。这些反现代化的人士很难接受等级制度的削弱和信息的加速，也很难接受精英主义和自己从小到大接受的文化教条主义渐渐消失。他们害怕看到“成品书”的消失——这种书是完成的、封闭的、无法再修改的，它已经被安伯托·艾柯（Umberto Eco）视为珍贵的“开放的作品”所取代。文化的未来是什么？是社交网络上的服务！是移动端和云端上的服务！这一展望吓坏了他们，这也是可以被理解的。

他们甚至有理由坚决主张互联网必须拥有人道甚至人文主义的维度。饱读历史的他们也警告我们防止个人隐私受侵害，警示大数据采集的风险，这远不只是国家安全局的问题。谷歌比国家安全局更了解我们的个人隐私，在健康和教育这两个也将实现数字化的产业领域，风险会更大。他们有理由呼吁保护网络著作权和知识产权，也有理由害怕美国对世界的主宰、世界对美国的依赖以及美国对其市场主导地位的滥用。在他们看来，风险并非完全是人们在网上冲浪，而更是害怕网络掀翻了我们的冲浪板；不是不想阅读电子书，而是担心电子书反而开始阅读我们。

再次重申，这些担忧是合理的，保护昨天的世界并不阻止人们迎接明天的世界。当有一天他们意识到互联网和电一样是一个决定性的转变时，他们可能会更新自己的分析。

然而，不是所有人都有相同的意图，也不一定都是出于善意。出于一些末期反应，其他知识分子和政党针对数字转型提出了批评。他们要求封闭界线，渴望故步自封，带有一种不宽容的态度。他们呼吁抵制“文明退化”的进程。他们宁可看到自己的国家衰落、影响力缩小，也不愿意让其对世界开放，或融入虚拟的全球化。马尔萨斯主义可能会是他们提出的解决办法：故意限制互联网接入。对数字化的恐惧变成了一种对围困的狂热：他们认为自己被包围、被迫害。这些凶神恶煞的人一边乐于自己吓唬自己，一边嘲笑数字现代化，令人无法理解。

我确信，这种解决办法是一个死胡同。作出让步，意味着接受自己的国家影响力缩小。拒绝对互联网开放，就是冒险鼓励经济收缩、对话变狭窄，鼓励僵化的民族主义和寒酸的发展：苦皱着眉头和满口谩骂都不可取。因为，正如本书所展示的，数字全球化不是一种脱离传统文化、数典忘祖的现象，它正好相反。尽管存在风险，而且不应低估风险，但我的调查证实了对互联网持有积极观点是可能的。是的，我们可以抱有一种非犬儒主义的态度去看待数字转型。是的，我们正在从信息时代过渡到知识型社会。是的，在经历了使我们获取信息的互联网和服务于交流、分享、联络的互联网之后，我们迎来了知识型的互联网，也就是“智能”的互联网。

本书为那些在数字时代对自己文化及身份的未来产生焦虑的人——他们的焦虑是有道理的——展示出一个现实的世界，即我们所说的“IRL”（In Real Life），在真实生活中——它并不一定是一个与数字世界相隔离的领域。互联网是我们正在经受的一种美国东西？不，它是我们应该掌握的一种带有疆域特征的事物。

总之，互联网并不是文化、语言、社群和地域的敌对方：网络和文化多样性，甚至和“文化例外”都是相互兼容的。互联网不是一条隧道，而是一张拼图。世界不会扩张为一个“平面”，它是往深度发展的。不是水平发展，而是纵向发展的。互联网不会消除差异：它接受差异。互联网不是全球性的，它不会把各种身份修剪整齐：它看重不同的身份。我们在网上的对话是疆域化的，且会保持不变。背景条件是关键，地理因素也很重要。

那些猛烈攻击互联网的人们由于不想理解当前的互联网，于是排斥互联网，而他们本该做的是对其有所行动。本书表明了，我们应该对世界开放并成为活跃分子，我们应该有所行动，而不应该放弃，不应该和唱衰者并行。互联网不是一个中立的现象：它本身既不好也不坏。它取决于面临新技术时持消极或积极态度的我们会一起采取怎样的行动。因为“Internet”已不再存在，从今以后，我们应该用复数形式且首个字母不是大写地称互联网为：internets。

词汇表

为了便于理解，该词汇表整理了书中主要词汇和使用过的词组的定义，尤其是那些无法用法语表达或者难以翻译的词汇和表达方式。

Alumni，即校友，一所大学毕业的学生。

B2B（Business - to - Business 的缩写）是指企业对企业之间的营销关系。

B2C（ Business - to - Customer 的缩写），是指面向消费者的营销关系。

Backbone，原意是脊梁骨、脊椎。互联网主要结构，连接全球网络和地方网络的“高速公路”。

Back office，一家企业的支持部门（一般性服务部门、秘书处、人力资源部等）

Bandwidth，带宽。

Board，董事会。

Bottom - up，指的是一种自下而上的文化、行为或者政策。相反的行为叫作“top－dowm”（自上而下的）。

BRIC/BRIIC/BRIICS，主要新兴国家巴西、俄罗斯、印度和中国的英文首字母缩写为 BRIC，即金砖四国（目前新增了印度尼西亚，所以改称为 BRIIC ，和南非，即 BRIICS）。部分经济学家对这种分类有一定争议，认为应增加 15 个国家，包括墨西哥、哥伦比亚、土耳其、越南、智利等等。“新兴国家”这一词组有时候被摒弃，而是用“经济高速增长的国家”表示。

Broadband 或者 Broadband Internet Access，宽带。通过有线方式接入的有：电话（ADSL），电缆、光纤；通过无线方式（Wireless Broadband 无线宽带）接入的有：wifi、3G 或者 4G（智能手机），Wimax，LTE 或者卫星。

Browser，浏览器。例如：Internet Explorer、Firefox、Chrome、Safari 等等。

Business angel，即天使投资人。用自有资金投资一家创业公司的人（见“风险资本”）。

Business Process Outsourcing（BPO），即商务流程外包，就是企业将一些重复性的非核心或核心业务流程外包给供应商，以降低成本，同时提高服务质量。通常包括：会计、人力资源和信息服务等。有时候涉及离岸（海外的）商务流程外包。

Catch－up TV，电视重播。

Chairman，董事会主席，一般性非行政职务。

Chief Executive officer（CEO），即首席执行官。Chief Financial Officer（CFO）即首席财务官；Chief Informaion Officer（CIO）即首席信

息官；Chief Operating Officer（COO）即首席运营官；Chief Technology Officer（CTO）即首席技术官。（在美国，CIO和CTO的官方职位由奥巴马创立，负责监管联邦政府的数字化政策。）

Cloud或者Cloud computing，针对非本地服务器、数据、计算机软件或应用的远距离存储，内容不再保存在使用者的电脑上。亚马逊Web Services、思科、卓普盒子、谷歌以及其他一众企业实现了“云端”存储服务的商业化。

Cluster，聚集。有时也说“科技工业园”或“科技城”。

Community manager（CM），（多指技术）管理人，互联网社区的组织者或推动者。

Content，内容。创意产业我们称之为“内容产业”。

Content Delivery Network（CDN），即内容分发网络，是计算机的一个互联系统。通过将内容复制到多个服务器上，从距离用户最近的服务器更为迅速地向用户提供网站内容。举例说明：嘎嘎小姐在意大利的优图播上被海量观看的视频是由意大利的服务器建立双工通信的，而不从美国按照每一个用户的需求传播的。

Content Provider，内容提供商。例如优图播，脸书，网飞。

Crowdfunding，即众筹。是指一种向群众募资，以支持个人或组织发起的行为。一般而言是以股本募集为基础，通过网络平台连结赞助者与提案者。可以进行筹款或投资。

Customer Relationship Management（CRM），客户关系管理。

Customization，用户个性化。

Device，装置、设备（电话、平板、电脑、也包括游戏机等）。

Dial - up 或 Dial - up Internet，即拨号上网，用传统电话线（双绞线铜线）通过调制解调器上网，不是宽带。

Digital divide，数字鸿沟。

Digital literacy，数字素质或者浏览网页并获取数字文化的能力（比如，懂得使用电脑和上网）。

Disruption，中断、扰乱。互联网对经济的干扰功能。

Domain Name System（DNS），域名系统，网络之间互连的协议地址由互联网名称与数字地址分配机构（互联网名称与数字地址分配机构）分配。

e - Education 或 Remote Education，远程教育。

Empowerment，把权利归还个人的行为。

Encryption 或 encryptage，内容加密或者密码技术。

Exurb，Exurbia，围绕大城市的第二圈郊区，广义是指居民不需穿过城市过境的远郊地带，超出郊区范围。我们也称之为“边缘城市”或者“科技工业园”。

Fairness doctrine，由美国联邦通讯委员会在 1949 年至 1987 年间颁布的准则，称为公正准则。它规定广播台和电视台要具有一定的多元化。

Feature phone，基本的功能电话，区别于智能手机。

Fiber - optic cable，光纤电缆（区别于铜质电缆）。

Fundraising，Fundraiser，资金筹集，为了慈善或者选举活动筹款的人。

GAFA，Google，Apple，Facebook 和 Amazon 的首字母缩写。

Gentrification，资产阶级化。

Global Media，指一种内容可以在所有设备上使用（我们也称之为Versioning）。

Hacker，信息技术和数字安全的狂热者。必要时，他们会成为盗用或非法进入服务器或者网站的人。

Hackathon，多名研发者为了开发新的软件或应用而展开的高强度合作活动。

Handset，电话机，（电话）听筒。

Hardware，硬件，比如电脑或者游戏机，反义词是软件，也就是说游戏本身或者软件。

Hashtag，井号（#）标签（推特中用来标注主题的标签，同样也应用于其他社交网络，如微博、脸书，汤博乐，欧酷特等）。

互联网名称与数字地址分配机构（Internet Corporation for Assigned Names and Numbers），互联网名称与数字地址分配机构，美国权力机构，总部位于洛杉矶，该机构有权分配域名并控制一部分互联网结构。

Incubateur，（初创）企业孵化器（通常针对更成熟的企业我们称为企业培养基地或者企业旅馆）。

In－house，留在工作室或企业内部的人或业务，反义词是代理或外包。

Information Communication Technologies（ICT），对信息与通讯技术的常用表达方式。

Infotainment，英语 Information（新闻）和 Entertainment（娱乐）的缩合词，即娱乐性新闻。也有“edutainment”的说法，即寓教于乐。

In Real Life（IRL），在真实生活中，反义词是“在线”。

Intellectual Property（IP），知识产权或版权。

Internet Protocol（IP），分配 IP 地址给服务器和网站，使它们之间可以进行交流的互联网协议。

Internet TV，Internet Protocol Television（IPTV），网络电视。电视信号可以通过互联网供应商的盒子传输。也称为连接网络的电视，联网电视或智能电视。

Internet Service Provider（ISP），互联网服务提供商。

Local Area Network（LAN），即局域网，使用或不使用互联网协议的本地网络。

Loop 或 Local loop，本地回路。将局站与用户侧相连的链接。到达用户服务器之前的最后一环。

Mainstream，字面解释“支配的”或“大众的”。比如一个文化产品面对广大的公众。“mainstream culture ”作为褒义词意思是主流文化，作为贬义词则是占主导地位的文化。

Massive Open Online Course（Mooc），在线课程，主要指大学课程。

Media Conglomerate，大型媒体集团，它包含许多企业并且介入多个行业，通常是国际公司。比如，时代华纳，迪斯尼或索尼。也称为联合大企业，母公司或总公司有时候也用 Major 或 Studio 一词。

Monitoring，观察、监视、近距离跟踪一个形势或一个国家的行为。

Multi - stakeholders，集体治理。

Net neutrality，网络中立。根据这一概念，所有内容必须以同一速度、同一条件在网上自由传播。

Non - profit，非商业的或者非营利性的。也称为非营利性领域或501c3（美国1901税法的一个条款）。

Non - Resident Indians（NRI），移居国外的印度人，尤其指移居美国、欧洲和中东的印度人。

Offshoring，离岸外包。业务和职位迁移到国外（通常迁到一些发展中国家或人工成本比较便宜的地方）。离岸外包可以发生在同一个迁移的公司的内部，比如同一家公司开设工厂（谷歌在中国开设工厂），或采用外包给另一个外国公司的业务外包模式（Wipro为印度的雅虎工作）。

Open source，开发系统、编程语言、互联网工具或免费软件，其开发源代码是开放的，允许分配、修改和免费再次使用（Linux，A-pache，PHP，Firefox，VLC media player，Audacity等）。

Outreach，“to reach out”本义是触及或向某人伸出手臂。延伸意义是，以让公众参与为目的的所有行为。

Outsourcing，分包或外包。委托一项工作的行为，该行为是通过一家内部的公司向外部的公司展开的。比如：通用汽车将它的信息服务分包给印度的Wipro。（离岸外包指的是业务迁移国外的情况。）

Over - the - top service，Over - the - top content（OTT），绕开互联网运营商或传统有线网运营商进行视听内容传播的平台，但使用它们的宽带。比如：网飞，葫芦，NowTV或MyTV。

Parent company，母公司。比如，索尼公司是哥伦比亚电影公司的母公司，后者是子公司。(见 Media Conglomerate)。

Pay - for - display，付款给连锁店以更好地展示其产品的系统。亚马逊在互联网上提供这种服务。

PR，公共关系的首字母缩写。“PR people”是指负责公关和媒体关系的人。

Pure player，专注于核心业务的企业（有时使用 Core business 来表示）。也指不依靠纸媒的线上媒体。

Rep Office，Representative Office，在一个国家或一个城市的代表处（通常是营业部)。

Research and Development（R&D)，即研究和发展。

Routeur，路由器。连接服务器和互联网的设备。

Scripted TV，有剧本的电视节目（尤其为了区别于没有剧本的真人秀或脱口秀)。

Search engine，Search provider，搜索引擎。如，谷歌或百度。

Second Screen，第二屏幕。通常指一种新媒体与传统媒体同时被使用。比如在智能手机上评论一档脱口秀电视节目。

Serendipity，偶然在互联网上找到一条信息或一个东西。表达一种令人高兴的偶然性。

Slum，贫民窟、贫民区、棚户区。

Smart TV，智能电视。也称之为“联网电视”、“互联网电视”或“IP 电视”。

Smart grid，能量分配的智能网络，目的是为了节约电和气。

Smartphone，智能手机。具备开发系统和登陆互联网和社交网站功能的手机（苹果手机，三星银河系列等等）。区别于基础功能手机。

Smart power，硬实力和软实力的影响力的组合（见 Soft power）。

Social Network，社交网络。比如：脸书、推特、邻里社交、斯纳普查特、因斯特格拉姆、四方形等。

Social TV，狭义是指电视与社交网络的集合。比如，在推特上评论一档正在播出的电视节目的行为。

Social TV Guide 或 Social Programming Guide（SPG），针对智能手机、平板电脑或互联网的应用，可以提供电视节目信息，进行推荐，同时允许评论。比如，SocialGuide，yap. tv，BuddyTV，Fav. TV，TVGuide 等。

Soft Power，软实力，尤其受到文化或数字化的影响，与强制的或军事的“硬实力”相反。（见 Smart power）

Software，使计算机或智能手机（硬件）得以运行的程序和软件。

Streaming，流媒体。通过一台联网的设备在线听音乐或看电影，无需下载。

Subscription Video On demand（SVOD），通过订阅的方式进行视频点播。

Suffixe，该术语用来定义一个顶级域名（“. com”、“. org”等）。在英语中被称为“top – level domain”（TLD）。它由互联网名称与数字地址分配机构分配，目前大约有 300 个，大约 20 个国际顶级域名和大约 260 个国家顶级域名。为了大幅增加域名，招标正在进行中。

Syndication，辛迪加模式。由一个频道制作、经许可在另一个频道播出的广播或电视节目。

Système d'exploitation，指计算机或智能手机的操作系统。苹果的操作系统是 iOS，谷歌或三星的操作系统是安卓，等等。

Talent Agency，Talent Agent 人才代理机构或人才代理人。

Télémédecine，远程医疗。如今经常通过互联网或智能手机进行。

Venture capital，Venture capitalist 风险资本，以私募方式募集资金，投资一个年轻的企业或创业公司（区别于用自己的钱做投资的天使投资人）。

Web 2.0，协作网或参与网。网民参与内容的创作。

Wired，Wireline，Wireless，联网的。有线联网或无线联网（wifi）。

资料来源

本书是一项以定性研究全球层面的数字转型为目的的田野调查，而非仅仅是一项定量研究。本书为针对媒体和文化的全球化进行的调查《主流——谁将打赢全球文化战争》一书提供了后续和结尾。我重返大多数国家继续研究，并造访了新的地方。

此项长篇调查共在五十多个国家展开，它们是：南非（2012 年）、阿尔及利亚（2011 年）、德国（2014 年）、沙特阿拉伯（2009 年）、阿根廷（2009 年，2011 年）、比利时（多次造访）、巴西（2009 年，2011 年，2012 年）、喀麦隆（2008 年）、加拿大（2010 年，2011 年，2013 年）、中国大陆（2008 年，2012 年）、哥伦比亚（2012 年）、韩国（2009 年）、古巴（2010 年）、丹麦（2009 年）、埃及（2008 年，2013 年）、阿联酋/迪拜（2009 年）、西班牙（多次造访）、美国（2001 年至 2014 年造访了 35 个州，100 余座城市）、芬兰（2013 年）、中国香港（2008 年）、印度（2008 年，2013 年）、印度尼西亚（2009 年）、伊朗（2010 年）、以色列（2006 年，2012 年）、意大利（多次造访）、日本（2009 年，2012 年）、约旦（2010 年）、肯尼亚（2013

年)、黎巴嫩（2009 年，2013 年)、摩洛哥（2011 年，2012 年)、墨西哥（2009 年，2010 年，2012 年，2013 年)、巴勒斯坦/加沙地带(2013 年)、巴勒斯坦/约旦河西岸（2006 年，2012 年)、荷兰（多次造访)、波兰（2012 年，2013 年)、卡塔尔（2009 年)、捷克共和国(2011 年)、英国（多次造访)、俄罗斯（2012 年)、新加坡（2009年)、瑞士（多次造访)、叙利亚（2009 年)、中国台湾（2011 年)、泰国（2009)、突尼斯（2009 年，2010 年，2014 年)、土耳其（2008年)、委内瑞拉（2009 年）和越南（2009 年)。

因此，本书呈现的大多数信息都是一手信息。五年来，我在上述国家一共进行了几百次人物会谈。这些采访一贯都是面对面地进行的(没有一次通过电话或邮件)；我也不会引述匿名信息来源，除非在少数情况下，我也会解释引述原因。尽管数字化提供了新型交流方式(讯佳普、威伯、手机通信应用程序、脸书，等等)，但在我看来，现实生活中的联络对于这样一部作品来讲是必不可少的。另外，在必要时，实地采集的信息已经与当事人做过更新，我在后期也进行了详细的核实（一旦发现错误，读者可以在我的网站和推特账号@ martelf 上提出指正)。

本书的出版人为斯托克出版社社长曼努埃尔·卡尔卡索纳(Manuel Carcassonne)，我在此对其给予的信任深表感谢。出于对独立性和职业道德的考虑，作为本书首要材料的国际调查主要由斯托克出版社和作者本人出资，没有任何企业、咨询公司或政府参与其中，而且我所做的调查也不是为企业提供咨询。不过，我还是于 2013 年至2014 年作为一个专家团成员受益于法国文化与传播部，后者对本书提供过几次内容上的帮助。我在此感谢文化部长奥雷莉·菲莉佩蒂

(Aurélie Filippetti）请求我对文化例外和数字时代创意产业的融资问题进行分析。但是，本书中的结论都是本人得出的，没有任何其他人参与。

作为一项定性研究，本书也同样利用了一些定量资料和广泛的参考书目，由于篇幅有限，在此就不一一列出。感兴趣的读者和学者们可以在本书的网站上找到全套资料来源，其中尤其包括：

——关于数字经济和全球各互联网集团的统计数据及表格；

——分析、方法论说明及补充研究；

——每个章节和每个主题相关的丰富的参考书目，包括几百条注释；

——特别鸣谢。

所有材料均可在网站 fredericmartel. com 获取；内容更新和补充信息会定期在 smart2014. com 网站上发布；最后，读者还可以在推特账号@ martelf 上跟踪本书及作者的最新资讯。

图书在版编目(CIP)数据

智能:互联网时代的文化疆域/(法)马特尔著;君瑞图,左玉冰译.—北京:商务印书馆,2015
(国际文化版图研究文库)
ISBN 978-7-100-11432-5

Ⅰ.①智… Ⅱ.①马… ②君… ③左… Ⅲ.①互联网络—发展—调查研究—世界 Ⅳ.①TP393.4

中国版本图书馆 CIP 数据核字(2015)第155140号

智能
互联网时代的文化疆域
〔法〕弗雷德里克·马特尔 著
君瑞图 左玉冰 译

商 务 印 书 馆 出 版
(北京王府井大街36号 邮政编码100710)
商 务 印 书 馆 发 行
北京鑫海达印刷有限公司印刷
ISBN 978-7-100-11432-5

2015年8月第1版 开本700×1000 1/16
2015年8月北京第1次印刷 印张24

定价:59.90元